纺织服装高等教育"十三五"部委级规划教材

WENZHI GONGYI YU CAD SHEJI

纹织工艺与CAD设计

张会青　王　静　主编

東華大學出版社
·上海·

内 容 提 要

本书主要介绍大提花织机工作原理、纹织CAD系统、各种纹织物的基本生产和工艺原理、纹织物的设计方法及典型纹织物的设计生产等内容，并通过列举典型纹织物的设计生产实例及计算机辅助设计过程，使理论与实践相结合，具有较强的实用性、针对性和可操作性。

本书可作为纺织高等院校相应课程的教材，也可供纺织服装企业的有关工程技术人员、产品开发人员及管理人员参阅。

图书在版编目(CIP)数据

纹织工艺与CAD设计/张会青，王静主编. —上海：东华大学出版社，2018.5

ISBN 978-7-5669-1289-3

Ⅰ.①纹… Ⅱ.①张… ②王… Ⅲ.①提花织物—计算机辅助设计 Ⅳ.①TS106.5-39

中国版本图书馆CIP数据核字(2017)第241089号

责任编辑： 杜燕峰
封面设计： 魏依东

出　　版：东华大学出版社出版(上海市延安西路1882号，200051)
本社网址：http//dhupress.dhu.edu.cn
天猫旗舰店：http//dhdx.tmall.com
营销中心：021-62193056　62373056　62379558
印　　刷：句容市排印厂
开　　本：787 mm×1092 mm　1/16
印　　张：13.5
字　　数：336千字
版　　次：2018年5月第1版
印　　次：2024年1月第2次印刷
书　　号：ISBN 978-7-5669-1289-3
定　　价：55.00元

前言

纹织物被称为纺织品中的瑰宝，它花纹复杂、玲珑细致，织物图案层次感丰富，图案色彩可以素淡优雅，也可以绚丽多彩。新的纺织原料不断涌现，信息技术和高速现代化提花织机的发展促进了纹织物生产的繁荣，特别是大提花产品在家用纺织品中的大量应用使纹织物走进千家万户，丰富了人们的生活。纹织物也从单一的丝绸产品发展到棉、毛、化纤等种类。

近些年计算机辅助设计与制造(CAD/CAM)在纺织技术中的应用也加快了纹织物的开发速度，促进了纹织物质量的提高。纹织生产的发展也促进了提花机的发展，错综复杂的大提花机构大大简化。电子提花机的应用不仅节约了大量的人力和时间，还扩大了可用纹针数，为纹织物的生产提供了升级利器，让人望而生畏的复杂结构已不再是生产障碍。

本书在介绍纹织物生产工艺与原理的基础上，将纹织物CAD原理与设计应用结合起来，使得纹织工艺与纹织CAD软件合二为一，使读者对纹织物CAD设计有一个更全面的认识。教材编写中力求文字深入浅出，设计实例注重实用，更加系统地把纹织物设计方法与CAD软件结合起来，运用现代设计理念使设计工作由浅入深、由实用到个性发展，为学习者提供参考。教材注重理论与实际生产相结合，适合于纺织工程专业学生学习及企业设计人员参考。

本书在编写过程中得到德州学院纺织服装学院纺织工程专业各位老师的大力支持和帮助，书中图片部分采用了德州学院纺织工程专业及服装专业学生在全国纺织品设计大赛中的参赛作品及上海纺织展会中的部分展示产品图片，在此表示衷心的感谢。

由于编者水平所限，此书在编写过程中难免存在纰漏和不足之处，恳请读者提出宝贵意见，以便再版时改正。

编　者

课程设置指导

本课程设置意义

“纹织工艺与CAD设计”是纺织工程专业的一门重要的专业课程，是一门综合性应用课程。开设时间为大三下学期，是在学生掌握了纺织材料学、纺织品设计基础、织造工艺与技术的基础上，对纹织物的生产和工艺原理进行学习，并通过纹织CAD系统学习各种纹织物设计方法及计算机辅助设计原理与方法。课程通用性广，可适用于纺织品设计、现代纺织技术、服装设计等专业。

本课程教学建议

“纹织工艺与CAD设计”作为纺织工程专业的专业课程，需要较多上机课时，建议授课54个课时左右，每课时讲授字数控制在3 000字左右。

本课程教学目的

通过本课程的学习，学生应全面掌握各种纹织物的生产和工艺原理及计算机辅助设计的原理，了解纹织物生产的历史及发展趋势，并通过上机操作学习纹织物计算机辅助设计的方法，具备利用计算机辅助设计系统进行纹织物的CAD辅助设计的能力，培养学生较强的创新意识和实践设计能力，满足当今纺织业由劳动密集型向技术密集型转化过程中对高级专业人才的需求。

目录

绪 论

一、纹织物分类 …… 1
二、纹织物设计 …… 2

第一章 提花机装造工艺

第一节 提花机工作原理 7
一、机械式提花机 …… 8
二、电子提花机 …… 9
三、提花机规格 …… 11
第二节 提花机各构件编号及顺序 13
一、机械式提花机各构件编号 …… 13
二、电子提花机各构件编号 …… 17
第三节 提花机装造基本类型和纹针数计算 17
一、基本装造类型 …… 17
二、纹针数的计算 …… 21
三、辅助针的选用 …… 23
四、纹针样卡 …… 25
第四节 纹线结构和通丝计算 27
一、提花机的纹线结构 …… 27
二、通丝计算 …… 28
第五节 目板计算及基本穿法 30

一、目板规格及镶拼 …… 30
二、目板的计算 …… 31
三、传统目板基本穿法 …… 33
四、电子提龙机目板穿法 …… 40

第六节 跨把吊及棒刀装置 42

一、跨把吊装置 …… 42
二、棒刀装置 …… 44

第七节 上机装造工作 47

一、挂通丝 …… 47
二、目板及提花机位置的固定 …… 47
三、吊综 …… 47
四、穿综与穿筘 …… 48
五、挂边 …… 48
六、棒刀吊挂 …… 48

第二章 纹样设计及配色

第一节 纹样 51

一、纹样概述 …… 51
二、纹样的题材与风格 …… 51
三、图案的构成与排列 …… 53
四、纹样表现手法 …… 57
五、纹样绘画技法 …… 57

第二节 品种组织对纹样的制约性 58

一、不同品种对纹样的要求 …… 58
二、织物用途与花纹的关系 …… 58
三、纹样与组织的关系 …… 59

第三节 纹样的设色 60

一、织物的结构与设色 …… 60

二、织物纹样与色彩配置 …… 61

第三章 意匠设计

第一节 意匠图的规格和选用 64

第二节 意匠图绘画 67

一、纹样放大 …… 67
二、勾边 …… 68
三、设色、平涂 …… 70
四、点间丝 …… 70
五、阴影组织设计 …… 71
六、花、地组织处理 …… 73
七、建立纬纱排列 …… 74
八、编制纹板轧法说明 …… 74

第三节 纹板轧孔及编排 75

一、单层单造纹织物的轧孔 …… 76
二、重纬纹织物的轧孔 …… 76
三、双层纹织物的轧孔 …… 78
四、辅助装造纹织物的轧孔 …… 79

第四章 纹织 CAD 系统

第一节 纹织 CAD 概述 81

一、纹织 CAD 系统概况 …… 81
二、纹织 CAD 系统组成 …… 82

第二节 组织的计算机表达与意匠图处理 85

一、织物组织的矩阵表达 …… 85
二、织物单层组织的计算机分类 …… 86
三、单层组织 CAD 数学模型 …… 88
四、织物组织设计的数学模型和生成集 …… 93

五、重组织 CAD 数学模型 …… 99
六、双层组织 CAD 数学模型 …… 107
七、组织库和意匠图组织处理 …… 117

第三节 纹织 CAD 系统功能与操作 118

一、启动系统 …… 118
二、菜单功能介绍 …… 119
三、工具栏功能介绍 …… 122

第五章 纹织物 CAD 设计实例

第一节 单层纹织物 CAD 设计 164

一、单层纹织物分类 …… 164
二、单层纹织物的组织结构与显色特点 …… 164
三、单层纹织物设计要点及步骤 …… 166
四、单层纹织物 CAD 设计实例一——缎纹地的全棉大提花织物设计 …… 167
五、单层纹织物 CAD 设计实例二——独花纹样的大提花床品设计 …… 171

第二节 重纬纹织物 CAD 设计 174

一、重纬纹织物分类 …… 174
二、重纬纹织物的组织结构与显色特点 …… 175
三、重纬纹织物设计要点 …… 176
四、重纬纹织物 CAD 设计实例——纬二重提花装饰布的设计 …… 177
五、重纬纹织物 CAD 设计实例——纬三重提花装饰布的设计 …… 186

第三节 重经纹织物 CAD 设计 188

一、重经纹织物的特点 …… 188
二、重经纹织物设计要点及步骤 …… 188
三、重经纹织物 CAD 设计实例——经二重提花家纺

面料设计实例 …………………………………… 189

第四节　双层纹织物 CAD 设计　194

一、双层(或多层)纹织物特点 ………………………… 194
二、双层(或多层)纹织物设计要点 …………………… 195
三、双层纹织物 CAD 设计实例——双层提花装饰织物 ………………………………………………… 196
四、多层纹织物 CAD 设计实例——传统四色经三色纬的提花沙发面料设计 …………………………………… 200

主要参考文献　204

绪　　论

纺织技术的发展促进了纹织物生产的繁荣，使纹织产品走进千家万户，丰富了我们的生活。

纹织物是大提花织物的简称，机织物的一种，通常是指在提花机上进行织造的具有大型花纹的织物。纹织物的特点是组织结构复杂，色彩丰富，纹理细腻，花纹表现力强，一个花纹循环的经纱数较多，织物图案通常富有层次感，图案色彩既可文静幽雅，也可富丽堂皇，是机织物中的瑰宝。其产品用在服装面料和装饰用品，特别是家纺产品中，如提花窗帘、提花沙发布、提花毛巾、提花床品等，也可以作为工艺品珍藏。

纹织物和其他纺织品一样，其发展与纺织原料、纺织设备、染整技术的发展息息相关，随着科学技术的进步，电子提花机开始逐渐取代机械提花机广泛使用，错综复杂的大提花机构也大大简化，纹织机电一体化生产促进了纹织生产更大的发展；目前，纹织 CAD/CAM 在我国已全面普及，储存了全部纹板信息的磁盘，可直接控制纹针的起落，电子提花机的应用，不仅节约了大量的人力和时间，还扩大了可用纹针数，最多可达 2 万多针，为纹织生产提供了绝好手段，纹织物的生产有了一个新的飞跃，使纹织产品极大地满足了社会需要。

一、纹织物分类

1. 按原料分类

纹织物按原料可分为丝、棉、毛等类别。丝又分为桑蚕丝、绢丝、柞蚕丝、黏胶丝、合成纤维长丝、金银丝等纹织物或交织纹织物，产品有花软缎、织锦缎等。棉纤维或棉型混纺纱为主要原料的纹织物，有床单、线毯、毛巾等纹织物。毛纤维或毛型化学纤维为主的纹织物，有提花毛毯、提花腈纶毯等纹织物。

2. 按组织结构分类

纹织物按组织结构分类有简单纹织物、复杂纹织物。简单纹织物是由一个系统（组）纬纱和一个系统（组）经纱交织而成的大提花织物。

复杂纹织物是由复杂组织作为基础组织而构成的纹织物，如经二重、纬二重等重组织结构，双层、三层等多层组织结构，还有毛巾、起绒、纱罗等纹织物。

3. 按染整加工分类

纹织物按染整加工分类：有白织、色织纹织物；有漂白纹织物、染色纹织物、印花纹织物；有拉绒纹织物、有涂层纹织物及其他特种整理纹织物。

4. 按用途分类

纹织物按用途可分为服装面料、家用纺织品和装饰用纺织品。越来越多的纹织物应用于制作时装、裙装、衬衫等各式服装；家用纺织品纹织物有床品、毛毯、毛巾被、沙发布、靠垫、台布等；装饰用纹织物有台毯、壁毯、贴墙布等。

二、纹织物设计

根据企业的生产实际，纹织物的设计与生产可分为仿样设计和创新设计两种。

（一）仿样设计

仿样设计是指产品设计人员根据客户提供的样品所进行的设计。一般来说，仿样设计具有实用性、有一定市场需求、低风险等特点。因此，企业除自行开发大提花产品外，客户来样设计也是大提花织物设计的一个重要方面。来样设计的基本步骤可概括为：客户采样→织物结构分析→装造设计→纹样设计→纹板文件生成→经纬纱配置→上机织造。

1. 织物结构分析

为了生产或仿制某种产品，设计人员必须掌握该产品的组织结构和上机技术条件等信息。设计人员在接到客户来样后，首先要分析织物的结构。由于不同的织物所采用的组织结构、色纱排列、纱线原料、纱线线密度、纱线捻向和捻度以及纱线结构和后整理方法等各不相同，为了能获得正确的分析结果，在织物结构分析前要规划织物分析的项目和它们的先后顺序。织物结构分析一般可按下列顺序进行：

（1）取样：

为了使测得的数据具有准确性和代表性，一般规定：从整匹织物中取样时，样品到布边的距离不小于 5 cm，离两端的距离在棉织物上不小于 1.5 m～3 m；在毛织物上不小于 3 m；在丝织物上约 3.5 m～5 m。

此外，样品不应带有显著的疵点，并力求其处于原有的自然状态，以保证分析结果的准确性。

取样面积大小应随织物种类、组织结构而异。由于织物分析是消耗试验，应根据节约的精神，在保证分析资料正确的前提下，力求减小试样的大小。简单组织的织物试样可以取得小些，一般为 15 cm×15 cm。组织循环较大的色织物可以取 20 cm×20 cm。色循环大的织物（如床单）最少应取一个色纱循环所占的面积。对于大提花织物（如被面、地毯）因其经纬纱循环数很大，一般分析部分具有代表性的组织结构即可。因此，一般取为 20 cm×20 cm，或 25 cm×25 cm。如样品尺寸小时，只要比 5 cm×5 cm 稍大即可分析。

（2）确定织物的正反面：

织物正面一般平整、光滑、图案组织细致、轮廓清晰、特点明显、组织结构及间丝点的变化丰富；经面织物正面经浮长占优势；纬面织物正面纬浮长占优势；重组织织物、双层织物其正面纱线原料好，表组织密度大，反面浮长长。

（3）确定织物的经纬向：

织物一般从经密大于纬密、经组合材料优于纬组合材料、经线较细而纬线较粗的规律来判断；对于有边结构和穿筘痕迹的织物，则更容易判明其经纬方向，与布边平行的纱线是经向纱线，与布边垂直的纱线是纬向纱线；织物中有筘路的，筘路方向为经向纱线，稀弄方向为纬向纱线；含有浆料的纱线是经向纱线，不含浆料的纱线是纬向纱线；一般情况下，经向纱线的捻度较大（强捻纬纱织物除外）。

（4）测定织物的经纬纱线组成：

经纬纱原料可通过手感目测法、燃烧法、化学法、显微镜观察法等方法确定，设计人员最常用的经纬原料鉴别是手感目测鉴别和燃烧鉴别。前者根据纤维的外形、色泽、弹性、强力来判断；后者根据纤维燃烧前后的形状、焰色、烟尘、灰烬、气味等变化特征来判别。

手感目测法是纤维鉴别最简单的方法，它是根据呈散状的纤维的外观形态、手感、色泽及拉伸等特征来区别棉、麻、毛、丝及化学纤维。例如：棉、麻、毛是自然生长的短纤维，长短不一，整齐度差。棉纤维常附有各种杂质和疵点，纤维细而短；麻纤维手感粗硬；羊毛纤维柔软而富有弹性，有卷曲；蚕丝长而纤细，具有特殊的光泽。化学纤维一般长而整齐，有耀眼的光泽，黏胶纤维干湿强力差异很大，氨纶弹性较好，其他合成纤维则需用其他方法加以鉴别。

燃烧法是简单而常用的一种鉴别方法。它的基本原理是根据各种纤维的组成成分不同，其燃烧特征也不同的特点来粗略鉴别纤维种类。鉴别方法是用镊子夹住一小束纤维，慢慢移近火焰，仔细观察纤维靠近火焰，在火焰中以及离开火焰时所产生的各种不同现象，如燃烧难易，燃烧速度及燃烧时产生的气味，燃烧后留下的灰烬等特征来进行判别。

显微镜观察法是借助显微镜观察纤维的横向和纵向形态特征，是广泛采用的一种方法。天然纤维有其独特的外观形态待征，如，棉纤维纵向有天然转曲，横向有中腔、胞壁；毛纤维纵向有鳞片，麻纤维纵向有竖纹、横节；蚕丝纤维呈三角形截面等；但化学纤维的截面大多为近似圆形，少数用湿法纺丝的化学纤维，因纺丝条件的影响，存在不规则的截面，如黏胶为锯齿形，有皮芯结构；维纶为腰圆形，有皮芯结构；腈纶有哑铃形截面等。对于化学纤维，必须与其他方法加以结合才能鉴别。

化学鉴别法是利用各种纤维在不同的化学溶剂中的溶解性能来鉴别纤维，如锦纶溶解于酸性溶液，涤纶不溶解；根据手感目测和显微镜观察等方法初步鉴别后，再用化学法加以证实，可以确定各种纤维的具体品种，也可定量分析纱线的混纺比。它比前面的几种方法更可靠。必须注意，纤维的溶解性能不仅仅与溶剂的品种有关，与溶剂的浓度、温度及作用时间也很有关系。测定时必须严格控制试验条件。

（5）测定织物的经纬纱缩率：

织物经、纬纱缩率包括织缩率和染整缩率，它是计算经、纬纱线线密度和经、纬纱线用量，进行工艺设计的重要依据。

一般的测定方法是：在织物样品的经、纬向分别标出一定长度（一般为 10 cm），做上记号，计为织物中纱线长度 L_2，然后拆出纱线，测量出其自然伸直状态下记号间的长度，计为纱线原长度 L_1，缩率：

$$\alpha = \frac{L_1 - L_2}{L_1} \times 100\%$$

测算 10 次取平均值。这种方法简单易行，但测算缩率的精确性，一定程度上受到拆纱方法和拉直纱线的张力影响。

（6）测算织物的经纬纱线密度：

线密度的表示方法有定重制（公制支数、英制支数）和定长制（特克斯、旦尼尔）。测定织物经纬向线密度的方法有两种：

比较测定法：把纱线与已知线密度的纱线进行比较来确定，这种方法误差较大，适用于化纤原料的细度测定。

称重法：从样品中拆取单位长度的纱线，用天平称重，换算得出线密度。

（7）组织结构分析：

纹织物样品综合分析能够提供的纹制工艺参数主要是组织结构。由于常规织物的普遍规律是经密大于纬密且经细纬粗。故在分析时以拆经线、分析纬面组织结构较为方便。组织结构分析方法为：

先将布样沿经纬线边缘拆去 1 cm 左右，在照布镜下用针将第 1 根经（纬）纱稍拨开一点，把经（纬）纱的交织规律记录在意匠纸或利用纹织 CAD 进行记录，再拨第二根，同样记录下来，一直分析到出现循环为止。

对于密度小，经纬线较粗，组织较简单，可用照布镜直接分析，并画出组织图，对一般的 5 枚缎、8 枚缎，可在其纬面效应那一面，用针挑起一个经组织点，这根经线在布面上抽紧，在照布镜下可找到此经线下一个组织循环的经组织点，数一下二个经组织点之间的纬线根数，即可判断出此组织的组织循环数（枚数）。

分析纹织物时应注意：

（a）在选择拆拨方向时，即选择拆拨经纱还是纬纱时，最好将密度大的经纱拨开，这样可以借助另一系统纱线间隙看清经纬交织情况。

（b）意匠图上记录组织点的方向应与拆拨的方向完全相同。

（c）拆拨纱线的根数必须保证经纬纱有两个完全循环出现才能确定其组织。

（d）在配色模纹织物中，当组织循环数不等于色纱循环数时，往往是色纱循环数大于组织循环数。在绘组织图时经纱根数应是色纱循环数与组织循环数的最小公倍数。纬纱根数应是色纬循环数与组织循环数的最小公倍数。

（e）提花织物组织分析，只需分别对地部和花部的局部进行分析，得到地组织图和花纹组织图。

（f）重经或重纬织物，首先要认清重叠组数及排列比例。

（g）绉类织物，可先将布样烫平后分析。

（h）为帮助分析织物，可在织物背面进行适当衬托，如在分析深色织物时，可用白色纸作衬托；在分析浅色织物时，可用黑色纸加以衬托。

（i）织物分析产生的经纬密度对推导各类数据的正确性十分重要，是推导织造工艺参数的重要依据。如提花织物的装造形式、纹针数计算、穿综穿筘方法、花幅与花数以及意匠比例计算等都是由经密确定的。在完成组织结构分析的基础上，用计数交织点的方法测定经纬密度较简便且准确：例如某织物组织为五枚缎，1 cm 内出现 18 个经浮点，推导得经密为 18×5＝90 根/cm；又如重经、重纬织物，可按其排列比进行推算等。

（j）纹织工艺分析完成后，应把提花织物的全部组织用意匠图或纹织 CAD 点绘，为下一步推导工作提供完整正确的数据和组织图。

2. 装造设计

根据织物经纬纱线的线密度和织造要求，提花机装造设计主要包括纹针数计算、目板设计、造数和把吊数设计等内容，以满足不同纹织物的装造需要。一般情况下，生产条件较为完备的织造企业，此项工作比较简单，只需根据生产的实际情况确定适合某纹织物上机装造的方式，因为企业在制定生产工艺时，基本上是固定几种装造模式，只要能基本满足现有的装造条件就可以上机织造了。

3. 纹样设计

来样设计中的纹样设计就是将纹样图案通过专门的软件进行适当、必要的技术处理是提花工艺设计的需要。一般纹样设计按以下基本步骤进行：

（1）布样扫描：接到客户的来样后，设计人员首先通过彩色扫描仪将布样扫描成数字文件，扫描文件可以保存为.jpg文件格式，也可以保存为.bmp文件格式等纺织品CAD软件可处理的图像格式。.jpg格式的文件在存储时所占磁盘空间较小，.bmp格式的文件在存储时占用磁盘空间较大。

（2）图像处理：纹织CAD软件不是专门的图像处理软件，设计人员可以选用图像处理专用软件，如Photoshop等对花型进行适当的修整，如图像校正、色彩平衡、噪声处理、对比度调节、明暗度处理等，再将处理好的图像文件用纹织CAD软件进行纹样设计。

（3）纹织CAD设计：将处理好的图案花型导入纹织CAD软件中进行更深入的处理，并根据客户布样上经纬纱的线密度和花型循环来调整纹样的意匠比（其中布样的经密要与所用提花机的机上经密相配合），然后将分析好的组织添加到已经处理好的图案上。

（4）样卡设计：根据客户来样的规格确定纹织物主纹针的针数，并根据提花机的型号确定主纹针的位置、辅助纹针（边针、选纬针、停撬针等）的针数和位置，完成样卡设计工作。

4. 纹板文件生成

根据设计的样卡文件、意匠图文件、组织配置文件等生成纹板数据文件，再将纹板数据文件通过微机控制纹板冲孔机得到所需的纹板，或直接将纹板数据文件传送到电子提花机的控制部分控制提花机织造。

5. 经纬纱配置

设计人员应根据来样合理配置经纱需要，再根据花型的颜色配置纬纱，以满足图案花型的颜色需要。

6. 上机织造

以上工作完成后，就准备上机织造。上机织造前要根据纹样的花型进行穿综、穿筘，并通过纹板、磁盘或网络与提花机龙头相连接来控制提花机生产，完成大提花织物织造任务。

（二）创新设计

纹织物设计集生产、应用、设计等为一体，在工艺设计和上机织造等方面都比其他机织物复杂得多，特别是在创新一个品种时，需要设计者根据市场的需求及用途的要求，经过细致构思，并首先考虑采用新原料、新工艺、新技术、新设备设计出风格新、功能新的产品。创新设计的产品除指前所未有的品种外，还应包括对现有品种作较大变化，风格迥异，具有新颖观赏、触觉效果或性能的品种，需要设计者具有较高的设计能力、敏锐的观察力、丰富的想象力和综合协调能力等。因此，设计或开发一个纹织物品种一般要经过以下几个步骤：

1. 整体设计

整体设计是纺织品设计、开发人员在设计纹织物时综合运用多种知识，根据织物的用途、销售地区的风俗习惯、季节和气候条件、流行趋势、服用对象等特点，全面考虑织物的风格特征，合理选定原料、纱线类型，确定幅宽、经纬密度，设计出织物组织结构和织造工艺流程及必要的后处理工艺的完整过程。

2. 纹样设计

设计人员在进行纹样设计时，既要考虑提花织物的图案要符合所设计产品的风格特征、满足市场需求，还要结合产品的组织结构、原料性能和规格特点等，同时应兼顾组织配置和织造工艺的适宜条件、流行趋势和服用对象的特征，从而设计出新颖别致的图案花纹，并对织物的经纬纱线进行相应的颜色配置。

3. 意匠设计

意匠设计是制织纹织物的一个重要环节，意匠设计的目的是根据纹样绘制或编辑意匠图。意匠图体现纹样和组织结构相结合的过程，是轧制纹板或形成纹板文件的依据。传统意匠图绘制，是在选定的意匠纸上将纹样放大，勾边并填入相应的组织(或代表组织的色彩)，根据设计要求，意匠图上的每一种颜色代表一种特定的组织，某些复杂的组织除了涂色外，还得点绘组织点。设计人员必须根据纹织物所用经纬纱线的线密度、组织结构和装造条件等因素，计算和选用意匠纸；然后确定意匠纸绘画时的颜色、间丝和勾边方法；最后编制纹板轧法，作为纹板轧孔的依据。现在采用纹织 CAD 编辑意匠图，这比较方便和省时，极大地提高了纹织物的开发效率。

4. 轧制纹板

意匠图能清楚显示纹织物各部分的组织，但是还不能直接控制提花机的纹针运动，必须把意匠图上的信息转变为纹板信息。传统纹制工作是按意匠图上纵、横格中的颜色符号或纹板轧孔法的说明，人工对纹板进行轧孔。用人工轧纹板非常耗时耗力。目前对于机械式提花机，也由电脑接受纹织 CAD 编制好的纹板文件，控制轧花机自动轧制；对于电子提花机，CAD 编制好的纹板文件转化为电子纹板，可以输入可移动磁盘，直接控制一台织机，也可以输入织机控制中心，通过网络控制车间里任何一台的提花机。

5. 装造设计

在提花机的每根纹针下穿吊纹线，使经纱受到提花机纹针的控制，这一工作过程就是提花机装造。装造前，应根据纹织物花纹循环的大小、经纱密度和组织结构合理选择装造类型和装造方法。装造工作主要包括装造设计、装造准备和上机装造三个步骤。

6. 试织

准备好纸质纹板(或电子纹板)，完成上机装造后即可进行试织。试织分试小样和试大样两步，小样通过鉴定后即可试大样。试小样的目的是检查纹织物的基本规格和织纹是否达到设计要求，试大样的目的是分析出织制该品种的工艺参数。当所有的工艺条件和工序都与大批量生产一样时，即可正式投入生产，同时，大样试织得出的工艺参数将指导大批量生产。

思考与练习

1. 什么是纹织物？分为哪些类型？
2. 简述纹织物的设计内容。
3. 介绍纹织物分析的内容、分析步骤与分析方法。

第一章 提花机装造工艺

纹织物的花纹循环经纱数可达数千根，这些经纱在提花机上受纹针的控制，按照意匠图设计的花纹图案，织出丰富多彩的纹织物。

使经纱受提花机控制并按照纹样与组织设计的要求作开口运动的工作称为装造。装造设计是纹织物生产特有的设计内容之一，它包括综锤、综丝及通丝的准备；穿目板，挂通丝，吊综丝及穿经、穿筘、吊棒刀，加装伏综、半综、前综等辅助装置。大提花装造示意如图 1-1 所示。

图 1-1　大提花装造示意图

由于纹织物的组织结构不同，花型不同，装造工作也就有所不同。纹织物的装造设计在组织结构设计和纹样设计之后进行。装造设计是一项十分复杂细致的工作，必须弄清各构件的作用原理及相互之间的联系，在产品设计时应充分利用原有的装造或采用最佳的装造方案，以利于提高生产效率，减少浪费，提高产品质量。

第一节 提花机工作原理

提花机类型很多，工作原理各有差异，纹针数从几十针到上万针，配套的织机也各不相同。各种类型的纹织物，应选择适合的不同规格的提花机。按纹板信息输入方式可分为机械式提花机和电子式提花机两种，其他分类方式在此不做赘述。

一、机械式提花机

单动式上开口机械式提花机是我国纺织工业应用最普遍的一种机械式提花机。其特点是结构简单，造价低，修理方便，但转速较慢。见图 1-2。

图 1-2 单动式上开口机械式提花机

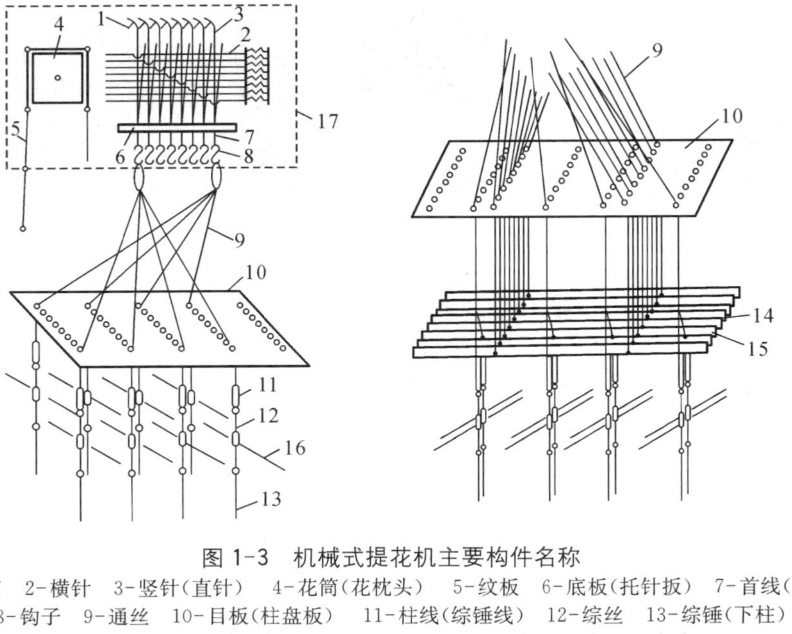

图 1-3 机械式提花机主要构件名称

1-提刀 2-横针 3-竖针(直针) 4-花筒(花枕头) 5-纹板 6-底板(托针扳) 7-首线(麻线) 8-钩子 9-通丝 10-目板(柱盘板) 11-柱线(综锤线) 12-综丝 13-综锤(下柱) 14-小柱线(扁担线) 15-棒刀(良子) 16-经纱 17-提花机龙头

提花机的开口机构配置一组竖针(直针或竖钩)和一个刀架，刀架上装有若干把提刀 1，见图 1-3。刀架由主轴直接传动来提升竖针。主轴转一圈，刀架升降二次，形成一次梭口。经纱

16 穿过综丝 12 的综眼，综丝下端吊着综锤 13，起着回综的作用；通丝 9 穿过目板 10 的孔眼与钩子 8 相连接，钩子上端是首线 7，竖针 3 通过首线和通丝相连接。当竖针钩端位于提刀之上时，刀架向上运动，提刀就随之提起竖针。通过首线、钩子、通丝、编带线将综丝提起，穿在综眼中的经纱被提升。刀架上升同时底板 6 下降，没有被提升的竖针随之下降，所控制的经纱下降。提升的经纱形成梭口上层，下降的经纱形成梭口下层。

管理经纱提升次序的装置是花筒 4 和纹板 5。每一根竖针都配置一根横针 2，在横针弹簧和竖针本身双钢针结构弹力作用下，横针总是推动竖针靠近提刀，使竖针钩置于提刀之上。横针左端伸出横针板，在横针板前有花筒，在花筒上套有纹板，在花筒移近横针板时，横针在弹簧的作用下进入纹板和花筒的孔眼中。

当纹板上对应横针处无孔时，纹板即把横针推向右方，同时推动竖针右移，使其离开提刀。所以，纹板上有孔，对应的竖针置于提刀之上，和提刀一起上升，受该竖针控制的经纱也上升。

纹板上无孔，对应的竖针和经纱随底板下降。花筒每转过 90°(或 72°)便调换一块纹板，刀架就上升一次，形成一次梭口，纳入一根纬纱。组织循环纬纱数有多少根，就需要多少块纹板。

二、电子提花机

1983 年英国 Bonas 公司首创世界第一台机织商标用电子提花机，1987 年又推出阔幅电子提花机。与此同时，瑞士、德国、意大利等国也纷纷推出各具特色的电子提花机，使大提花织物生产步入一个崭新的时代。

与传统的机械式提花机相比，电子提花机在纹样控制方面具有创造性的变革。机械式提花机通过意匠、纹板、纹针控制经纱的起落，工序复杂劳动强度大。而电子提花机是机电一体化的提花装置和电脑意匠系统联合使用，仅用一块 EPROM 卡便可控制经纱的起落，是纹织 CAD 和 CAM 的良好结合。其特点是设计周期短、方便灵活，适用于小批量、多花色的生产，更适用于高档纺织品织造。

电子提花机选针机构有许多个电磁阀，每一个电磁阀下都有一副挂钩，挂钩下可挂通丝把，我们可把挂钩和相应的电磁阀称之为一枚电子纹针。电子提花机的挂钩轻巧，运转快速平稳，可以搭配任何高速织机。见图 1-4。

图 1-4 电子提花机

电子提花机常用的有国外的英国博纳斯(Bonas)电子提花机、法国史陶比尔(Staubli)电子提花机和德国格罗斯(Gross)电子提花机。这里以两种常见的电子提花机为例来介绍电子提花机的基本工作过程:

1. 英国博纳斯(Bonas)电子提花机电子纹针的工作原理

博纳斯电子龙头的动力来自于织机主轴。在图1-5中,提花龙头的左右两组提刀a、b在织机主轴的传动下做上下往复运动,两个片钩A、B为弹性薄钢片做成,下部焊接有凸头。当提刀顶住片钩凸头时,片钩A、B被提刀上顶随之向上运动。片钩A、B的下端与穿过动滑轮组3的上皮带2相连,下皮带4穿过下滑轮,一端固定在固定点5处,另一端有挂钩可挂通丝。当电磁阀1接到信号后放电,此时某上升的片钩(如A)的上端会被电磁阀1吸住,片钩上的小孔会挂在销舌6上,使片钩A不再随提刀b下降,如图1-5(1)所示;若电磁阀1没通电,片钩A、B交替升降但动滑轮在原处不动,如图1-5(2)所示;接着提刀a推动片钩B上升,带动滑轮上升,如图1-5(3)所示,滑轮下控制的经纱即被提升,可得经组织点;如果下一纬继续是经组织点,电磁阀又带电,左片钩B也被吸住,提刀a自己下降,但滑轮不会下降,如果下一纬是纬组织点,只要电磁阀停电,任何一侧的片钩即随提刀下降,动滑轮也下降,如图1-5(4)所示。电磁阀的加电或不加电的信息来自于控制箱的意匠文件(或纹板文件)。

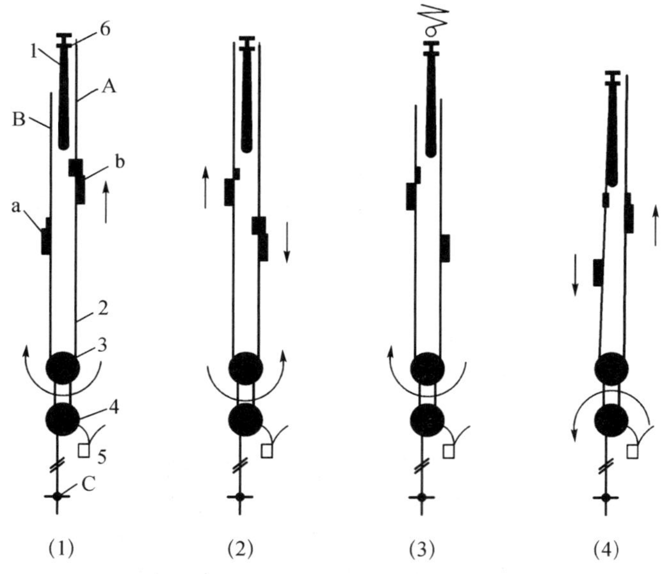

图1-5 博纳斯电子提花机工作原理

1-电磁阀 2-上皮带 3-滑轮组 4-下皮带 5-固定点 6-销舌

A-右片钩 B-左片钩 C-综丝

a,b-左右两组提刀

2. 史陶比尔(Staubli)电子纹针的工作原理

在图1-6中,史陶比尔的一枚电子纹针由一对固定钩4分别与运动钩6对应,固定钩上端对着电磁阀5,并连有弹簧3。提刀12、13由共轭凸轮控制,推动两侧的运动钩交替上升。如果电磁阀放电,电磁阀吸住固定钩的上端(克服了弹簧3的弹力),使下端张开更大,活动钩上升到最高处时不能和固定钩相扣,随后将随提刀下降而下降,这样动滑轮11不动。如果连续放电，另一侧情况相同，挂钩将一直处于下方不动，所得为纬点。如果电磁阀不放电，弹簧 3 会把固定钩上端推开，此时当一侧的活动钩上升到最高处时，当运动钩的头端进入固定钩的内侧后，固定钩的下端就勾住了运动钩，这样当提刀下降时，对应的运动钩不下降。而当另一侧提刀带着运动钩上升时，滑轮才随之上升，从而带动经纱提升，得经组织点。经纱的上升与下降是以电磁阀是否通电来实现的，电子阀的加电或不加电的信息来自于控制箱的意匠文件（或纹板文件）。

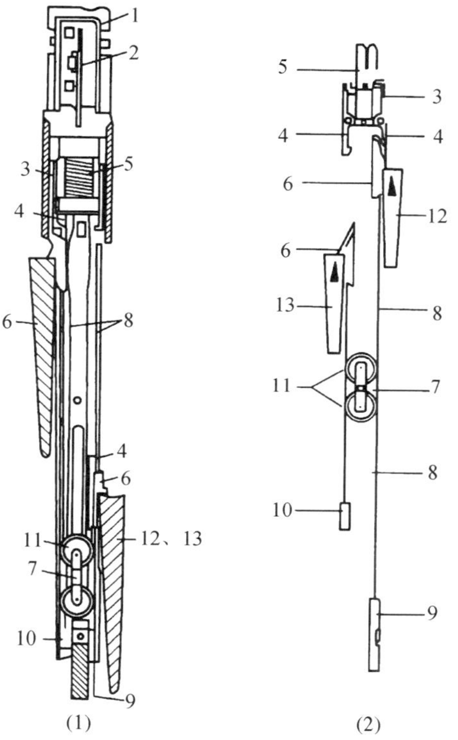

图 1-6 史陶比尔电子提花工作原理

1-外壳 2-电子板 3-弹簧 4-固定钩 5-电磁阀 6-运动钩 7-连接件 8-绳索 9-首线 10-固定点 11-滑轮 12、13-提刀

三、提花机规格

提花机规格表示提花机的工作能力，以号数（口数）来表示提花机规格大小，提花机号数（口数）是指提花机所具有纹针（竖针或横针）数目多少。号数越大，纹针数越多。花筒横向排列的孔眼称列，大多为 16 列。花筒纵向排列的孔眼称行，号数不同，行数有所不同。例如机械式 1 400 口提花机有 1 480 根竖针（横针）、纹板有 1 480 个孔位（对于机械式提花机，一根竖针（横针），对应一个纹板的孔位），见图 1-7。

1 400 口提花机一块纹板孔位分布如下：分三段，共有 31＋32＋31＝94 行，为使纹板靠近花筒时孔眼一一对准，在花筒每一小段上有两个铜栓，纹板对应位置有大孔，起到固定作用。因此，出现了整行（纹针数为 16）与零针行（纹针数为 14），实有纹针数＝整行数×16＋零针行数×14，大于名义号数。

如1 400号提花机，实有纹针数为1 480针。
每行16列(零针行6×2=12行，每行只有14孔)。
总孔位=(94−12)×16+12×14=1 480孔。

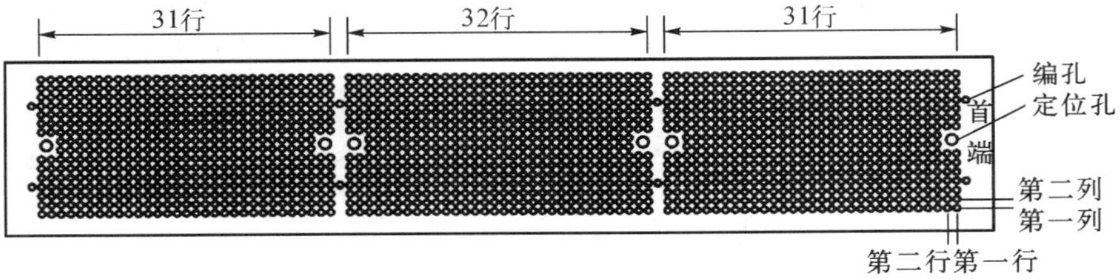

图1-7 1 400口提花机纹板示意图

表1-1、表1-2所列为我国目前常用机械式提花机、电子提花机的部分规格，详细资料可查阅有关专业技术资料。

表1-1 我国常用机械式提花机规格

号数	花筒段数	纹针列数	各段纹针行数	实有纹针数	纹板形式	适用织物
100	1	4	24	96	单块	商标、边字、织带
900	3	12	30+27+27	992	单块	棉、毛巾类织物
1 344	3	8	56+56+56	1 344	连续	棉、丝、毛织物
1 400	3	16	31+32+31	1 480	单块	棉、丝、毛织物
2 600	4	16	41+42+42+41	2 624	单块	棉、丝、毛织物
1 344	3×2	8	56+56+56	2 688	双龙头	棉、丝、毛织物

表1-2 我国常用电子式提花机规格

公司	型号	列数	纹针数	适用范围
史陶比尔	CX 160	6	72、96	商标、边字、织带
史陶比尔	LX60	8	640、896	商标、织带
史陶比尔	CX870/880	16	1 408、2 688	棉、丝、毛织物
史陶比尔	LX1600	16	1 536、2 048 3 072、6 144	棉、丝、毛织物
史陶比尔	LX1690	16	1 536、2 048 5 120、6 144	双层分割绒织物
史陶比尔	LX3200 (3201)	32	6 144、8 192 12 288	宽幅、高经密丝、棉织物
博纳斯	DSJ IBJ2	14 28	1 344、2 688	棉、丝、毛织物
博纳斯	SSJ	16	6 272、6 144	棉、丝、毛织物
博纳斯	MJ3 MJ11	24 40	2304 9 600、8 960	棉、丝、毛织物

第二节　提花机各构件编号及顺序

提花机上很多的构件，要使众多的构件有规律不紊乱，就必须有一个统一编号和排列顺序，使各构件与各根经纱建立对应关系，这样才能设计出最佳的装造方案，织造出理想的正确图案。

一、机械式提花机各构件编号

（一）意匠图

意匠图是依据纹样（设计的花形图案）在选定的意匠纸（格）上绘制的组织示意图。意匠图能反映出所设计的产品组织变化规律，是纹板轧孔的依据。如图 1-8 传统意匠图中，一个纵格代表一根纹针（经纱），纵格的次序从右到左，即意匠图右侧第一纵格代表第一根纹针，管理每花左侧的第一根经纱。一个横格代表一块纹板（纬丝），横格的次序从下到上，意匠图最下面第一横格代表第一块纹板，织造中的第一根纬线。

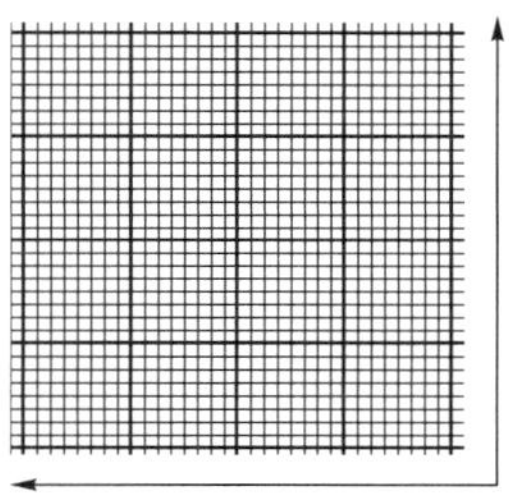

图 1-8　意匠纸

一张意匠图总纵格数＝一个花纹循环的经纱数（单造单把吊）＝纹针数。

一张意匠图总横格数＝一个花纹循环的纬纱数（简单纹织物）＝纹板数。

（二）经纱顺序

织机上的经纱顺序一般从左向右顺序排列：就是织机的最左边是第一根经纱，最右边是最后一根经纱，但也有从右向左顺序排列（如生产毛巾等一些特殊织物时），经纱在织机排列顺序究竟是从从左向右还是从从右向左这取决于纹针的次序和纹针、通丝和经纱三者的连接情况。

（三）纹板上纹针孔的次序

先确定纹板的正面和首端：有编号的一面为纹板的正面，有编号的一端为纹板的首端。

纹板的纵行（纹板长度方向）纹针孔称为“列”，如 8 列、12 列、16 列纹板，“列”的顺序从下向上顺序排列；纹板的横行（纹板宽度方向）纹针孔称为“行”，“行”的顺序从右向左排列（有的地区和上述称呼相反）。

图 1-9 是一块每行为 16 列的纹板样式，纹板首端第 1 行第 1 列孔位为第 1 孔，第 1 行第 2 列孔位为第 2 孔，第 2 行第 1 列孔位为第 17 孔，依次类推。

图 1-9　纹板示意图

(四) 横针次序

横针与纹板上纹针孔相对应，受第 1 纹针孔控制的横针为第 1 横针，受第 2 纹针孔控制的横针为第 2 横针，依次类推。

在右手车提花机上，当纹板编号朝向机前，纹板从纹板小号织向大号时，则横针排列顺序从上向下，从机前向机后排列，见图 1-10。

在左手车提花机上，当纹板编号朝向机后，纹板从纹板小号织向大号时，则横针排列顺序从上向下，从机后向机前排列，见图 1-11。

(五) 竖针次序

竖针与横针相对应，受第 1 横针作用的竖针为第 l 竖针，受第 2 横针作用的竖针为第 2 竖针；依次类推。

横竖针的排列方向可以有多种，这要取决于纹板首端的位置和第 1 针孔的位置。纹板首端在机后，第 1 横竖针肯定在机后；纹板首端在机前，第 1 横竖针肯定在机前。所以重要的是掌握第 1 纹板孔的位置，由此便知第 1 横针位置和第 1 竖针位置。

当纹板编号在机前，纹板从小号织向大号时，右手车提花机竖针排列次序从左向右，从机前向机后顺序，见图 1-10。

当纹板编号在机后，纹板从小号织向大号时，左手车提花机竖针排列次序从右向左，从机后向机前顺序，见图 1-11。

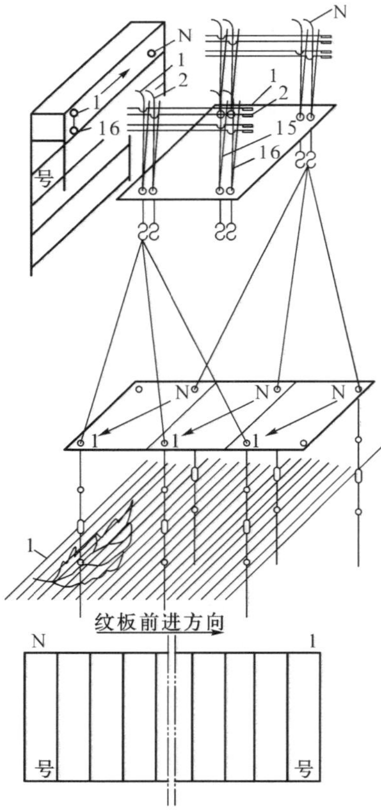

图 1-10　右手车左花筒

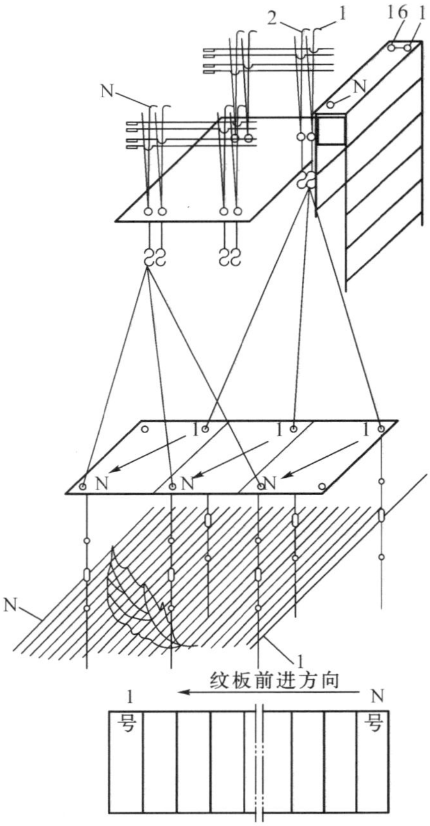

图 1-11　左手车右花筒

左右手提花机的区别是：右手提花机手柄在右，花筒在左，花筒顺时针转动；左手提花机手柄在左，花筒在右，花筒逆时针转动。

（六）通丝次序

连接第 1 根经纱与第 1 根竖针的通丝为第 1 根通丝，并依次类推。竖针、通丝、经纱三者之间的关系如下：

第 1 根竖针→第 1 根通丝→第 1 根经纱。

（七）目板孔次序

目板上有很多孔，供穿通丝用，穿第 1 根通丝的目板孔为第 1 目板孔，穿第 2 根通丝的目板孔为第 2 目板孔，依次类推。

通丝穿入目板的方法有很多，应注意通丝的顺序和操作时通丝实际穿入目板孔的先后顺序（因第 1 根通丝不一定先穿入目板孔）。

（八）纹板编排次序

每一块纹板可控制经纱形成 1 次梭口，投 1 根纬纱。在简单纹织物中，意匠图 1 个横格轧 1 块纹板，按第 1 横格轧出第 1 块纹板，按第 2 横格轧出第 2 块纹板……，所以纹板编号与意匠图横格顺序相同。

编好号的纹板要编连在一起，方法有两种：顺编和反编（倒编），见图 1-12。当纹板编号在下方，顺序从小号开始编连，从右向左顺序编连称"顺编"；

当纹板编号在下方，顺序从小号开始编连，从左向右顺序编连称"反编"（倒编）。

同一串纹板，由于编连方向不同，放在提花机的花筒上时，纹板首端的朝向就不一样，从而影响到第一纹针在织机机后或机前位置。

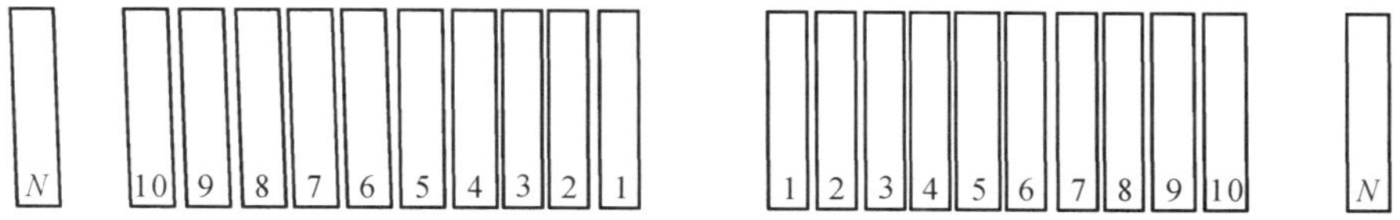

(a) 纹板顺编　　(b) 纹板反编

图 1-12　纹板编排次序

（九）机械式提花机各构件编号整体设计

在生产实践中，有些品种需要采用反织（把织物正面朝下进行织造）；又有些产品因生产习惯，经纱顺序从右向左顺序排列，或者要求左、右手提花机纹板编号都在机前方位；有的生产厂左、右手车采用相同方向的纹板编排顺序，以达到同一品种左、右手车纹板通用的目的；也有的生产厂左、右手车采用不同方向的纹板编排顺序；等等。所以，提花机的各构件的编号和排列顺序有多种形式，但不论采用哪一种编号和排列顺序，必须要生产操作方便、通丝交叉少、织出的花纹图案方向正确（对于有方向性的花纹图案，在织物的正面上的图案方向要与设计的纹样方向一致）。

1. 对于织造有方向性图案的织物，在整个装造的设计过程中，要考虑以下三个因素：

（1）采用的是正织还是反织。

（2）纹板是顺织还是倒织。

（3）经纱在织机上的排列顺序是从左向右顺序排列还是从右向左顺序排列。

正织是织物在织机上正面朝上织造，反织是织物在织机上正面朝下织造。在机械式提花机上，经面的纹织物一般采用反织，以降低提综次数。

顺织是纹板作用横针的次序与意匠图的横格次序相一致，倒织是纹板作用横针的次序与意匠图横格次序相反。

纹板顺编和反编本身对织物的花纹图案方向的织造不会产生影响，但影响纹板首端的朝向。

站在提花机前，依据织造的品种和布面便可判定该产品是正织还是反织；看纹板首端编连的顺序号的方向和顺序，可判定是顺编还是反编，是顺织还是倒织；从而判断出第 1 纹板孔位置，判断出第 1 根横、竖针的位置，判断出第 1 根通丝，第 1 根综丝和第 1 根经纱的位置；从而判断出提花机的元件（构件）的编号顺序及织物的方向。

2. 正织一定时

当织物顺织，意匠图的纵格次序与经纱次序相反时，织物图案与意匠图左右方向相反。

当织物倒织，意匠图的纵格次序与经纱次序相反时，织物图案与意匠图左右方向相同。

3. 反织一定时

当织物顺织，意匠图的纵格次序与经纱次序相反时，织物的正面图案与意匠图左右方向相同。

当织物倒织，意匠图的纵格次序与经纱次序相反时，织物的正面图案与意匠图左右方向相反。

提花机各构件顺序与纹样方向的关系如表 1-3。

表 1-3　提花机各构件顺序与纹样方向的关系

织机、目板穿向及纹板三者的关系	机上绸面纹样	左右手织纹样比较
右手织机，目板顺穿，纹板字号朝机前，纹板从 1 号→末号 N	 (1)	绸缎反织，下机后，正面花纹与意匠图一致
左手织机，目板倒穿，纹板字号朝机后，纹板从 1 号→末号 N（左右手织机纹板通用）	 (2)	花纹与右手织机一致
左手织机，目板顺穿，纹板字号朝机后，纹板从 1 号→末号 N（左右手织机纹板通用）	 (3)	与右手织机相比，花纹左右相反 当纹样左右对称或无方向性要求时，可以采用
左手织机，目板顺穿，纹板字号朝机前，纹板从末号 N→1 号（左右手织机纹板通用）	 (4)	与右手织机相比，花纹上下相反 当花纹无方向性要求或上下对称时，可以采用
左手织机，目板顺穿，纹板字号朝机前，纹板从 1 号→末号 N（左右手织机纹板不能通用）	 (5)	花纹与右手织机一致

二、电子提花机各构件编号

电子提花机各构件的编号形式与机械式提花机编号形式有很多相同的地方。见图1-13。

（一）意匠图

在电子提花机上生产纹织物时，意匠图都采用纹织CAD系统编辑，意匠图的纵格、横格次序要根据纹织CAD系统的设置而定。一般情况时，意匠图纵格、横格次序设定为从上到下，从左到右：意匠图最左边是第一个纵格，最上边是第一个横格。

（二）经纱顺序

一般情况，电子提花机上的经纱顺序一般从左向右顺序排列，织机上的第一根经纱位于一个花纹循环的最左侧（即目板的一个花区的最左侧）。

（三）电子纹针编号

电子提花机没有纹板，机上的电子纹针根据来自于控制器的纹板文件的信号而作上下运动。电子纹针的排列顺序由电子提花机的控制器设定，通过修改程序可以改变电子纹针的编号。

电子提花机的纹针排序有下面几种：

（1）定左侧第一行的最后一个挂钩为第1针，从后向前在同一行中纵向编号，然后逐行顺排。最后一针为最右侧行的最前面一针。

（2）定左侧第一行最前一针为第1针，从前向后依次编号并逐行排列，最后一针为右侧末行的最后一个挂钩。

（四）其他各构件编号

连接第1根电子纹针的通丝为第1根通丝，穿第1根通丝的目板孔为第1目板孔，其余依次类推，见图1-13。

电子提花机为全开口梭口，一般情况下织物都采用正织，由于没有外在的纹板，所以不需考虑纹板的编连方向和纹板作用纹针的次序（没有倒织与顺织之分）。

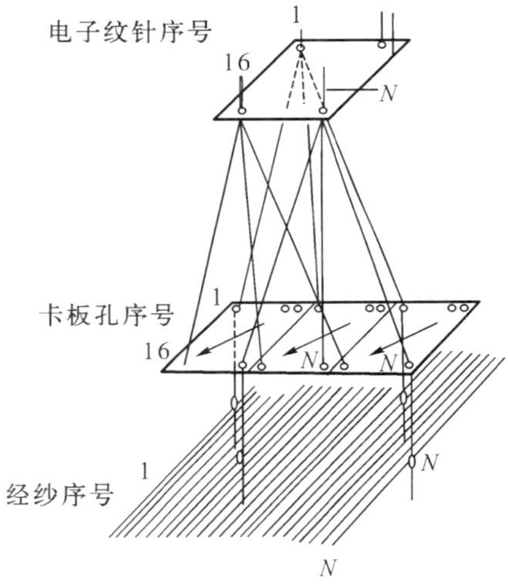

图1-13　电子提花机构件排序

第三节　提花机装造基本类型和纹针数计算

一、基本装造类型

装造类型分为单造单把吊、单造多把吊、前后造（双造、大小造、多造）。目板上横向划分的区域称花区，纵向划分称造。一个花纹循环中一根纹针控制的经纱数称把吊。

（一）单造单把吊

目板上沿经纱方向划分的区域为花区，如整个织物有四个花纹循环，目板沿经纱则分为四个花区，目板沿纬纱方向划分的区域称“造”。所谓“单造”是指纹针、目板沿纬纱不再分区。一根纹针在一个花纹循环中控制的经纱根数称为“把吊”。单把吊是指一个纹针在一个花纹循环中只控制的一根经纱。

单造单把吊结构简单,是最基本和应用最广泛的装造类型。适用于经密小、花纹循环小的织物。图 1-14 为单造单把吊两花示意图。

(二) 单造多把吊

单造多把吊是指一根纹针在一个花纹循环中控制两根或两根以上的经纱,控制两根经纱称为双把吊,控制三根经纱称为三把吊,控制四根经纱称四把吊,见图 1-15 和图 1-16。较常用的是双把吊及四把吊。适用于经密较大或花纹循环较大的织物。

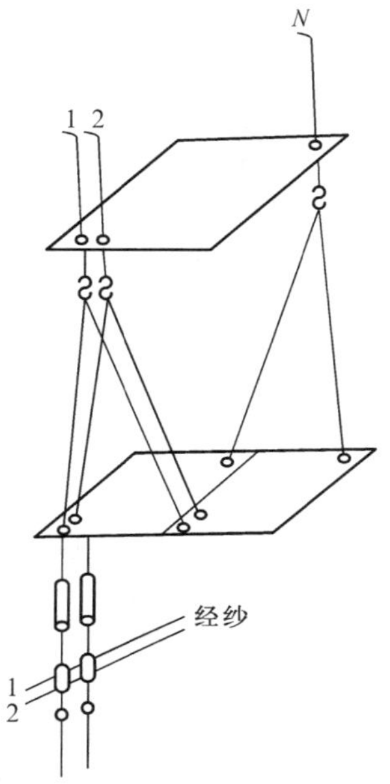

图 1-14 单造单把吊两花示意图

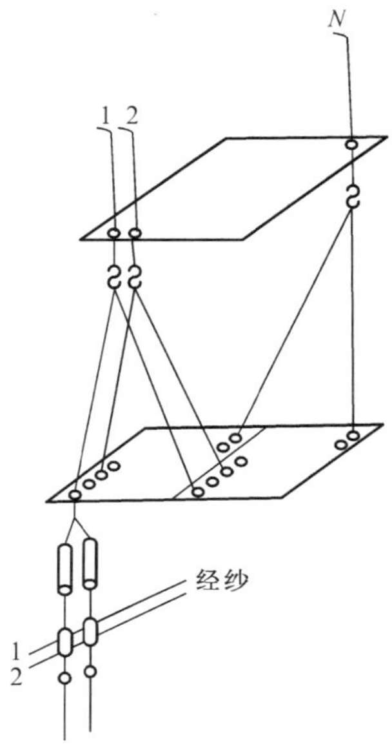

图 1-15 单造双把吊示意图

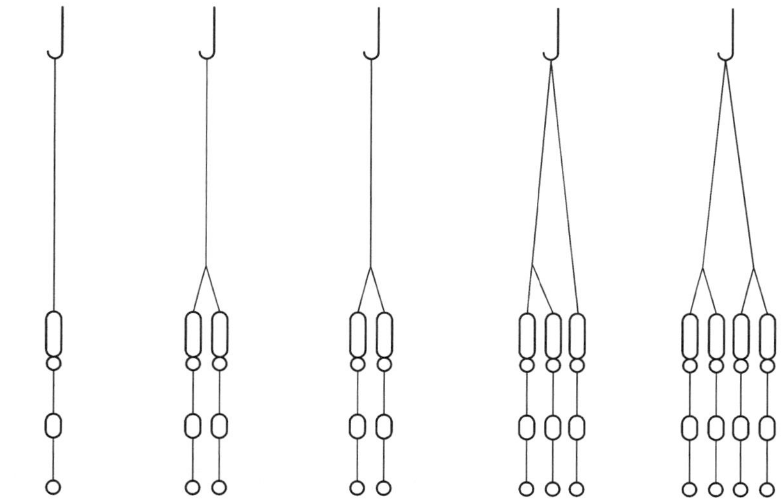

图 1-16 单造多把吊示意图

采用多把吊可以使现有纹针控制的经纱数成倍增加，从而织造花纹循环经纱数较大的花纹，解决传统提花机纹针数不足的问题。但多把吊会使织纹变粗，且使装造更为复杂。电子提花机可以较方便地扩大纹针数，因而不用多把吊。

（三）多造

用于重经、双层、多层织物，几组经纱必须由不同的纹针管理。在纹针和目板的纵向分成相应区域称为分造。

当甲乙两组经纱的比例为 1∶1 时，目板前后分成两个相等的区域，称双造。双造一般为单把吊，用于经密小、花纹循环小的纹织物。

甲乙两组经纱的排列比不等时，纹针和目板纵向也要分成两个对应比例的区域，此时两造纹针数不等，称大小造。大造在前，单双把吊均可；小造在后，一般为单把吊。

当经纱为两个系统以上时，如经纱的比例为 1∶1∶1，则纹针和目板前后分成三个相等的区域，称为“三造”，见图 1-17。

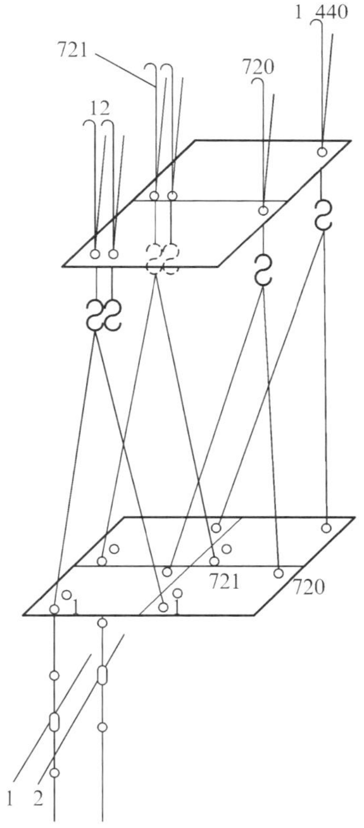

(1) 双造

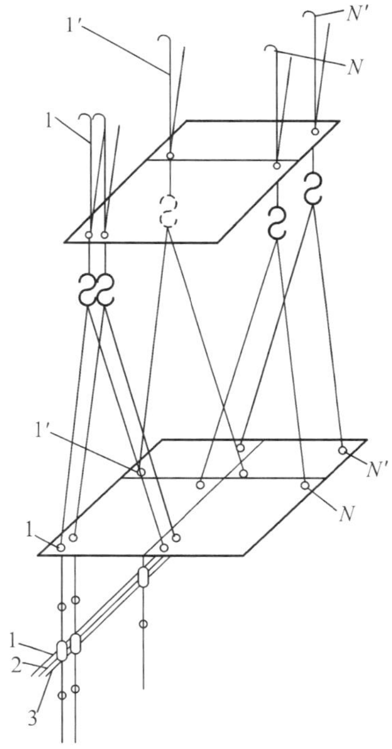

(2) 大小造

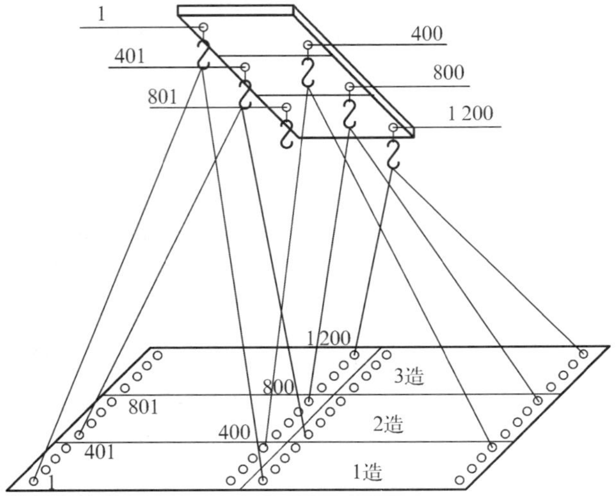

(3) 三造

图 1-17　多造示意图

(四) 电子提花机装造

电子提花机的装造通常比较简单,与单造单把吊类似,如图 1-18 所示。

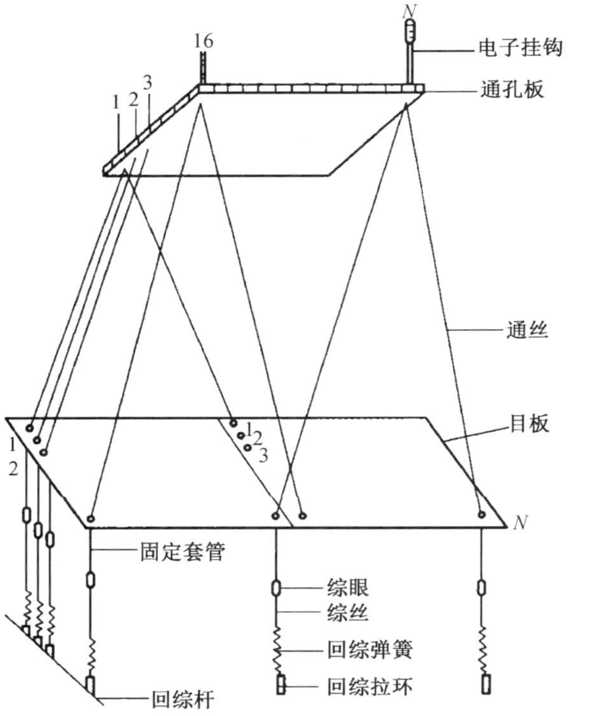

图 1-18　电子提花机装造示意图

二、纹针数的计算

纹织物的品种不同，需用的纹针数也不同。提花机的纹针数与纹织物成品幅宽、成品经密、全幅花数、基础组织循环纱线数、把吊数和装造形式等有关。为保证地组织织纹的连续，选用的纹针数应是地组织循环经纱数的倍数。电子提花机中，纹针数应是目板列数的倍数。

（一）单造单把吊纹针数计算

$$所需的纹针数=织物一个花纹循环的经数=织物的花纹宽度\times成品经密=\frac{内经纱数}{花数}=意匠图的纵格数$$

［例］　织制某纹织物，全幅 2 花，内幅 200 cm，经纱密度 200 根/10 cm，采用单把吊，计算所需纹针数？

解　$所需纹针数=\frac{内经纱数}{花数}=内幅\times\frac{经纱密度}{花数}=200\times\frac{200}{10\times2}=2\ 000$ 根

（二）单造多把吊纹针数计算

$$所需的纹针数=\frac{织物一个花纹循环的经纱数}{把吊数}=\frac{花纹循环的宽度\times经密}{把吊数}=\frac{内经纱数}{花数\times把吊数}=意匠图的纵格数$$

［例］　织制某纹织物，全幅 2 花，内幅 200 cm，经纱密度 200 根/10 cm，采用双把吊，计算所需纹针数？

解　$所需纹针数=\frac{内经纱数}{花数\times把吊数}=\frac{内幅\times内经纱数}{花数\times把吊数}=\frac{200\times20}{2\times2}=1\ 000$ 根

（三）双造(或多造)纹针数计算

$$总纹针数=造数\times一造纹针数$$

$$一造纹针数=\frac{织物一个花纹循环的经纱数}{把吊数}=\frac{内经纱数}{花数\times造数}=\frac{花纹循环的宽度\times经密}{行数}=意匠图纵格数$$

（四）大小造纹针数计算

大造可用单把吊，也可用双把吊：

$$大造纹针数=\frac{整个面幅大造所控制的经纱数}{花数\times把吊数}$$

小造一般用单把吊：

$$小造的纹针数=\frac{整个面幅小造所控制的经纱数}{花数}$$

$$总纹针数=大造纹针数+小造的纹针数$$

［例］　某重经高花纹织物，成品内幅 144 cm，全幅织 8 花，织物的花和地组织是由 8 枚经面与纬面缎纹组织构成的经二重组织，总经密 80 根/cm。在 1 400 号提花机生产(把吊数为 1)。

分别求当甲经∶乙经＝1∶1及甲经∶乙经＝2∶1时的纹针数。

解 在机械式提花机上，一般采用特种装造的前后分造(区)装造织制：

(1) 当甲经∶乙经＝1∶1，应采用双造：

$$初算一造纹针数=\frac{织物一个花纹循环的经纱数}{造数}=\frac{内经纱数}{花数\times造数}$$
$$=\frac{144\times80}{8\times2}=720\ 针$$

修正一造纹针数也为720针(是组织的倍数)，总纹针数确定为720×2针

(2) 当甲经乙经＝2∶1，应采用大小造。

$$大造纹针数=\frac{整个面幅大造所控制的经纱数}{花数\times把吊数}=\frac{144\times80}{8\times1}\times\frac{2}{3}=960\ 针$$

修正后也为960针(是组织的倍数)。

小造纹针数：$\frac{960}{2}=480$ 针，修正后也为480针(是组织的倍数)。

总纹针数＝960针＋480针＝1 440针。

(五) 独花纹织物的纹针数选用

提花毛毯、毛巾、地毯、被面等纹织物往往整幅为一个花纹循环，要求所用的纹针数很大，而在现有提花机工作能力有限的情况下，要合理地选用纹针数。

设花纹的宽度为 W，织物经密为 P，织造时把吊数为 F，则织造织物花纹的纹针数

$$A=W\times\frac{P}{F}$$

设提花机可用的纹针数为 B：

B＝所用提花机的实有纹针数－辅助针孔－纹板大孔周围不用的针孔

讨论：

(1) B 大于 A 时，提花机对织物上的任何花纹都能织；

(2) B 小于 A 时，分三种情况讨论：

第一种情况：$B<\frac{A}{2}(A>2B)$ 时，织物在现有的提花机上不能织造。

第二种情况：$B=\frac{A}{2}$ 时，把织物花纹设计成左右全对称，织物在现有的提花机上能织造，但花纹的灵活性受到限制。

第三种情况：$\frac{A}{2}<B<A$ 时，可以把织物的独花设计成两边对称、中间自由花芯的图案，见图1-19。

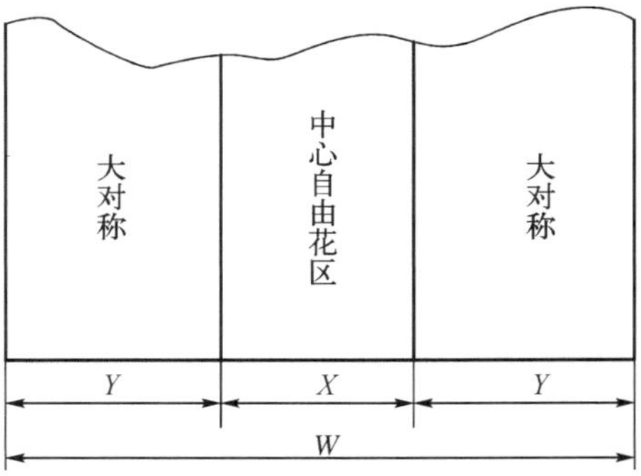

图1-19 两边对称的独花示意图

上述要使提花机提供的纹针数得到充分的利用，则有下列方程式：

$$\begin{cases}X+Y=B\\X+2Y=A\end{cases}\Longrightarrow\begin{cases}X=2B-A\\Y=A-B\end{cases}$$

（上式的 X、Y 分别表示花纹图案的自由中心和两边对称所用的纹针数）。

再由 $X=2B-A=2B-W\times\dfrac{P}{F}$ 的式子可以讨论影响自由中心花区纹针数和宽度的因素。

要想增大自由中心花区的宽度，可以在织物的两边增设小对称直边，见图 1-20，并且有下列的方程式。

$$\begin{cases}X+Y+Z=B\\X+2Y+4Z=A\end{cases}\Longrightarrow\begin{cases}X=2B-A+2Z\\Y=A-B-3Z=A-B-3Z\end{cases}$$

（上式的 Z 表示花纹图案的所增加的小对称直边所用的纹针数，设小对称边的宽度为 $W_{小}$。）

则
$$X=2B-A=2B-\frac{P(W-W_{小})}{F}$$

［例］ 用 1 400 口提花机生产独花床罩织物，该织物花区的幅宽为 162 cm，经密 66.7 根/cm，织物的花、地组织是 8 枚正反缎构成，所用把吊数为 4。试计算纹针数，辅助针和不用针孔 104 针。

解　1 400 号提花机实有纹针数 A=1 480 针；

可用纹针数 B=1 480−104=1 376 针；

中心自由花区纹针数 $X=2B-A=2B-W\times\dfrac{P}{F}=2\times1\,376-162\times\dfrac{66.7}{4}=51$ 针，修正为组织循环数 8 的倍数，为 48 针。

大对称边所用纹针数 $Y=B-X$=1 376−48=1 328 针，

中心自由花区的宽度 $W_{中}=\dfrac{X\times F}{P}=\dfrac{48\times4}{66.7}$=2.9cm。

计算后的中心自由花区宽度仅 2.9 cm，嫌太小。为扩大中心自由的宽度，可增加小对称直边，现取 $W_{小}$=8 cm，则小对称直边所需纹针数 $Z=W_{小}\times\dfrac{P}{F}=8\times\dfrac{66.7}{4}$=133 针，修正为组织循环数 8 的倍数，为 136 针。

中心自由花区纹针 $X=2B-A+2Z$ =51+2×136=323 针，修正为组织循环数 8 的倍数，为 328 针。

大对称花区的纹针数 $Y=B-X-Z$=1 376−328−136=912 针，恰好是 8 的倍数。

中心自由花区的宽度 $W_{中}=\dfrac{X\times F}{P}=\dfrac{328\times4}{66.7}$=19.7cm。

增加小对称直边以后，中心自由花区的宽度增加了。见图 1-20。

三、辅助针的选用

纹织物生产中，需要边组织和配备一些辅助装置，控制边纱和这些辅助装置的纹针，称为

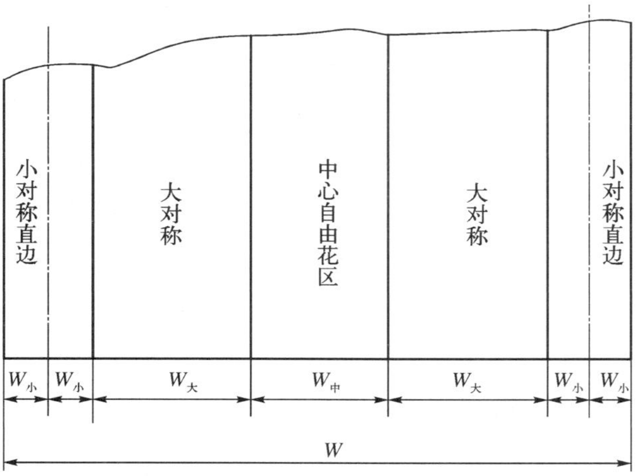

图 1-20 有小对称直边的独花示意图

辅助针。辅助针主要有以下几种。

1. 边针

纹织物的边一般有内边和外边，外边也称小边或把门边。内边组织与纹织物地组织有关，把门边一般为平纹，由 2～4 根纹针控制；大边的纹针数与大边组织密切相关，针数为大边组织循环的倍数。

2. 棒刀针

棒刀片数与目板列数相等。棒刀针的多少取决于棒刀组织循环。棒刀负荷较大，为保证起综安全，一般用 2～3 根纹针控制一片棒刀。棒刀针在辅助针中用量较多。常用的有 32 针、48 针、64 针、96 针等。

3. 梭箱针

控制梭箱升降的纹针，一般是单侧多梭箱用 1～2 枚针，双侧多梭箱用 2～4 枚针控制梭箱升降。

4. 投梭针

主要用于采用任意投梭机构的纹织物。为保证运转正常，一般每侧各用两枚针控制投梭机构。

5. 停撬针(停卷停送针)

用于抛梭织物上。特抛的纬纱间隔织入织物，在特抛花纹上形成纬二重结构，而在其他部分仍为单层结构。当特纬投入时，用纹针控制送经卷取机构，使其不产生送经和卷取运动(此纹针轧在特抛纬纱的纹板上)。

6. 换道针

重纬纹织物的某些纬纱在织入一定距离后需要换色，俗称为换道。用一枚针控制，在需要换色的前一纬纹板上轧孔。

7. 色纬指示针

纬四重以上的纹织物，为了在处理停台时容易识别纬丝的颜色，每一色纬需用 1 枚针指示色别。

8. 起毛针、落毛针

毛巾织物在起毛圈之前及织平布之前各需要三枚针分别控制起毛圈和织平布。

9. 其他辅助针

控制不常用的特殊机构的针，如像景织物中控制前综管理接结经的纹针。

四、纹针样卡

不同的织物，实际使用的纹针数及辅助纹针各不相同，因此必须对全部纹针进行合理安排，确定纹针、边针及其他辅助针的位置，称为纹针样卡，简称样卡。一个产品只有一个样卡，而且样卡不能经常发生变化。

设计样卡的基本要求：

(1) 样卡上的纹针数应等于实用纹针数。分造装造时样卡上须划出分造界线并指明造数。

(2) 样卡上应标明各辅助针的位置。

(3) 样卡正面首端一般用“号”表示，以免首尾、正反搞错。

(4) 样卡设计应便于轧花操作和保护纹板，应注意以下几点：

(a) 纹针有多余时，首先空出零针行，其次空出零针行周围的整行。

(b) 纹针尽量安排在中段，前后段安排得较少，且前后段应尽量安排得相同。

(c) 应用零针行时，一般最多用 12 针或 8 针，以保护大孔周围的牢度。

(d) 边针最好安排在纹板首端，不要夹在中间，以利于挂边时在机前可分左右。

(e) 棒刀针的安排应使提花机负荷均匀，通常位于机前机后，不能夹在中间，以免棒刀麻线夹起通丝。生产中常用 2 针或 3 针控制一片棒刀，以保证安全和减少单根纹针的负荷。

(f) 其他辅助针应安排在机后零针行。

[例] 在 1 400 号提花机上，使用纹针数为 1 200 针，单造双把吊，棒刀前后段各 48 针，边针 6 针。

解 计算纹针应用的整数行＝1 200/16＝75 行

在 1 400 号提花机上完整行数 82 行，所以首先考虑零针行全空。中间段用 28 行，前后段各用(75－28)/2＝23.5 行，是样卡前后对称，便于调头。

棒刀前后各 3 行，排在纹针的首尾；

边针就安排在首尾段零针行。

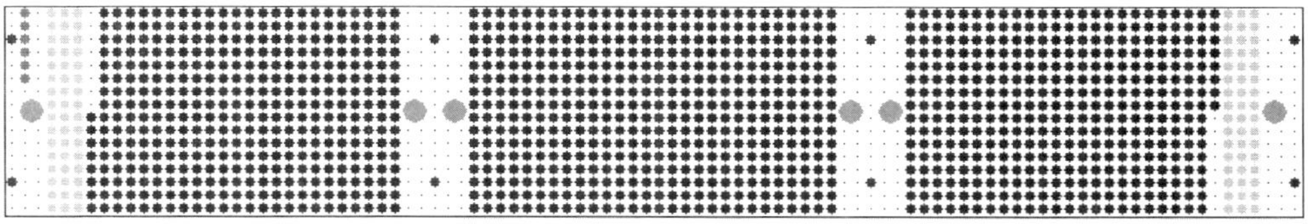

图 1-21　1 400 号机械提花机 1 200 针样卡

[例] 在 1 400 号提花机上，使用纹针数为 720×2 针，双造单把吊，边针 6 针。

解 计算纹针应用的整数行＝720×2/16＝90 行。

在 1 400 号提花机上完整行数 82 行，需要安排零针行。前后造纹针数相同，样卡为对称性安排。零针行数＝(90－82) ×16/12＝10 行零 8 针。

样卡中间零针行 8 行全用，首尾各用 1 行零 4 针。

边针就安排在首段零针行。

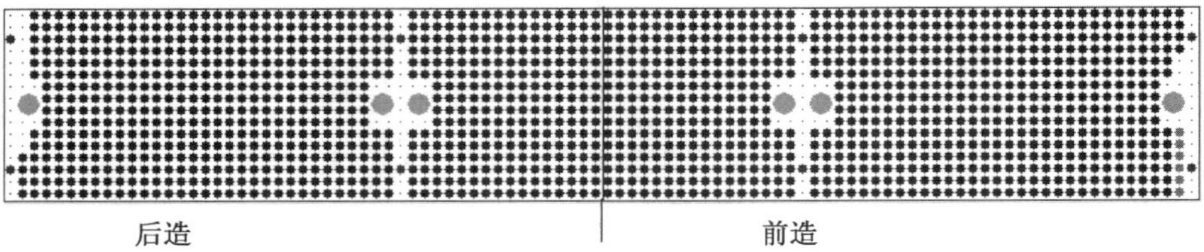

图 1-22　1 400 号机械提花机双造 1 440 针样卡

［例］ 在 1 400 号提花机上，使用纹针数为(大造 1 152 针，小造 288 针，共 1 440 针)，大小造，边针 6 针。大小造比为 4∶1。

解 计算纹针应用的整数行＝720×2/16＝90 行

在 1 400 号提花机上完整行数 82 行，需要安排零针行。前后造纹针数相同，样卡为对称性安排。零针行数＝(90－82)×16/12＝10 行零 8 针。

大造 9 行零 4 针，64 整行，小造 1 行零 4 针，18 整行。

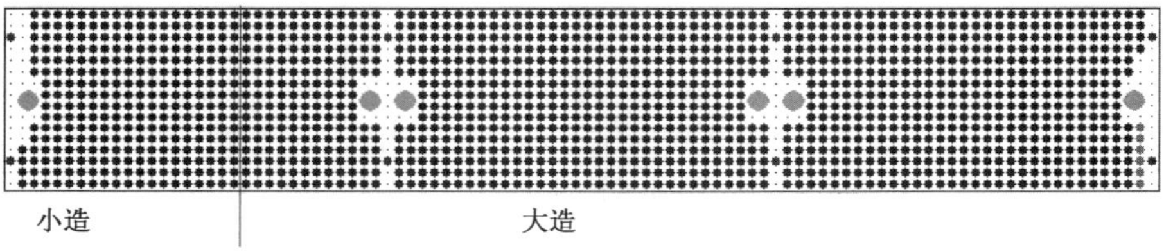

图 1-23　1 400 号机械提花机大小造 1 440 针样卡

(5) 电子提花机的样卡设计时，根据电子提花龙头的类型和规格，采用纹织 CAD，形成纹板样卡文件，在纹板样卡文件上，连续且前后均匀的安排所需的主纹针，边针一般安排在纹板的首尾两端，其他辅助针根据需要安排在纹板的首端或末端，在样卡上用不同的颜色代表不同类型的针，见图 1-24。

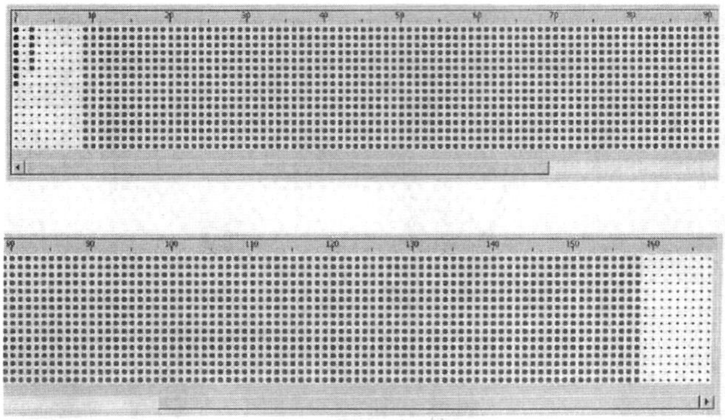

图 1-24　2 688 针电子提花机 2 400 针样卡

第四节 纹线结构和通丝计算

一、提花机的纹线结构

纹线结构是纹针带动经纱做单独运动,并形成梭口的纵向结构系统。传统纹线结构包含内容:横针、竖针、首线和首线钩、通丝和目板、小柱线和中柱线、综锤。

(一) 首线及钩子

每根纹针下端都会有一根首线,它穿过对应的底板小孔,随纹针作上下升降运动。由于运动时首线和底板孔眼摩擦严重,故采用耐磨的细麻线制成。为了防止麻线在大气变化时产生伸缩现象,麻线要上蜡防潮。首线套于竖针下端,首线下端套有首线钩,用于挂通丝。

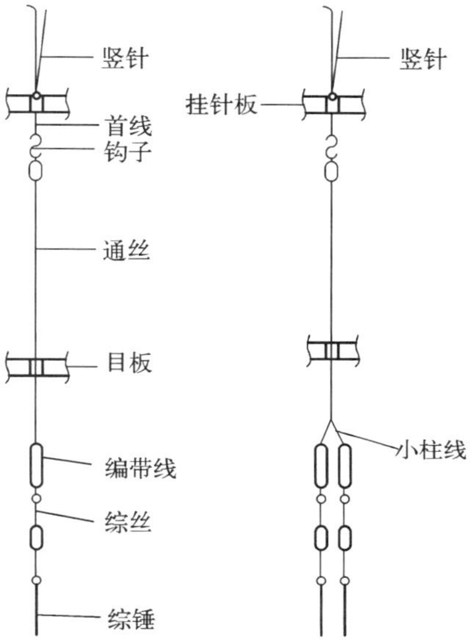

(1) 单把吊　　(2) 双把吊

图 1-25　纹线系统

(二) 通丝

通丝是连接纹针和经纱的元件,通丝上端套于首线钩,下端穿过目板,与综丝上的中(小)柱线连接。传统的通丝一般用多股棉线或麻线。通丝应具有细、轻、耐磨的特点,在温湿度发生变化时也不能有明显伸缩。所以通丝在使用前都要经过上蜡或上通丝油处理。目前在电子提花机上大都用维纶、涤纶等高强度纤维制作和改性涤纶混合碳纤维制成,要求通丝原料具有低摩擦系数、抗磨能力、不伸长和防静电特性。

在同一台提花机上,通丝的原料和捻向要一致。

每根纹针下通丝数等于花数(单把吊时),所以每根纹线常吊有几根通丝。为了便于操作和正常生产,将纹针下的几根通丝在上蜡后加捻打成一个圈环结子,以便于吊挂到钩子上。圈环长约 10～11 cm。见图 1-26。通丝把在制作之前,首先应计算根数和长度。

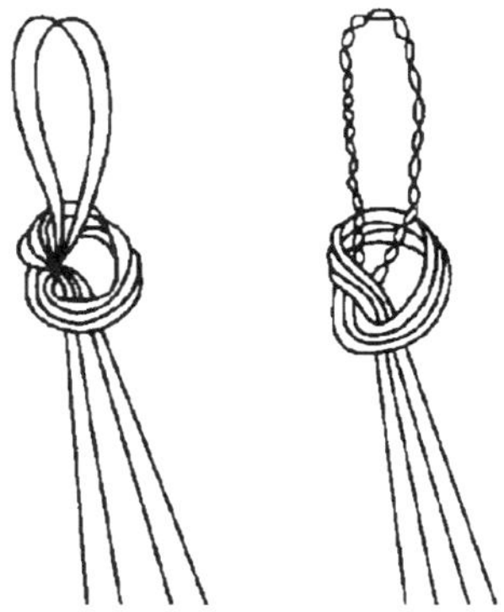

(1) 错误　　(2) 正确

图 1-26　通丝把

(三) 柱线

柱线分中柱线和小柱线,多把吊时才用小柱线。柱线起着连接通丝和综丝的作用或弥补通丝长度的不足,也可供穿棒刀用,多把吊时分离经线,使其能在纹针不动时,经线能单独运动。在装造时,将中柱线尽量上提,使综丝上部贴紧木条,这样综眼就在同一位置,用来调节综眼的高低位置。

(四) 综丝

综丝大多采用金属综,表团镀锌以防生锈,一般采用上下综环小的金属综丝。分为素机综丝、花机综丝、线综。

(五) 综锤(下柱)

综锤连接在每根综丝的下综环中,起迅速回综作用。提花机在梭口闭合时,依靠综锤的重量起回综作用。为了达到迅速回综的目的,当织机车速不同或经纱号数、原料不同时,综锤的重量也应不同。对较粗的经纱,综锤应重些;对较细的经纱,综锤应轻些。综锤过轻会使回综缓慢,不利于车速的提高,还会使经纱不能迅速回降到最低位置而产生浮经。综锤过重会增加经纱张力,增加提花机负荷。由于纹针升降运动小的加速和减速,会造成不良的冲击,使纹针运动不稳。因此综锤的重量必须合适。

二、通丝计算

(一) 通丝长度计算

提花机上的通丝长度是指纹针下的通丝直到通丝穿入目板孔后垂直下来与柱线连接的长度,通丝长度与提花机的高度(是指地面至提花机龙头的托针板或通孔板的距离)、织物的宽度以及纹针与目板孔的相对位置有关。同一台提花机上,由于纹针与目板孔的相对位置不同,通丝的长度有差异,在确定通丝长度时以提花机上最长的一根为准。

所织的织物越宽,为了防止穿在目板两侧的通丝过于倾斜,造成通丝与目板摩擦严重,故而提花机高度在理论上越高越好(特别对于高速的电子提花机)。但提花机不能太高,这是一方面是受到车间厂房的限制,另一方面因提花机高,造成整台提花机的重心偏上而使通丝、综丝的抖动和增加通丝的用量。

在图 1-27 中,托针板第 1 针—第 16 针的距离为 33.6 cm,麻线钩子长 16.5 cm,通丝总长由四部分组成:

(1) 通丝把圈环长度(11 cm 左右)。

(2) 通丝把圈环至目板的通丝长度。这部分通丝长度大多呈倾斜状态,提花机高度及纹针和目孔的相对位置等因素有关,是一个变化数值。

(3) 目板以下垂直的通丝(单把吊为 22 cm,双把吊为 14 cm)。

(4) 通丝与辫带线(中柱线)在连接打结时所需长度,一般为 7 cm。

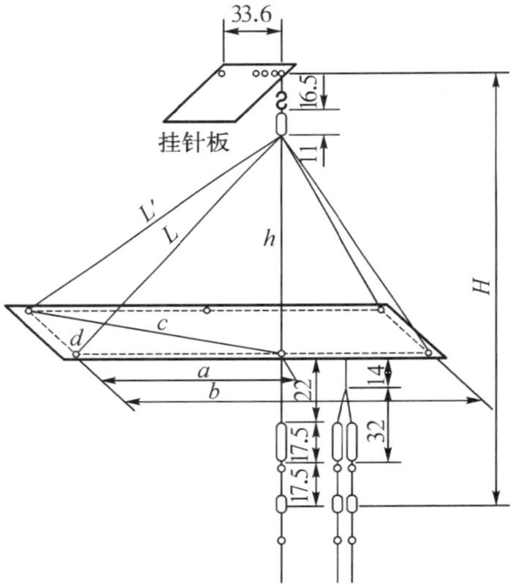

图 1-27 通丝长度计算图

在通丝长度组成部分中,(1)、(3)、(4)三项与提花机高度及织物宽度无关,可视作常数。所以计算第(2)部分的长度,便可知通丝总长。

$$a = \frac{1}{2}\text{目板穿幅} + \frac{1}{2}\text{底板距离} = \frac{1}{2}b + \frac{33.6}{2} = \frac{1}{2}b + 16.8$$

$$L = \sqrt{h^2 + c^2} = \sqrt{h^2 + d^2 + a^2} = \sqrt{h^2 + d^2 + \left(\frac{b}{2} + 16.8\right)^2}$$

其中: $h = H - 90$(双把吊)

$h = H - 83.5$(单把吊)

在一台提花机上，一般掌握使最长的一根通丝与目板平面的夹角在 60°～70°之间。同一车间尽管有不同筘幅织机，但一般应该使提花机的阁楼高度一致，以使车间机器整齐。

根据工厂经验：

筘幅 100 cm 左右，提花机高度 260～280 cm，通丝长度 230～250 cm；

筘幅 160 cm 左右，提花机高度 280～310 cm，通丝长度 260～290 cm；

筘幅 230 cm 左右，提花机高度 370～390 cm，通丝长度 380～410 cm。

取决于提花机高度和所制织物的宽度。

［例］ 制织人造丝织锦缎，目板穿幅为 97.5 cm，目板纵幅深 26 cm，单造双把吊，提花机高度为 180 cm，计算通丝长度。

解　$h=180-90=90$ cm　$B=97.5$ cm　$d=26$ cm

通过计算 $L=114.3$ cm

通丝的全长＝114.3＋把吊圈环长＋目板以下通丝长＋吊柱捏手长度

＝114.3＋11＋14＋7＝146.3 cm，取 147 cm。

通过查表通丝全长为 160 cm，双把吊应－12，得 148 cm。

（二）通丝总根数计算

一台织机通丝根数与内经纱数及把吊形式有关。

在单把吊时，每一根纹针下所挂通丝数等于花数，一根纹针下的通丝挽成一把，称为通丝捻把，以便于操作。

所以通丝把数＝纹针数，每把通丝数＝花数，一台织机通丝总根数＝通丝把数×每把通丝数＝纹针数×花数。

在单造多把吊时，为了不使通丝负荷过大而发生断裂，一般每根通丝最多只吊两根综丝，如双把吊。当把吊数大于 2 时，需采用上下联合吊。如四把吊，用两根通丝吊四根综丝；三把吊时，用两根通丝吊三根综丝。所以通丝根数计算方法如下：

当把吊数为偶数时：

$$每把通丝数=\frac{把吊数}{2}\times花数$$

当把吊数为奇数时：

$$每把通丝数=\frac{1}{2}(把吊数+1)\times花数$$

若全幅花数不为整花时：

整数花部分的通丝把数＝纹针数－零花用把数。

含零花部分的通丝把数＝纹针数×零花占的比例数。

一台织机总通丝根数＝整数花部分通丝数＋含零花部分通丝数。

［例］ 某产品的纹针数 720 针，单造单把吊织造，钢筘的内幅 123.2 cm，全幅 7.6 花，提花机的高度 210 cm，目板纵深 26 cm，求通丝长度和根数。

解　由于织物的幅宽较宽，边缘通丝长度和中间通丝长度相差太大，如果全部按最长通丝长度计算下料，中间通丝长度会剪去很多，浪费大。本例把通丝分成两档，中间 5 花为 1 档，两边 2.6 花为一档。

中间 5 花为 1 档，幅宽 B'＝筘幅/花数×5＝81 cm

$h=H-83.5=210-83.5=126.5$ cm

$L^2=[(81+33.6)/2]^2+126.5^2+26^2$

$L=142$ cm

第一档通丝全长＝142＋11＋22＋7＝182 cm

第二档通丝 $H=210$ cm，$B=127.2$ cm，$d=26$ cm，$h=126.5$ cm

$L_1=151$ cm

第二档通丝全长＝151＋11＋22＋7＝191 cm

通丝把数＝纹针数＝720 把

每把通丝根数＝花数　8 根通丝的把数＝432 把

7 根通丝的把数＝288 把

一台织机通丝总根数＝通丝把数×每把通丝数＝8×432＋7×288＝5 472 根

7 根通丝中 5 根短的，2 根长的；8 根通丝中 5 根短的，3 根长的。

第五节　目板计算及基本穿法

一、目板规格及镶拼

目板的作用主要是供穿通丝用。将每根通丝穿入目孔内，正确地隔离通丝，使其不紊乱；使经纱按钢筘的幅度和密度均匀排列，以利于织造。

目板上有许多小孔，称为“目孔”，供穿通丝用，呈梅花状排列，纵向排列的孔（与经纱平行方向）称为“行”，横向排列的称“列”。

传统提花机的标准目板每 10 cm 内有 33.3 行目孔，每行有 55 列。目板是选用坚硬耐磨不易变形的木制薄板制成。厚度约 0.5 mm～1 mm，上面钻有均匀排列的孔眼，目板也可用聚塑板和金属板制作。

整幅目板是由小块目板镶拼而成，小块目板长度为 30.7 cm，宽度有 24.5 cm、18.5 cm 和 14 cm 三种规格。目板的拼接宽度为钢筘内幅＋3 cm×2 或比织机内墙板小20～30 cm。

在毛巾、毛毯等行业也有另行制作的目板，一般都是依据本企业品种选定的列数和行数。如毛巾企业一般选用 6 列或 8 列；筘号小于 110 齿/10 cm（56 齿/2 英寸）时，选用 6 列；筘号大于 110 齿/10 cm 时，选用 8 列。台布企业一般选用 20 列或 24 列。

电子提花机都属于高速提花机，它的目板大都是由聚塑板制作。目板列数一般与纹针列数相等，目板常用列数有 14 列、16 列、24 列、32 列等。目板行密没有统一规格，根据织物的机上经密而定制。电子提花机目板纵深远小于传统提花机的目板纵深。梭口的清晰度较传统提花机好，有利于织机的高速运转。见图 1-28 与图 1-29。

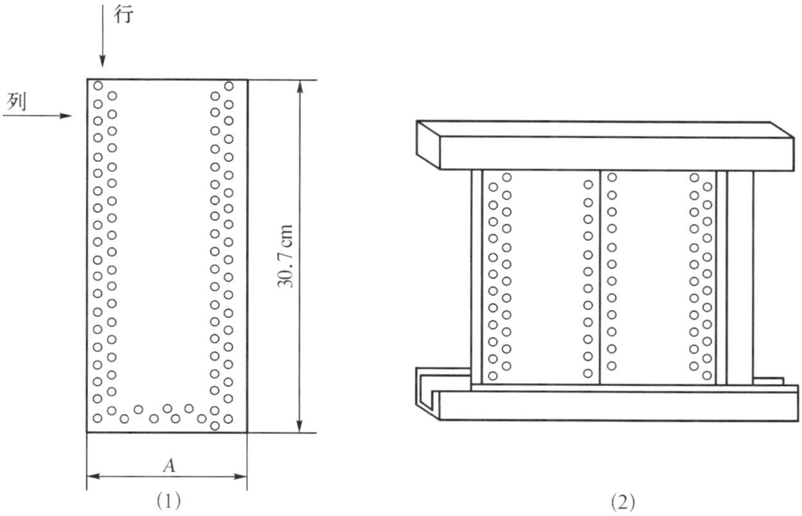

图 1-28　传统提花机目板

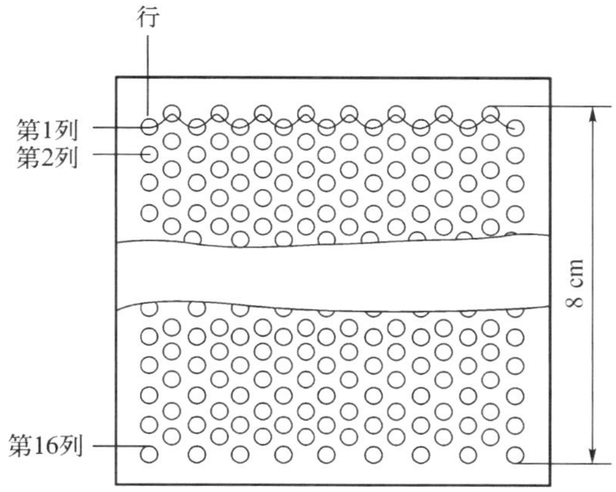

图 1-29　电子提花机目板

二、目板的计算

通丝在穿入目板前，要确定其穿入范围，即计算目板的宽度及行、列数。

（一）传统提花机目板的计算

1. 目板穿幅

目板穿幅＝筘内幅或筘内幅＋1 cm～2 cm。

目板穿幅应安排在居中位置，然后根据花数画出每花宽度，各花交界处应空出两行目孔。若要采用棒刀，目板上要留出 7 行目孔的位置，供穿棒刀麻线用。

2. 确定目板所穿行列数

因目板穿幅与钢筘内幅相等，所以每厘米目板下的经纱数等于钢筘中每厘米的经纱数。

每厘米目板下的经纱数＝目板每厘米行数×目板列数

目板列数越少越好，可使开口清晰，所以确定目板行列数时，先确定列数，再计算行数。

目板的列数计算：

$$\begin{aligned}\text{因为每厘米目板下的经纱数} &= \text{每厘米钢筘内经纱数} \\ &= \text{目板行密} \times \text{目板列数}\end{aligned}$$

初算列数按下式进行：

$$\begin{aligned}\text{目板初算列数(最小列数)} &= \frac{\text{钢筘每厘米经纱根数}}{\text{目板行密}} = \frac{\text{内经纱数}}{\text{钢筘内幅} \times \text{目板行密}} \\ &= \text{筘号} \times \text{筘入数}/\text{目板行密}\end{aligned}$$

目板规格为 10 cm 33 行，计算时取目板行密为 32 行/10 cm。

选取目板列数时，还应考虑以下因素：

（1）多把吊时选定列数应为棒刀组织的倍数，当目板为分段飞穿时，各段列数应为飞穿数或筘入数的倍数；且列数应为把吊数的倍数，保证一综一孔的经纱密度。

（2）选定列数应大于初定列数。

（3）所取列数等于地组织的倍数，以避免穿目板时出现零针行。

（4）列数在可能的情况下，以少为好，以利于织造。常用 20、24、32、40、48 列，最多不超过 50 列，且尽量采用机前列数。列数还应避免采用不足 16 列，以免通丝摩擦厉害。

目板的最终修正列数要大于或等于初算列数，取最小的值；并修正每筘穿入数、把吊数、基础组织循环数、棒刀组织、飞数的倍数，最好是所用纹针数的约数。

目板的行数计算：

$$\text{目板所用总行数} = \frac{\text{内经纱数}}{\text{选用列数}};$$

$$\text{每花实穿行数} = \frac{\text{目板所用总行数}}{\text{花数}};$$

目板所有的总行数＝总穿幅×行密；

每花目板实有行数＝每花幅宽×行密＝花幅×32 行/10 cm。

由于选定列数大于初定列数，实有行数也大于实穿行数。

每花内多余目板行数＝每花目板实有行数—每花实穿行数，多余行数要在每花幅内均匀分布。

［例］ 钢筘内幅 75 cm，4 花，单造单吊，筘入数为 3，地组织为三枚斜纹，内经丝数 5 760 根，规划目板及计算行列数。

解 目板穿幅＝钢筘内幅＝75，每花穿幅＝75/4＝18.75 cm

初定列数＝5 760/(75×3.2)＝24 列，取 30 列。

每花实穿行数＝5 760/(4×30)＝48 行。

每花实有行数＝花幅×行密＝18.75×3.2＝60 行。

多余行数＝60－48＝12 行　（花界处空 2 行，其余在一花内均匀空出）

［例］ 一品种，内经丝数 8 640 根，筘内幅 74.5 cm，筘号 29，筘入数 4 根，花数 4 花，单造双把吊，规划目板及计算行列数。

解 初定列数＝筘号×筘入数/目板行密＝29×4/3.2＝36.2 列，取 40 列

纹针数＝内经丝数/(花数×把吊数)＝8 640/(4×2)＝1 080 针

每花实穿行数＝纹针数×把吊数/列数＝1 080×2/40＝54 行

每花实有行数＝每花穿幅×行密＝(74.5/4)×3.2＝60 行

余行数＝60－54＝6 行(花界处空 2 行,其余在一花内均匀空出)

(二) 电子提花机的目板计算

1. 通丝数量计算

因电子提花机的所具有的纹针数比较多,一般采用普通装造,不需要采用多把吊装置,因此通丝数量计算比较简单。

通丝把数＝纹针数,每把通丝数＝花数,一台织机通丝总根数＝通丝把数×每把通丝数＝纹针数×花数。

2. 目板选用

电子提花机的运转速度比较快,为了适应电子提花机的高速运转,故电子提花机的目板采用耐磨性好的聚塑板制作。

电子提花机的所用目板的穿幅＝穿筘幅宽＋2 cm 左右。

电子提花机的所用目板列数一般就等于提花机本身所具有的纹针列数(通孔板孔的列数)或成倍关系,目板常用列数有 16 列、32 列等。电子提花机目板的纵深一般远小于传统机械式提花机的目板纵深,这有利于梭口的清晰,有利于织机的高速运转。

$$\text{电子提花机的所用目板总行数}=\frac{\text{内经纱数}}{\text{选用列数}};$$

$\text{每花实穿行数}=\frac{\text{目板所用总行数}}{\text{花数}}$,没有多余的行列数可供空余。

每台电子提花机的目板穿幅和所需的行、列数确定以后,再进行定做目板,制作好目板后,再在目板上画出各花区,然后把计算好的所有的通丝挂在目板前上方的一根横竿上,开始进行通丝穿目板。

三、传统目板基本穿法

各根通丝穿入目板上各个目孔的工作称为穿目板。穿目板是装造工作的重要环节。常用的穿法有一顺穿、飞穿。根据花纹形态和装造类型又有对称穿、混合穿及分造穿。

我国习惯上采用目孔排列顺序通常有两种形式:左面第一根经纱的目孔位置在目板第一列的左侧,经纱自左至右排列,目孔自前向后排列,如图 1-30(1)所示;第二种形式如图 1-30(2)所示,经纱仍自左向右排列,目孔自后向前排列。我国大都采用图 1-30(1)的排列顺序。

(一) 目板穿向

目板穿向是指起穿目孔的位置和进行方向。

1. 顺穿向

通丝的起穿目孔为每花右后第一孔,从后到前,从右到左。最先穿目板的第一个通丝把挂于提花机右后侧最末一根纹针上,而最后穿的一个通丝把挂在机前第一纹针上,即挂钩时,后穿先挂。如图 1-31(1)所示。

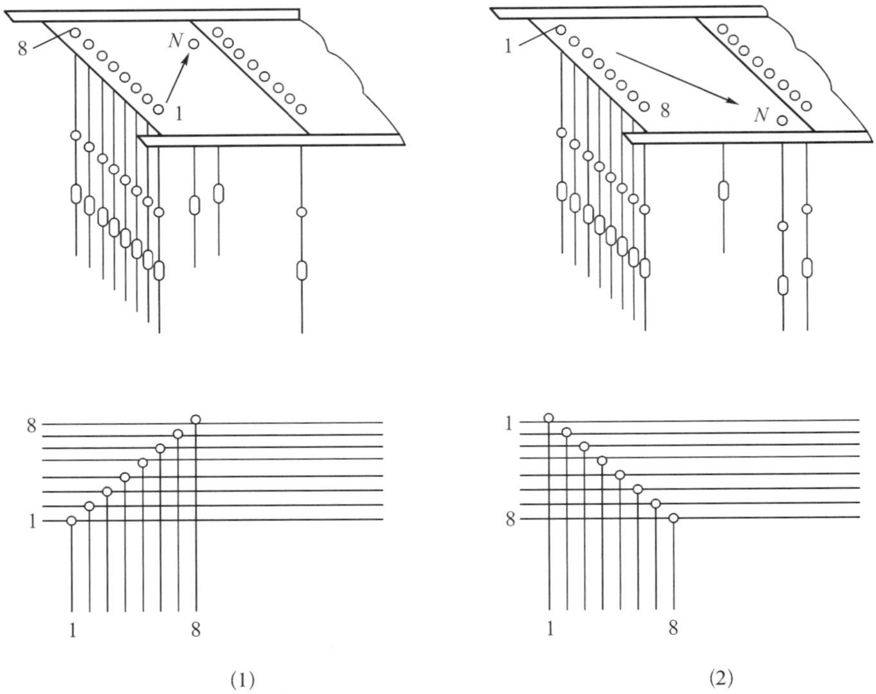

图 1-30 目孔排列顺序

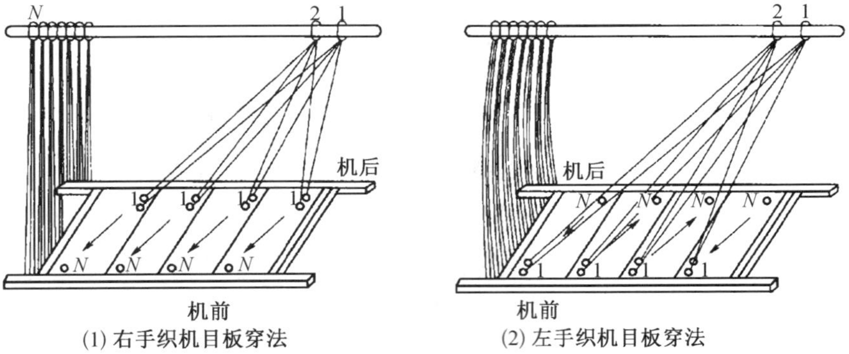

图 1-31 传统提花机目板穿向

2. 倒穿向

通丝的起穿目孔为每花左前第一孔，从前向后，从左向右。最先穿的第一个通丝把挂于提花机右后侧的纹针上。如图 1-31(2)所示。

(二) 目板穿法

1. 一顺穿

通丝按照目孔次序穿满一行后再穿第二行，是最简单的一种穿法。这种穿法的优点是穿法简单，通丝之间交错少，缺点是使相邻两筘齿经纱的综眼位置连续在一起，织物经密大时，断经后穿筘操作不方便。因此，这种穿法只适用于经密较稀的织物或在双造及多造目板上应用。图 1-33 为通丝穿目板一顺穿的示意图。

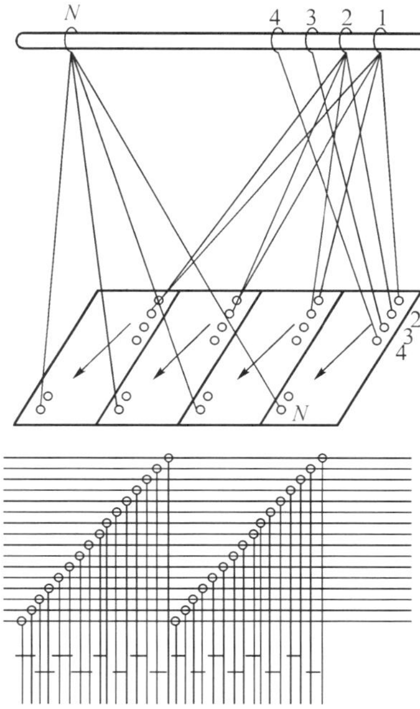

图 1-32　目板顺穿

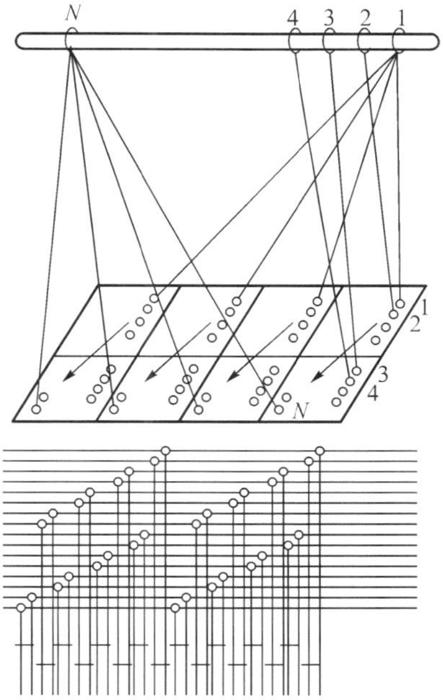

图 1-33　目板二段二飞穿

2. 飞穿法

将目板在一造内分成两段或多段，参照筘入数将通丝轮流穿入各段，穿满一行再换一行。其优点是断经后便于找头，穿综过筘清楚；缺点是通丝之间摩擦较大。适用于经密大的纹织物。

对单把吊而言，飞穿数即为筘入数。例如：单把吊二段二飞穿，将目板纵向分成二段，通丝在段内连续穿二根后，跳至另一段再穿二根，依次前二后二跳穿。筘入数为飞穿数等于 2。图 1-33 为通丝穿目板二段二飞穿的示意图。

目板的分段要依据经密大小，经密大时，选用的目板列数也多，前后分段也多。通丝连续穿入目板的根数按每筘经纱入数决定，如，二段三飞穿（每筘齿穿 3 根经纱），二段四飞穿（每筘 4 入），二段二飞穿（每筘 2 入）。图 1-34 为通丝穿目板二段四飞穿法，图 1-35 为 四段二飞穿法。

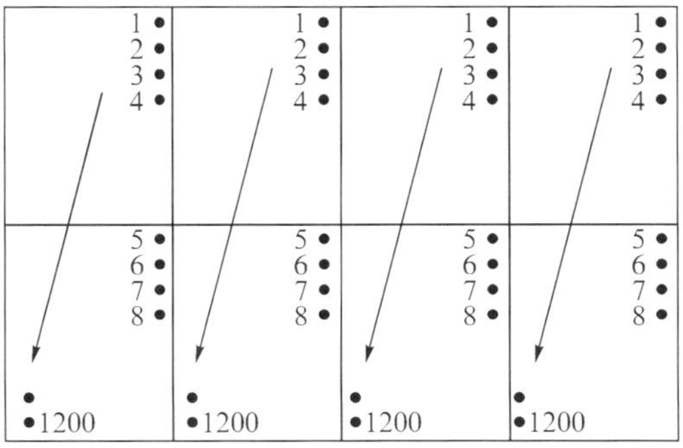

图 1-34　二段四飞穿法

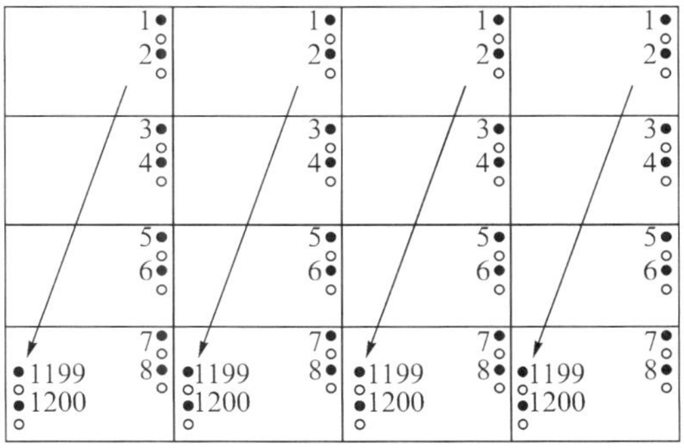

图 1-35　四段二飞穿法

当采用双把吊或多把吊的下吊法时，为保持目板下“一孔一综”的密度，双把吊通丝应穿一空一，而三把吊通丝为穿一空一穿一，见图 1-36。此时筘入数为经纱飞数而不是通丝飞数。优点是相邻两筘齿间经纱分离，断经过筘不会搞错；适用于经密较大的单造及大小造织物。

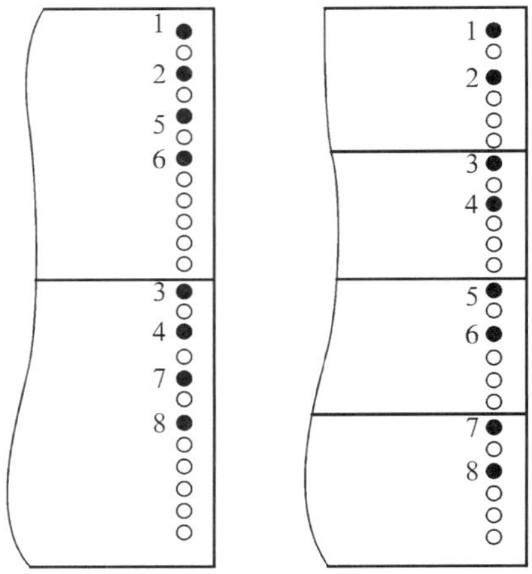

图 1-36　双把吊下吊法时通丝穿目板

3. 分造穿法(分区穿法)

根据各组经纱比例，将目板纵向分成对应比例的区域，称为分造。目板都是先穿满一造后再穿另一造，先穿后造，再穿前造。在双造及多造中，各造比例相等，均采用一顺穿；若为大小造，则大造采用飞穿，小造采用一顺穿或二段一飞穿。穿筘时一组比例的经线穿入一个筘齿内。适用于重经、双层及多层织物。

织物各系统经纱的比例就是目板分造的比例，如织物有两个系统经纱：甲经∶乙经=1∶1，则目板分成前后相等的两个区，称为双造，见图 1-37；如织物有三个系统经纱：甲经∶乙经∶丙经=1∶1∶1，则目板分成前后三个相等的区域，称为三造，见图 1-38；如织物有两个系统经纱的甲、乙经纱比例不是 1∶1 时，则目板分成前后两个不相等的区即为大小造，见图 1-39。

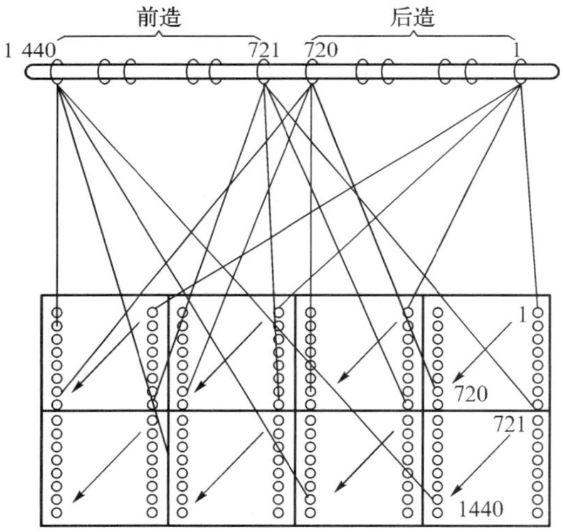

图 1-37　通丝双造穿法

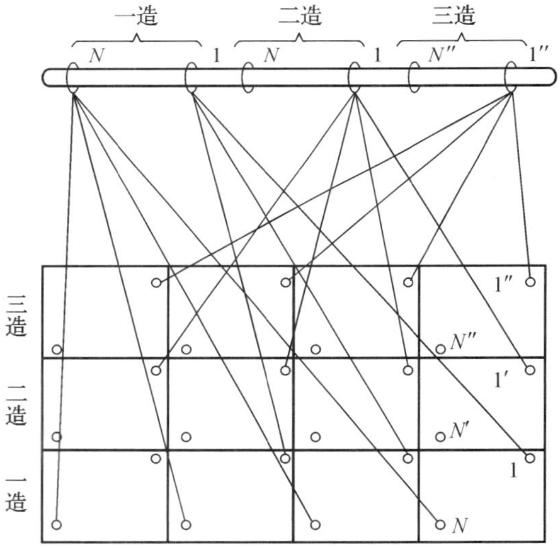

图 1-38　通丝三造穿法

目板分造时，各造可采用一顺穿或飞穿法。如图 1-39 所示为 2∶1 大小造，大造为二段二飞穿，小造为：二段一飞穿。

4. 对称穿

当织物花纹为左右对称时，如被面、台毯等，为简化意匠，减少纹针，对称花纹的意匠只需画出一半，另一半由目板穿出。由同一竖针下的两根通丝左右对称穿入目板来完成对称花形的织造。

由于穿通丝的方向和起点不同，对称穿法有好几种形式，如对角线穿法和山形穿法，图

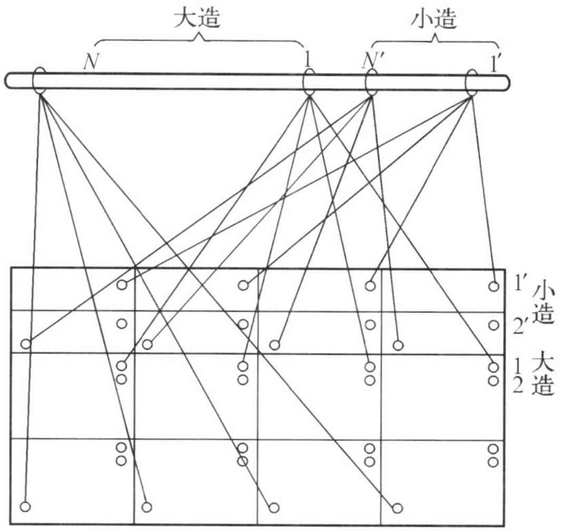

图 1-39　大小造目板穿法

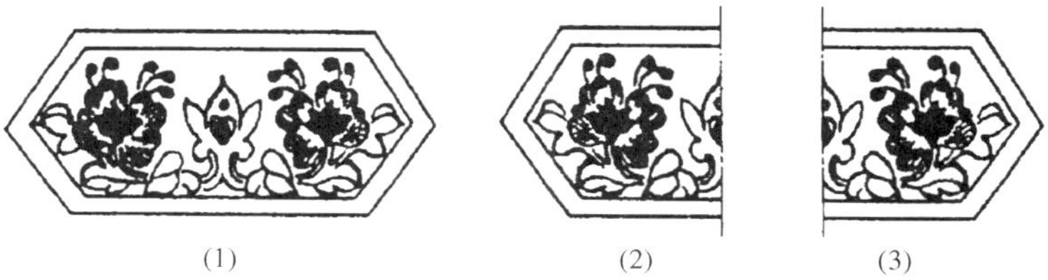

图 1-40　对称纹样

1-41(a)、(b)为对角线穿法,图 1-41(c)、(d)为山形穿法。一般情况下,山形穿法适用于单把吊织机,对角线穿法既适用多把吊也适用于单把吊织机;

对角线穿法和山形穿法又有两种穿向:花边起穿和花芯起穿。从目板两侧穿向目板中心部位的穿向称为花边起穿;从目板中心穿向目板两侧的穿向称为花芯起穿,图 1-41(1)、(4)为花边起穿,图 1-41(2)、(3)为花芯起穿。

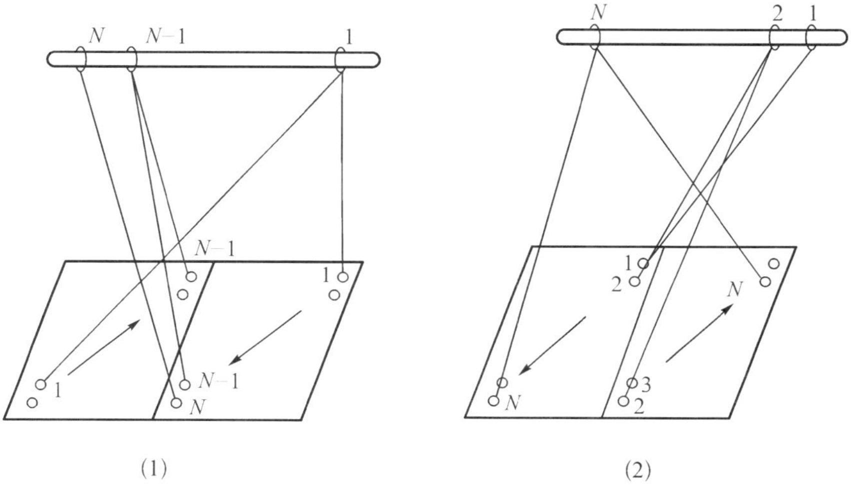

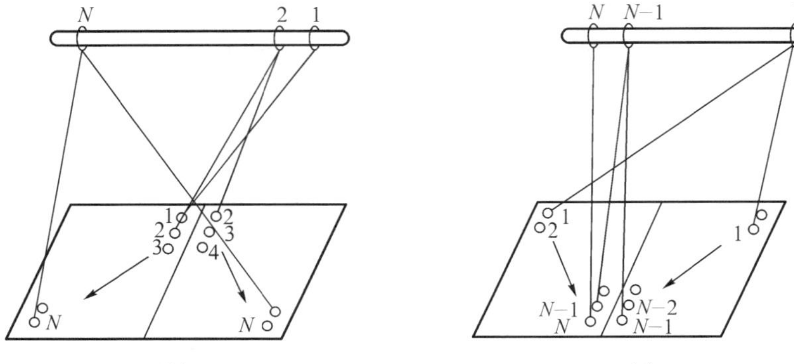

(3)　　　　　　(4)

图 1-41　对称穿法

穿法的选择应根据意匠图画法来定(以右手机为例)。

(1) 意匠图为花纹的左半花,则目板采用花边起穿。意匠图为左半花,则意匠图右面第一纵格为花芯,按右手机纹板号在机前,第一纹针所管理的经纱应按花芯要求运动,对右手机来讲,最末一把通丝挂于第一纹针上,且该经纱应排列于花纹中心,则目板穿法应采用花边起穿,先穿的通丝把挂于最末一根纹针上,最末一把通丝挂于第一纹针上。

(2) 若意匠图为花纹的右半花,则目板采用花芯起穿。若意匠图为右半花,第一纵格为花边,第一纹针下的经纱应按花边的要求运动,且该根经纱排列于花纹两边,挂于第一纹针下的为最末一把通丝,则最先穿的第一把通丝应从花芯开始,即花芯起穿。

注意:花纹中心一根纹针所管理的两根经纱相邻且运动也一样,这种双经运动会使花纹中心变粗并破坏此处的地组织,称为并经现象。

为了在花纹中心处仍保持单经运动,避免出现并经现象,在穿目板时应改进穿法。如图 1-42 所示。当为花边起穿时,剪去第 N 把通丝中左半区(倒穿区)的一根,顺穿区从 1 到 N 把,倒穿区从 1 到 $N-1$ 把,从第 2 目孔穿起,使空出的目孔剩在花边而不能在花芯处;当为花芯起穿时,剪去第 1 把通丝中右半区(倒穿区)的一根,顺穿区从 1 到 N 把,倒穿区从 2 到 N 把,空目孔空在花边处。对于边上所剩的目孔,可由相邻第二个通丝把上添一根通丝补入,称为补单(双)。是单是双看补通丝的那个通丝把所挂的纹针是单数还是双数。

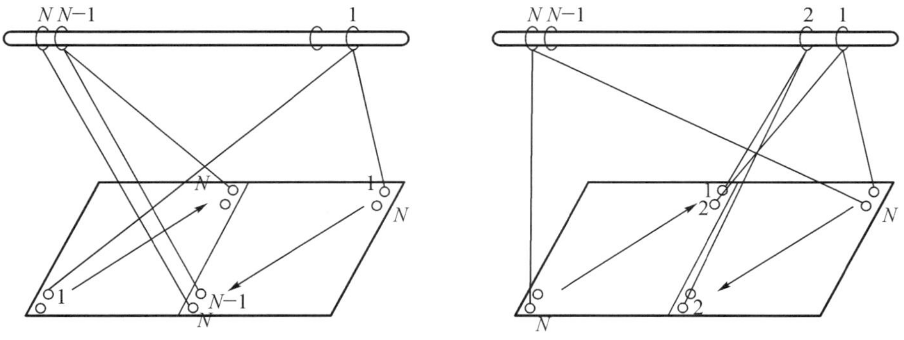

(1)　　　　　　(2)

图 1-42　避免并经的穿法

5. 混合穿

有些大花纹的织物，图案采用中间自由花、左右两侧为对称花时，见图 1-43。为了节约织造所用的纹针数，通丝可采用混合穿法，即图案的自由中心采用顺穿或飞穿而两侧对称花采用对称穿法，混合穿法一般要先穿自由中心再穿对称边，见图 1-44。

图 1-43　两边对称中间自由中心纹样

要注意的是，对称花与自由中心连接处，纹针数应“单双衔接”，否则将会破坏组织的连续，其方法和对“并经”处理相类似。

不论是对称穿还是混合穿，它们解决了机械式提花机纹针数不足的缺陷，并节省了意匠的绘制，但是这两种品种适应性比较差。由于纹织 CAD 的使用，意匠图的编辑比较方便，因此如果提花机的纹针数够用，应尽可能采用顺穿法或飞穿法，以方便花色品种不断更新。

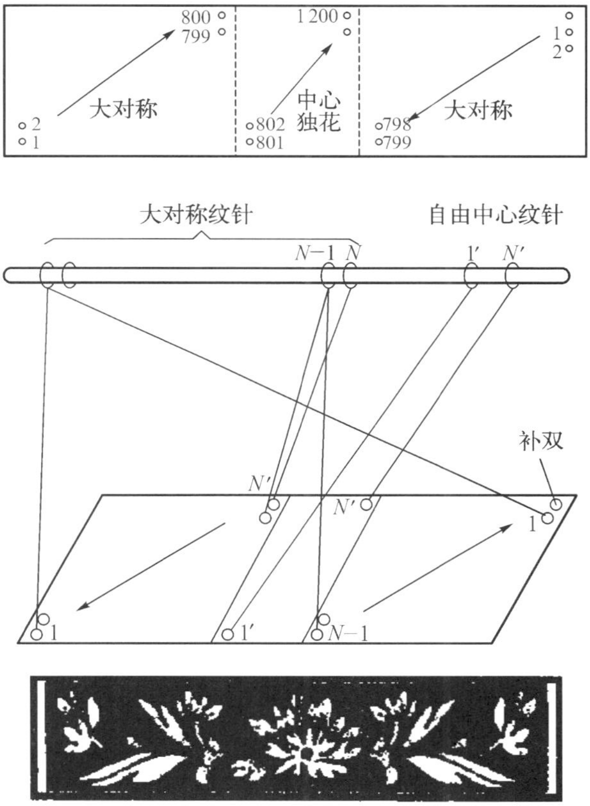

图 1-44　目板混合穿法

6. 零花穿法

在纹织物设计中，内经纱数(不含边纱)是花纹循环整数倍时，全幅形成完整的花形。但为了色纱排列或达到一定的幅度时，可增加 0.1～0.9 花，于是便产生了零花。由于零花位置不同，零花通丝穿目板时的方法也不同，需要特别注意。

在穿目板时应正确安排零花部位，以使花形连续不发生错误。图1-45(1)为织物花纹，如果零花安排在机上右侧，应取左半花，见图1-45(2)；如果零花安排在机上左侧，则取右半花，见图1-45(3)。由于零花位置不同，零花通丝穿目板的顺序也不同，因此需特别注意，以免搞错花形。

(1) (2) (3)

图1-45 织物花纹

[例] 制织花富纺，单造单把吊，纹针800针，全幅四花半，钢筘内幅87.75 cm，每筘齿穿入两根。

(1) 目板计算：目板总穿幅＝87.75 cm

每花目板穿幅＝87.75/4.5＝19.5 cm

零花幅面＝19.5×0.5＝9.75 cm，零花安排在目板右面。

(2) 通丝把计算：通丝把数＝纹针数＝800把

零花纹针数＝0.5×800＝400针

即在800个通丝把中，有400个为5根通丝，另外400个为4根通丝。

(3) 目板穿法：以右手机为例，其目板一般为顺穿向，每个花纹先穿右半花，后穿左半花。先穿的1～400个通丝把穿右半花，每把通丝4根，从401～800个通丝把穿入左半花，每把通丝数为5根。

四、电子提龙机目板穿法

1. 通丝穿目板的穿向

因电子提花机一般采用普通装造，所以目板穿法简单，大都采用横向一顺穿，即横向穿满一列换一列，从后起穿依次向前直至最前列。横向穿又可分为左起穿和右起穿两种，如图1-46所示。

2. 普通装造的通丝穿法

(1) 通丝穿目板与通丝穿通孔板同时进行：

史陶比尔电子提花机在电子挂钩(纹针)下方约20 cm处增加一块通孔板。通孔板的作用是使通丝相对于纹针只有上下作用力，使纹针挂钩在运动中不致晃动；并在织造阔幅织物时，

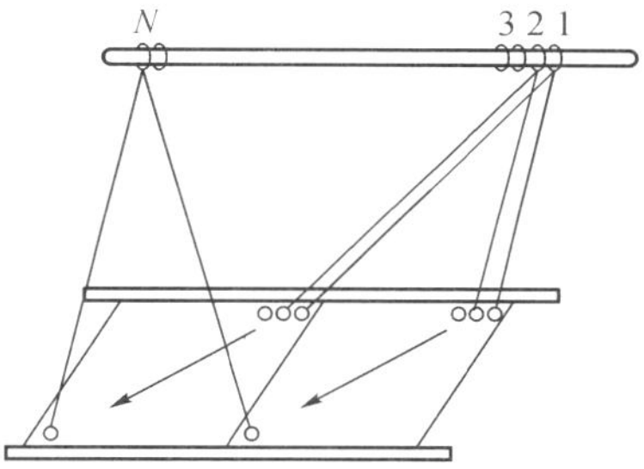

图 1-46　电子提花机的通丝穿目板穿向

使梭口保持清晰。

目板的孔眼呈梅花状排列，每一列可看做两排，而通孔板由于孔洞直径比目板的孔眼直径大，每一排又交错分成了两排，所以通孔板上的一列有四排，它对应于目板的一列两排。通孔板的孔洞和电子纹针上下对应，一般情况下，选目板列数和纹针列数（即通孔板列数）相同或成倍关系。

对于有通孔板的提花机，在通丝穿目板时，要注意通孔板和目板的穿法的相互配合。

装造时应把穿通孔板的孔洞和穿目板孔同时进行。把通孔板斜置于一个架子上，目板置于下方。新型提花机通丝挂钩都采用弹性夹头，穿孔时把一排夹头从下向上压入通孔板孔洞，然后把夹头下的通丝对应穿入各花的目板孔洞。从机后向机前逐排进行。见图 1-47。

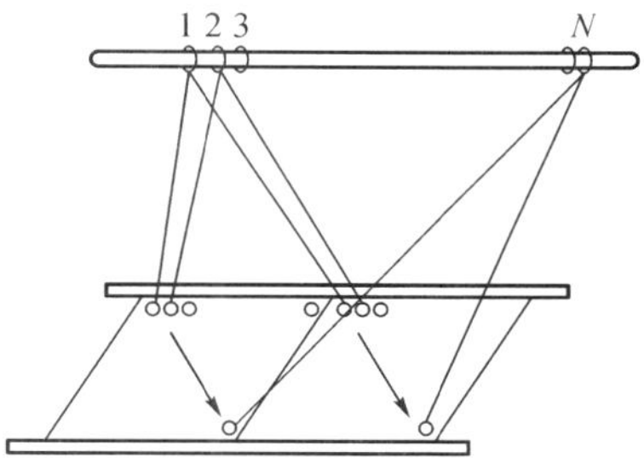

图 1-47　右起穿的通孔板、目板穿法

（2）通丝穿通孔板时有两种穿序：

如图 1-48 所示，用虚线表示通孔板两种穿序：

A：一排顺穿（如第一列所示）；

B：两排联合穿（如第二列所示）。

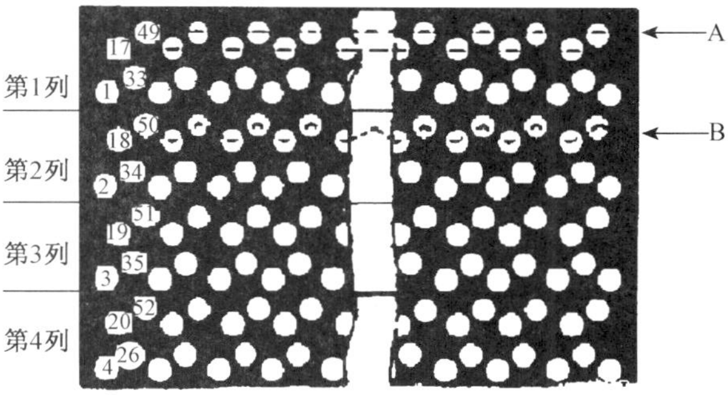

图 1-48　通孔板穿序

（3）通丝穿目板也有两种穿法：

顺穿法：一排排依次顺穿，图 1-49 中虚线表示目板顺穿；

跳穿法：当织物的经密不高时常采用跳穿法，可使通丝更顺畅。所谓跳穿法即在穿目板时对同一排先从右向左穿入1、3、5……单数孔，回头再从右向左穿入2、4、6……双数孔，即把通孔板上的第一排通丝穿入目板的单数孔，第二排穿入目板的双数孔。通孔板上的二排对应穿入了目板的一排。

注意通孔板和目板的穿法的关联性。

① 当织制高经密织物时，如果选用目板的列数是电子提花机纹针列数的两倍，例如目板为32列，而纹针是16列时，则通孔板采用一排顺穿，目板也顺穿；

② 当目板的选用列数与电子提花机纹针列数相等，例如都为16列，则通孔板一排顺穿，目板采用跳穿，或者通孔板二排联合穿，目板顺穿；

③如果选用目板的列数是电子提花机纹针列数的一半时，例如目板用16列，而纹针为32列时，则通孔板应二排联合穿而目板为跳穿。

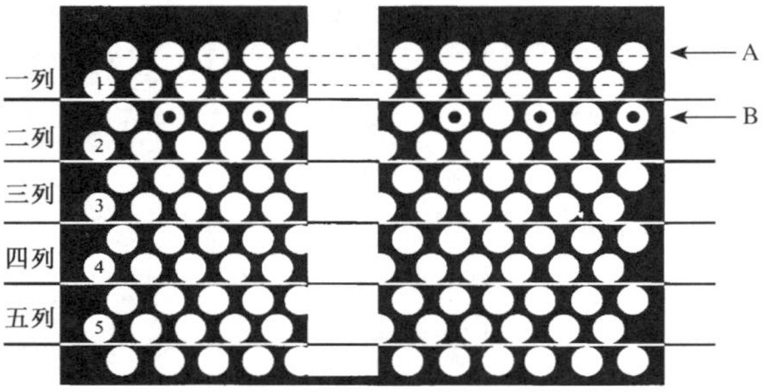

图1-49 电子提花机目板顺穿法

3. *通丝穿法的说明*

电子提花机在织造提花毛巾、丝绒、纱罗织物也可以采用分造（区）穿法，这与机械式提花机的分造（区）穿法基本相同。

电子提花机在织造对称大花型织物时也可以采用对称穿法，但必须采用山形的对称穿法。消除并经的方法是在中心空出一孔，通丝不能像传统装造那样依次前移。

电子提花机通丝穿目板孔眼要根据样卡操作，这是因为电子提花机的目板孔和纹针是上下对应的，而在机械式提花机上，通丝穿目板孔时可以不看样卡。

第六节 跨把吊及棒刀装置

单把吊适用于经密小、一花经纱数少的织物。当织物需加大花幅或增加经密但又不能暗加纹针数时，可采用双把吊或多把吊。当把吊数由单把吊变为多把吊时，由于同一把吊控制下的经纱运动规律相同而带来经纱并置现象，使织纹变粗。为了使地组织或间丝组织仍保持单经运动，可采用跨把吊或棒刀装置。

一、跨把吊装置

1. *多把吊形式*

双把吊通常采用下双把吊，即一根通丝下吊两根综丝，以减少通丝数。三把吊及以上时需

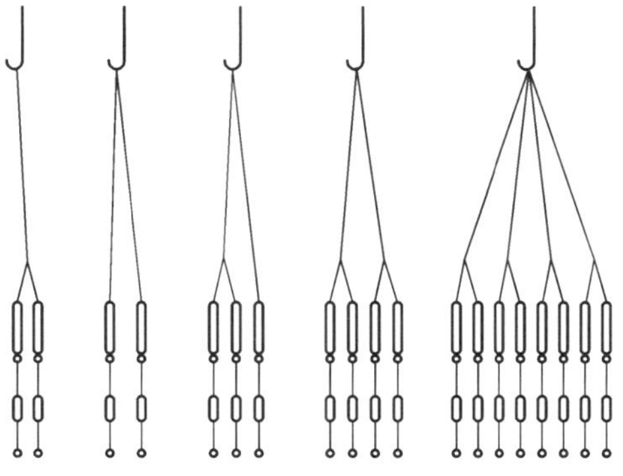

图 1-50 多把吊形式

采用上下联合的形式。即每根纹针吊两根及以上的通丝，但每根通丝最多承受两根综丝的负荷。

2. 多把吊的目板穿法及经纱穿法

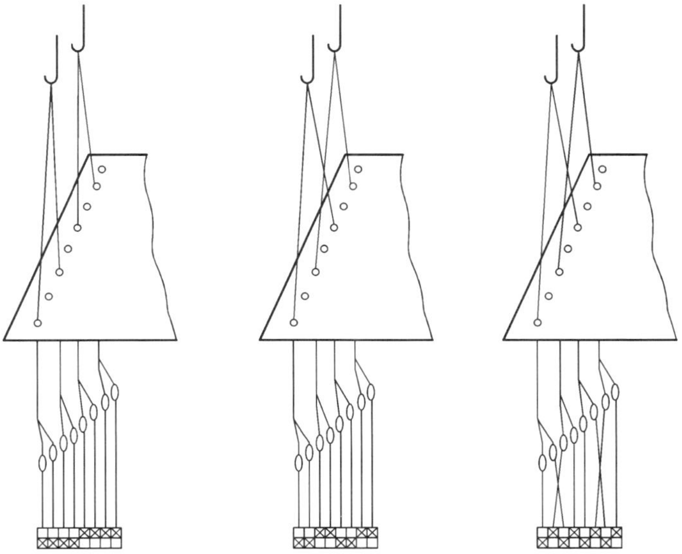

图 1-51 四把吊通丝及经纱穿法

多把吊时，目板列数应为把吊数的倍数，同一把吊的通丝不会分穿在两行目孔中。每根通丝下吊两根综丝，穿目板时通丝应穿 1 空 1，保持"一综一孔"的经纱密度。

(1) 通丝穿目板的方法：

顺穿：一花中每根纹针下的通丝顺次穿入目板。

跨穿：一花中每根纹针下的通丝交叉穿入目板。通丝的跨穿称为"上跨"。

(2) 经纱穿综眼的形式：

顺穿：经纱顺次穿入通丝下的综眼中。

跨穿:经纱交叉穿入通丝下的综眼中。经纱的跨穿称"下跨"。

在实际使用时,可将上跨下跨联合使用,此时织纹最细致。

图 1-52(1)为双把吊不跨穿,当纹针 1、2 按照平纹组织运动时,由这两根纹针所控制的经纱形成 2/2 纬重平组织;图 1-52(2)也为双把吊,但通丝按照 1、3、2、4 交叉跨穿入目板孔,当纹针 1、2 也按照平纹组织运动时,四根经纱形成平纹组织。

除了图 1-52 (2)所示的 1、3、2、4 跨把吊外,还有 1、4、2、3 和 2、3、1、4 跨把吊,如图 1-52(3)。

采用跨把吊装置在一定程度上可解决经纱并置现象,但在目板上通丝交错,穿法复杂。

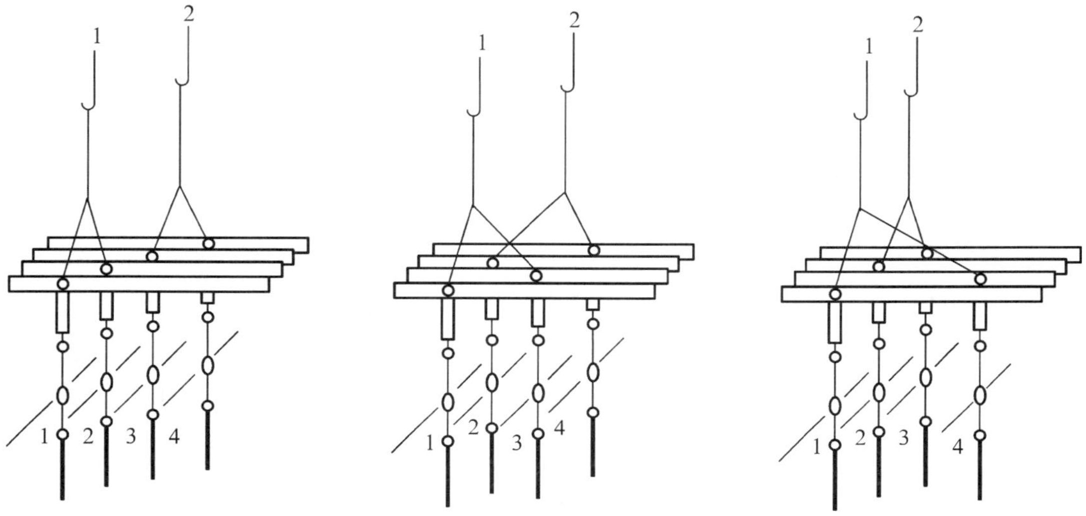

(1) 1234顺穿　(2) 1234跨穿　(3) 1423跨穿

图 1-52　多把吊经纱穿法

在生产中,可采用棒刀装置,由棒刀来分离多把吊下的经纱,使同一把吊下的经纱都有自己的运动规律。

二、棒刀装置

(一) 棒刀的结构和作用

棒刀是狭长的木片,其规格尺寸由机幅宽和织物经密确定,一般比筘幅长 15 cm,高度为 40 mm 左右、厚度 4 mm 左右。每片棒刀均要穿入一列综丝的编带线(中柱线)环里,同一把吊下的编带线(中柱线)圈环应穿在不同的棒刀上,棒刀由棒刀绳吊挂到竖针上,并由这些竖针提升,如图 1-53 所示。通过棒刀绳提升棒刀的竖针称为棒刀针,棒刀针一般选用机前和机后竖针,棒刀针的运动规律称为棒刀组织,棒刀组织一般选用有规律的纬面组织。

使用棒刀装置后,棒刀提升、纹针提升或棒刀与纹针同时提升均可形成经组织点,这样使同一把吊上的经纱既能随纹针提升而上升,又能随棒刀针提升而上升,使每一根经纱既受纹针控制又受棒刀针控制,因此多把吊下的经纱的运动是棒刀针运动和纹针合成的结果。

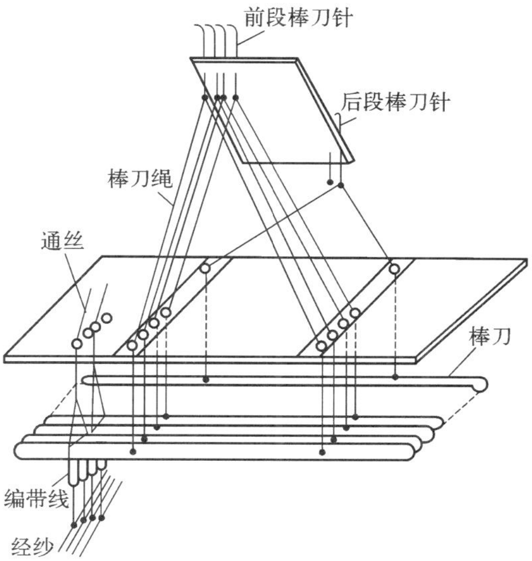

图 1-53　棒刀装置示意图

（二）棒刀组织的选择

棒刀的作用相当于棕框，因此棒刀组织应选择有规律的纬面组织。棒刀片数与目板应用列数相等，且应为所起棒刀组织的倍数。

（三）棒刀与纹针的配合

棒刀与纹针要合理配合，才能织出所需要的花、地组织。棒刀针控制棒刀，只能起一些简单的纬面组织，如平纹，斜纹，缎纹，一般用作地组织，而花组织需棒刀与纹针共同配合。有时纹针与棒刀提升规律相吻合，有时二者相冲而得到另一新的组织。棒刀组织与纹针组织的配合有三种情形：一是两者相冲，纹针组织不提升的经纱而棒刀组织要提升，将得到一个新的组织；二是两者不相冲，纹针组织提升的经纱棒刀组织也提升，纹针和棒刀各自得到原有的地组织和花组织；三是两种组织相冲与不相冲兼而有之，有的组织点相冲，有的组织点不相冲，亦可得到新的组织。

例如图 1-54 所示为平纹地缎纹花的棒刀与把吊的配合图。其中：

图 1-54(1)为纹样图，图 1-54 (2)为意匠图。意匠图阴影部位是意匠图的花部，花部单独由棒刀(或棒刀针)带织，意匠图的空白部分为地部，控制地部的纹针按“双起平纹组织”运动。

图 1-54 (3)是意匠展开图。在图 1-54 (2) 所示的意匠图上，每根竖针下吊两根经纱，且是 1、3、2、4 跨把吊，第 1 针控制 1、3 经纱，第 2 针控制 2、4 经纱，将图 1-54 (2) 所示意匠图上的 8 根竖针所控制的经纱按“1、3、2、4”跨把吊顺序展开后就形成了图 1-54 (3)所示的意匠展开图。

图 1-54(4)为棒刀组织图。棒刀组织是一个有规律的 8 枚纬面缎纹组织，单独由这个棒刀组织形成织物的花部组织。

图 1-54 (5)为由纹针和棒刀针双重配合织成的织物组织图，就是将棒刀组织重叠到意匠展开图——图 1-54 (3)上而获得织物组织图。在这个织物组织图上，可以看到花部组织是 8 枚纬面缎纹组织，地部组织是平纹组织。

又例如某一纹织物采用普通双把吊，地组织为 1/3 左斜纹，花部为 3/1 右斜纹，正织上机，采用棒刀装置，棒刀起地部组织，如图 1-55 所示。其中：

图 1-55 (1)为意匠图，意匠图的阴影部分为花部，控制花部的纹针按 2/2 经重平组织提经，意匠图的空白为地部，控制地部的纹针不提升；

图 1-55 (2)是意匠展开图，它是由图 1-55 (1)按照普通双把吊、每根竖针吊两根经纱的情况下通过展开而得到；

图 1-55 (3)为 1/3 的棒刀组织，单独由棒刀组织形成织物的地部组织；

图 1-55 (4)为意匠展开图与棒刀组织配合后最终的织物组织图。

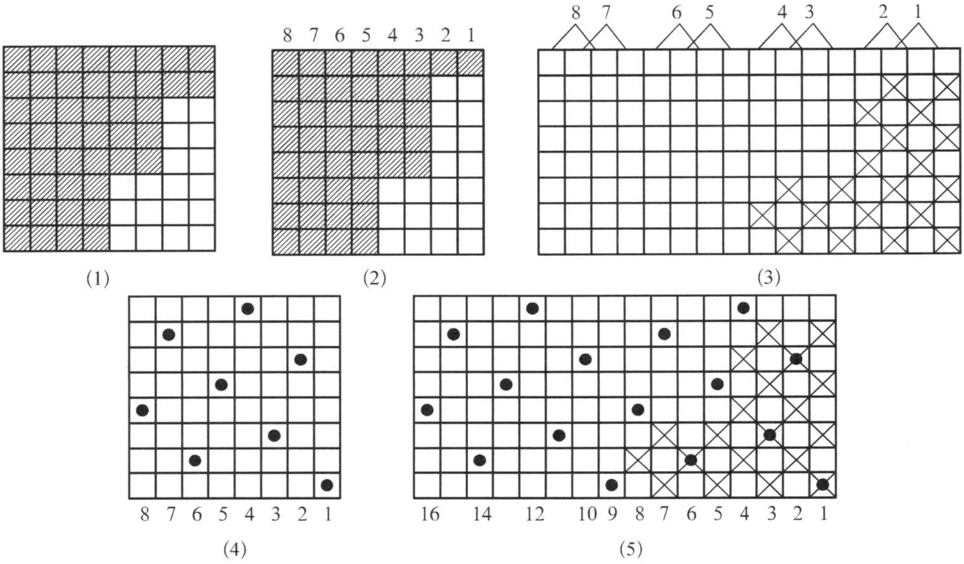

图 1-54 棒刀与把吊的配合之一

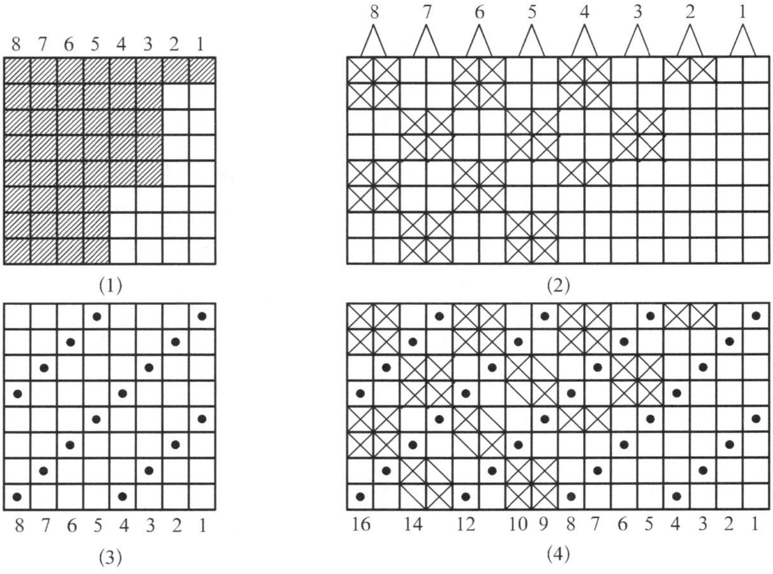

图 1-55 棒刀与把吊的配合之二

第七节　上机装造工作

上机装造工作指在织机上进行的装造工作，包括挂通丝、吊柱、穿经、穿筘、吊棒刀、挂边等。

一、挂通丝

目板穿好后，将每个捻好的通丝把按顺序挂到相应的首线钩上，使纹针与通丝连接起来。这项工作也称挂钩，亦称挂通丝把，应根据设计的纹针样卡进行操作。挂通丝前最好根据样卡将多余的竖针拔出或用绳线捆绑，以免挂错。

机械式提花机有左右花筒之分。在挂通丝把前，先支起一个横杆（竹竿）用以临时吊挂通丝把，再按样卡上的纹针顺序将通丝把按顺序从第一针直到最后一针依次穿入横杆。接下来是将横杆上的通丝把转挂到纹针下面的挂钩上，为使操作方便，先将花筒卸下再挂通丝把。挂通丝把时，将通丝把从竹竿上取下挂到纹针的吊钩上，为使吊挂操作正确，先要根据样卡找准第一枚纹针的位置，然后按纹针的横向（纬线方向）排序依次挂去。这样，通丝把吊挂完后，横杆也就取下来了。对左花筒提花机而言，从机前向机后逐行挂，每行从左到右；右花筒提花机顺序反之。注意：右花筒挂钩时的第一把通丝在穿目板时也是第一把，即先穿先挂。

电子提花机的目板采用横向穿孔。设计目板时，应使目板的列数和纹针的列数相同（或成倍数），一个花纹循环中每一列的目孔数应等于电子龙头上每一列的纹针数，并要求挂通丝把的顺序和穿目板的顺序相同，且纹针和目孔的上下方位也应完全一致，即通丝不发生 90°方向扭转，列与列之间也没有相互交叉，这样极大地减少了通丝间的摩擦.可适应高速织机的需要。操作人员在挂通丝把时，可以从后向前挂，也可以从前向后挂。有通孔板的电子提花机，通丝把的弹性夹头暂搁在通孔板上方，它们与电子提花机垂下的挂钩是一一对应的，只要把弹性夹头和电子挂钩上下对接即可。

二、目板及提花机位置的固定

（一）目板固定

目板固定在机架上时，本身要水平，第一列目孔位置离筘帽 3 cm 左右；左右位置居中；单把吊织机，柱结离目板一般为 22 cm，双把吊柱结离目板以 14 cm 为宜。

（二）提花机固定

提花龙头中心应对准目板穿幅中心。

三、吊综

机械式提花机装造的吊综就是将通丝下端穿过中柱线（或小柱线）的团环并打一柱结，使通丝与综丝相连接。电子提花机装造的吊综则是将通丝直接和综丝相连。吊综前应先将通丝理顺，避免装造时通丝缠结、卷曲。吊综时，必须使同一列综丝的综眼保持水平，而使前后不同列数间的综眼略有倾斜，并使所有的综眼处在经位置线上。

四、穿综与穿筘

（一）穿经

经纱穿入综眼的顺序与目板的穿法相对应，穿经的基本操作方法有两种。

（1）先将一台织机的全部综丝按目板穿法编成综绞，然后将经纱自左向右顺次穿入综丝。

（2）将目板下的综丝自右向左挑一行穿一行，穿经方法与目板穿法相同。当目板为分造穿时，穿经应按各造经纱比例穿入经纱，例如双造，经纱应前造 1 根、后造 1 根分别穿入；若为 2∶1 大小造，经纱应按大造 2 根、小造 1 根穿入。

其余依此类推。

（二）穿筘

穿筘俗称过筘，就是按每筘齿穿入数，将经纱按顺序穿入筘齿。穿筘前，操作人员将全部经纱按每筘齿穿入数分成上下两层，若采用一顺穿单造装造，筘绞可用两块专用的纹板提升提花机的经纱，第一张纹板提升单数筘齿中的经纱打开梭口，插入一根绞棒；第二张纹板提升双数筘齿中的经纱打开梭口，插入第二根绞棒，形成筘绞，然后在机上进行穿筘。

五、挂边

纹织物的两侧各有大边和小边。大边与地组织可同可不同，其结构一般比布身紧。小边在大边外侧，由数根经纱穿入一个综眼中形成一根较粗的经纱。主要作用是交织牢往复穿梭的纬纱，一般为平纹组织。挂边经的方法主要有两种：

（一）有边针管理的边组织

一般纹织物的边经都有专门的边针管理。边综根据边组织的经纱循环数分成大把吊的形式，每边把数等于经纱循环数。如每边边经 40 根，单根穿入综丝，则每边共有边综 40 根，当边组织为平纹或 2/2 经重平时，每边边综分为两把，分别穿入单、双经纱。

当边经经浮长线在 2 以上时，为了避免边组织织不进，应加平纹小边。如 2/2 经重平作边组织时，小边可加可不加，决定于投梭方向。

（二）由棒刀带织的边组织

当边组织与棒刀组织相同时，只要将边经综丝的中柱线套在棒刀片中，由棒刀带织，不必另用边针。平纹小边可采用小边针管理。

当边组织与棒刀组织不同时，此时又无多余纹针来起边，有的边组织仍可由棒刀针来带织。这时，棒刀组织与边组织的经纱循环数应是倍数关系。如棒刀组织为 8 枚缎纹，边组织为 1/3 斜纹，其挂边方法：每边边经分为四把，每把边经挂在两根棒刀针上，第一把挂 1、5 棒刀针，第二把挂 2、6 棒刀针，第三把挂 3、7 棒刀针，第四把挂 4、8 棒刀针。

六、棒刀吊挂

吊棒刀与棒刀组织、目板穿法、棒刀针轧孔法有关，吊挂时需先画一张棒刀吊法示意图，表示棒刀针、经线及棒刀组织三者的关系。如图 1-56 所示，棒刀针在图中均分为机前、机后两部分，同时表示出所用针数及行数。小圆圈中数字表示该棒刀针在棒刀组织中的次序，中间方框中数字分别表示三个内容：(1)表示棒刀片数和顺序，从机前向机后排列；(2)表示一行目孔下的经线数和顺序(其他各行均相同)，与目板的穿法有关；(3)表示棒刀的组织循环(根据经线排列顺序而得)。

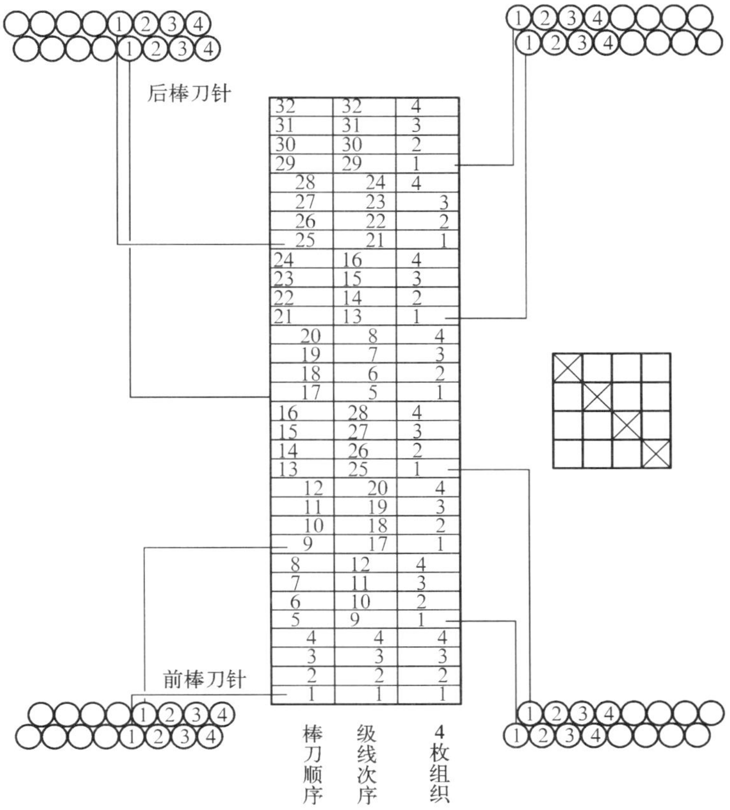

图 1-56　棒刀吊挂图

图 1-56 中，下端表示机前棒刀针，上端表示机后棒刀针。装造为单造双把吊，棒刀针布置在龙头最前和最后几排的整数行中，棒刀针 32 片，目板二段二飞穿，经线穿法为顺穿，一枚棒刀针吊一片棒刀，棒刀组织为 1/3 斜纹。

棒刀吊挂示意图的画法：

(1) 棒刀针的位置与针数：位于纹板的四角。棒刀针针数为棒刀片数。

(2) 棒刀片的顺序与片数：顺序从机前到机后顺次排列，从 1 片到 N 片。棒刀片数为目板所用列数。

(3) 经纱顺序：取决于目板穿法、把吊数、经线穿法。

(4) 棒刀组织：取决于经纱穿法及棒刀组织的规律。

思考与练习

1. 什么是提花机装造？提花机装造工作主要包括哪些内容？
2. 提花机装造有哪些类型？什么是提花机的规格(号数、口数)？
3. 简要说明博纳斯和史陶比尔工作原理的异同点。
4. 什么是单造单把吊、单造双把吊、单造多把吊、多造装造？
5. 右手机械式提花织机上，纹板首端朝向机前，纹板作用横针次序为顺织，试确定底板上竖针、横针的排列次序。

6. 在机械式提花机上，织物正织，纹板作用横针的次序为顺织，织机上经纱的排列次序为从左向右，试比较意匠图和织物表面的图案方向。

7. 某纹织物成品内幅为 80 cm，经密为 145 根/cm，5 花，正反 8 枚缎纹组织，分别在 1 440 号提花机和 2 688 针电子提花机上制织。试选择装造类型，计算纹针数、内经纱数。

8. 织制某织物，全幅 2 花，内幅 200 cm，经纱密度 200 根/10 cm，采用双把吊，计算所需纹针数。

9. 织制某经二重织物，基础组织的表经与里经之比为 2∶1，内经纱数为 2 880 根，全幅 2 花，计算纹针数。

10. 简述辅助针的种类和作用。

11. 纹织物常用哪些边组织？

12. 在 1 400 号提花机上，设计 1 440 针、边针为 4 针的纹板样卡。

13. 计算下列织物的纹针数、通丝长度及每台织机的通丝总根数：

(1) 内经线数 7 680 根，全幅 2 花，单造四把吊装造，提花机的高度 200 cm，钢筘内幅 80 cm，目板纵深 26 cm；

(2) 内经线数 9 000 根，全幅 6.25 花，双造单把吊装造，提花机的高度 210 cm，钢筘内幅 118 cm，目板纵深 26 cm(自行分档)。

14. 某纹织物，钢筘内幅 112 cm，全幅 5 花，机上经密 56 根/10 cm，花地组织为 8 枚和 4 枚组织，在 1 400 号提花机上制织，请设计目板规格。

15. 某纹织物，采用左右对称纹样，目板采用两段两飞对称穿，意匠为右半花，画出在左右手织机上目板穿法示意图(机上布面纹样相同)。

16. 通丝穿目板有哪几种常用方法？它们各有什么特点？各运用于哪些产品？

17. 在纹织物的生产过程中，有时为什么要采用跨把吊和棒刀？请说明跨把吊和棒刀的作用。

18. 什么叫棒刀组织？棒刀组织怎样与纹针运动规律相配合来控制经纱运动？

第二章 纹样设计及配色

第一节 纹　样

一、纹样概述

纹样即提花织物图案，工厂中通常称之为“小样”。其纹样大都由“四方连续”组成。所谓“四方连续”是指一张纹样可以上下左右无限地连接出去。因此必须把纹样的上下左右四面的花纹的回头接牢。

纹织物的组成有三个要素：一是原料，二是组织结构，三是纹样。纹样是纹织物的灵魂，纹样设计是纹织设计中极为重要的一环，纹样设计应考虑纹织物的经济实用性，又要考虑美观和可织性，织物的纹样设计受到织物经纬密度、组织、织造工艺、织物原料等因素的限制。

纹样上的色彩代表某种组织，所以不同色彩的数量应等于织物上不同组织数量，纹织物的花纹有素色（一个颜色）也有彩色，但不论是素色或彩色，都是由经组织点或纬组织点构成。织物组织和色纱排列决定织物的色彩显示和明暗层次。

纹样设计一般经过设计构思、草稿、正稿、配色几个过程。

二、纹样的题材与风格

纹样的题材十分广泛，大致可归纳为以下几类：自然景物纹样、民族传统纹样、各类器物造型和各种几何图形（包括变体文字等）等。无论哪一类纹样，其素材均来源于客观自然与社会生活，自然界及社会为我们提供了极其生动、丰富的形态及色彩依据，因此，图案设计师必须深入自然和生活，通过观察与写生积累大量的原始形象素材，在此基础上进行加工、提炼，才能设计出源于生活而高于生活的新作品。

1. 自然景物纹样

自然界的景物丰富多彩，如五光十色的江河湖海、田原山川、日月星辰、风云雨雪等自然景色，千姿百态的花果草木、飞禽走兽、昆虫鱼贝等自然形象以及亭台楼阁和人物等，都可经过艺术的加工变化而成为装饰性纹样。如图 2-1 所示的自然景物纹样。

2. 民族传统纹样

民族传统纹样是我国传统艺术宝库中最古老的艺术之一。原始社会的彩陶、奴隶社会的青铜器、封建社会的金银器、漆器、丝织、刺绣、雕刻等，是几千年来中华民族智慧的结晶，在这些优秀的文化遗产中有许多装饰纹样，如龙凤、瑞兽、麒麟、宝相花、缠枝牡丹、祥云纹、如意纹、流水纹、龟纹、金鱼、蝙蝠等，将这些传统纹样与现代审美信息融会贯通，就可设计出既富于民族风格又具有时代感的装饰性纹样。如图 2-2 所示的纹样是我国典型的民族传统纹样与现代审美的结合。

图 2-1 自然景物纹样(学生作品)

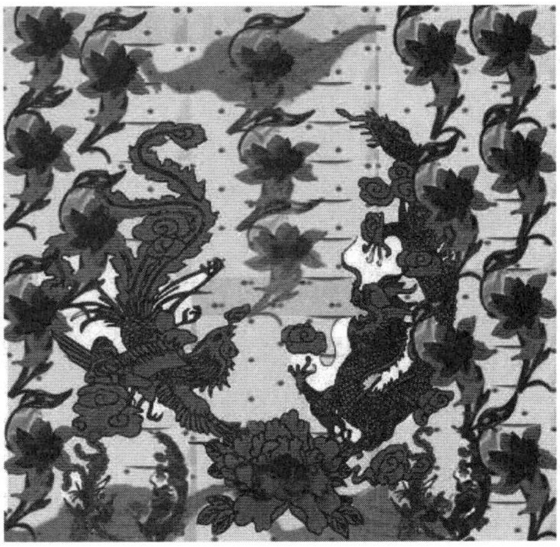

图 2-2 传统纹样(学生作品)

3. 国外民族纹样

受国外民族文化艺术思潮的影响,在纹样设计中借鉴国外民族文化艺术中的精华,如西洋棕叶卷草纹、波斯纹样、马具纹样、火腿纹样(图 2-3)等,可设计出既具有中国特色又具有世界共同审美特性的装饰性纹样。

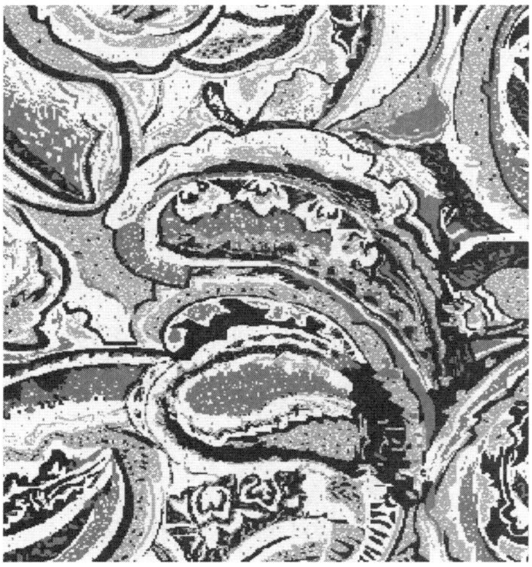

图 2-3 火腿纹样(学生作品)

图 2-4 几何纹样(学生作品)

4. 几何图形纹样

运用点、线、面单独或组合后变化所形成的抽象形象,往往以明确、简洁、具有一定韵律为基本特点,如中国传统的织锦图案中有不少是六角形、菱形、寿字形、回纹形等。此外,还可以用各种直线、曲线以及圆形、三角形、方形、菱形等构成规则或不规则的几何纹样装饰图案,如图 2-4 所示。

5. 器物造型纹样

采用生产劳动和日常生活中使用的各种器物作为素材，如各种礼器、乐器、生产工具、文娱用品、日用品、交通工具等，经过图案变化后组成的器物纹样，如图 2-5 所示。

6. 文字纹样

文字用作纹织图案具有寓意明确、造型规范的特点。以汉字、外文、阿拉伯数字等作为造型元素，进行各种变化可形成各种各样的文字纹样，如图 2-6 所示。

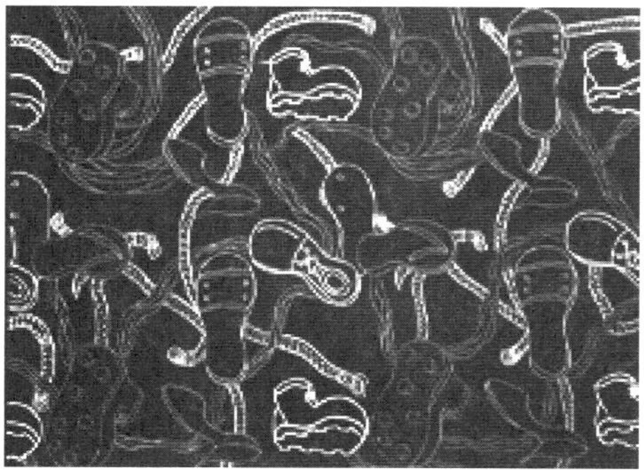

图 2-5　器物纹样(学生作品)

图 2-6　文字纹样(学生作品)

进行纹织物设计时，要将不同的图案表现形式与织物的组织结构有机地结合在一起，以体现纹织物的风格特点。纹样的风格可分为传统式、现代式、浪漫式、写实式、庄重式等。传统图案典雅、高贵、古朴；现代图案使用流行色彩和图案，使纺织品的装饰性具有时代气息；写实图案使人感觉真实、生动，突出形象的自然特征；庄重式图案平稳、安静、呈现出一定的规律性；浪漫式图案注重设计理念的表现，富于想象力，具有特别的艺术魅力。设计时，即便是同一题材的纹样，也可根据设计构思与设计意图，使用不同的图案结构，采取多种表现手法，产生各不相同的效果，在织物上体现出不同的纹样风格。

三、图案的构成与排列

(一) 图案的构成

纺织图案设计中，按构思的意图，在一定的规格范围内，把要素按一定的关系、形式进行编排、组合、安置、布局，这就是纺织图案的构成。纺织图案的构成形式按最终产品的实用特点，大体可分为单独型、连续型两大类。

1. 规格

图案制作的尺寸、范围，一般表现为长×宽的平面，由生产工艺设备所规定，与纺织品的门幅或成品款式有关。一般单独型的印花图案规格，有明显的框架作用，如方巾、被面、壁挂、台毯、靠垫等，纹样就在框架尺寸内构图布局。连续型图案则无明显的框架，而是以连续反复的规律来限定平面空间。连续图案的规格可以认为是给设计人员规定的空间平面。构图就是指要素在此平面空间内的合理编排，当然编排时要考虑连续后的效果。

2. 布局

布局主要指要素占据平面空间的密度，以及“花”与“地”的比例状态，亦可理解为构图的基本样式。根据不同品种和图案风格的要求一般可分以下三类：

（1）清地布局：图案占据空间比例较小，地部面积多于花纹面积，留有较多的空地。"花"大约占平面空间二分之一以下，特点是花地关系明确，有清楚可见的面积地色。这类图案看似简单，却有一定难度，讲究图案章法，强调姿态优美、造型完整、花叶相映、穿插自如、自然得体，表现出"花"清"地"明、布局明快的特色，如图2-7所示。对于此类图案，题材大部分用花朵、枝花、簇花及几何形纹样的中小型图案，常用1～4个散点排列法。

（2）混地布局："花""地"各占平面空间的一半，面积相当，排列匀称，虽然留有一定的地纹，但总体效果仍以花纹为主，花纹关系也较明确。往往采用多种表现技法并配以一定的对比变化因素，求得表现效果的多样性，如图2-8。

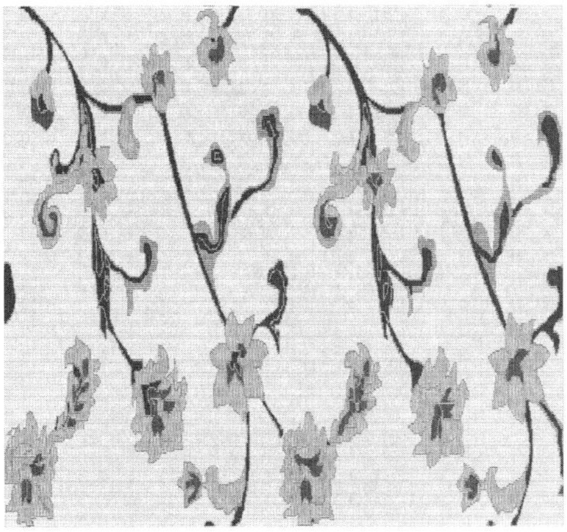

图2-7 清地布局(学生作品)

图2-8 混地布局(学生作品)

（3）满地布局："花"占据规格空间的大部，特点是花多地少，有时地色不明显，甚至不确切存在，形成"花"、"地"交融的空间效果。这种布局形式给作者以较大的创作自由，多采用于装饰变化强、或抽象、多层次效果的图案配以一定色调变化和不同形式的对比，呈现多种风格、多种类型的布局变化，如图2-9。

图2-9 满地布局(学生作品)

3. 接回头

连续型图案单元纹样之间相连接的方法叫接回头。四方连续是以一个循环单元（由规格所限定）的纹样（或点、线、面、形、色、肌理），向上下、左右四个方向作无穷尽的反复延伸。这种连续状态，给人视觉上、心理上以匀称的韵律感和反复统一的美感。尤其因为反复连续，明显突出了节奏与律动感，因此连续的方法显得很重要。一般常用的接回头方法有两种：平接和跳接。

（1）平接：平接亦叫对接，如图2-10(1)所示，单元纹样上与下，左与右相接，使整个单元纹样向水平与垂直方向反复延伸。做法是将一个单位面积适当的位置上画上纹样，然后将此单位面积按对角线剪成两个三角形面积，以一个三角形面积为中心，另一个顺时针紧密合缝，围绕它移动，分别在各个接缝处错落有致地填充适当的纹样，待恢复原状后，检查修改不当处。

（2）跳接：跳接亦叫 1/2 错接，如图2-10(2)所示，单元纹样在上下方向相接，而左接右时，先把左右部分为上下相等的两部分，然后使左上部纹样接于右下部，左下部纹样与右上部纹样相当，形成单元纹样垂直方向延伸不变，而左右延伸各斜向延伸状态，故又称它为斜接或称跳接。

(1) 平接　　(2) 跳接

图 2-10　四方连续纹样接回头方式

两种接回头方法相比较，平接不如跳接效果自由活泼，单元的反复不宜过于明显。平接适合密集小花型的染织纹样，而跳接多被印花图案采用。除以上两种方法外，还有许多接回头方法，因为不如这两种方法简便，一般不常用所以不再作介绍。

（二）纺织图案的排列

排列指单元图案平面空间内要素组织的基本骨架，图案设计的第一步是起稿，起稿首先要抓住骨架安排。常用的排列有下列几种：

1. 散点排列

在一个循环单位内，按照对立统一的规则，自由编排、组织、布局因素的排列，称为散点排列，如图 2-11 所示。这种排列形象变化生动，有量的多少、大小、长短等不同；还有方向姿态、方圆、轻重、色彩的变化，加上组合的疏密虚实等处理，显得自然生动、自由灵活，能够随心所欲地表现多种艺术效果，也易于使纹样与纹样之间产生穿插自如的组织，充分应用变化、对照、平衡等形式法则。

2～9 个散点排列如图 2-11 所示。一般常用 4 个及 6 个散点。地部与花部经纱因组织不同，缩率不同，因此块面布置要尽量均匀，使经纱张力一致，以免造成开口不清、布面不平整及产生花纹档子。

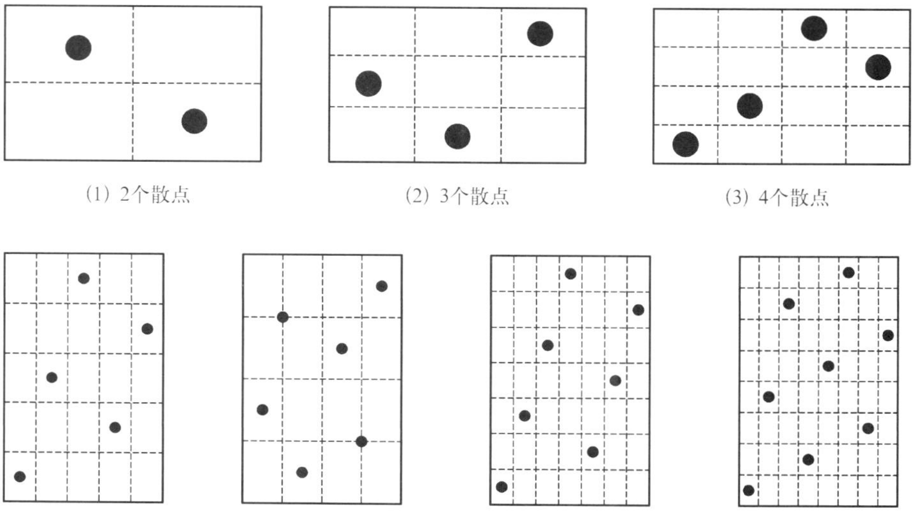

(1) 2个散点　(2) 3个散点　(3) 4个散点

(4) 5个散点　(5) 6个散点　(6) 7个散点　(7) 8个散点

图 2-11　散点式纹样配置

2. 几何形排列

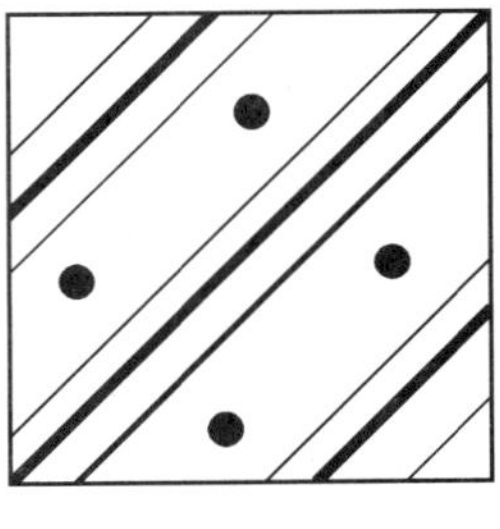

图2-12 条格排列图案

几何形排列是以一个或几个相同或不同的几何图形，作为一个循环单位，上下、左右进行连续的组织形式，如图2-12所示。这种排列的特点是连续性十分紧密而突出，形与形之间极其自然的形成一种网状的组织骨架，表现出非常有规律的节奏感。几何形排列可直接表现为染织图案(如条格等)，亦可作为几何骨架在其上或其中，安置、嵌入几何形或其他纹样；或以色彩来填充形体不同部位使之产生丰富变化。

3. 连缀式排列

连缀式排列也叫穿枝连缀排列，是以几何的曲线骨骼为基础，与散点的纹样密切结合，产生静中有动，齐中有变，连绵不断，曲折回绕的艺术效果。在我国传统图案中应用较广，有菱形连缀、连环连缀等，如传统图案中的棋格纹、万字纹、龟背纹等，其特点是平稳、大方、规则，如图2-13。

4. 重叠型排列

重叠型排列是指两种不同类型的排列骨架的重叠组织，如几何骨架排列上有散点排列组织与它相重叠，连缀式的排列骨架上又有散点排列相重叠等，以及它们本身组织相重叠，诸如此类都属重叠型排列，如图2-14所示。它的特点是层次丰富、耐人寻味，变化生动，另有一种类似音乐和声之美感。

图2-13 连缀排列图案

图2-14 重叠排列图案

上述四种排列大多以规则样式组成骨架，有时亦有种种变化，此外还有些以自由排列的形式构成的染织图案，可归纳为下列几种：

(1) 嵌花：在一定的几何骨架内嵌入另一种形式的花纹图案，在整体中示出粗与细、曲与直的对比变化。

(2) 变格：是平中求奇的一种排列方法，难度虽高，但处理得法，能出奇制胜。

(3) 反地：染织图案的排列形式一般都正地形式出现，有时为了表现少套多色的效果，则反其道而行之，花地互换处理，花即地，地则花。显得新颖巧妙而又合情合理。

(4) 渐变：多用于几何图案的排列式，从大到小，由密而疏，图案花纹过渡自然，适应于人们的视觉感受。

四、纹样表现手法

织物纹样的表现手法系指纹样的体裁，也是指绘画的方法，亦可谓画种。常用的有工笔写实画法、写意画法、版画法、水粉画法等。现将这些表现手法的使用对象简述如下：

1. 工笔写实画法

以经面组织作地纹、使用纬纱起花、密度大的织物，这类织物的纹样都惯用工笔的写实画法，这是纺织图案中最常使用绘图方法。例如织锦缎、古香缎、软缎、织锦台毯、织锦靠垫以及各类织锦的装饰画都是用工笔写实画来表现织物图案，由这种方式表现的图案的姿态和形象较为逼真。

2. 写意画法

组织结构简单的织物、单经单纬织物、地纹粗犷的织物或以组织变化来表现织物花纹图案的织物纹样，多采用写意画法绘制织物图案。例如黑白织景画、提花塔府绸等织物图案表现都可使用写意画法绘制织物纹样。写意画法绘制表现造型比较简练概括，设计者可根据某一题材取其优美的部分加以提炼，并按照设计者的意图去发挥和表现。

3. 版画画法

单经单纬织物、纬二重用纬线起花织物，以及最宜使用线条和块面来表现的织物图案的织物都常常采用版画画法。这种方式是设计者以写实图案为基础，通过点、线、面三者变化，对图案进行大胆的取舍和变形达到简练概括和造型优美的装饰效果。

4. 水粉画（油画）画法

对于色彩丰富、组织变化多、层次复杂的多经多纬织物，最宜使用水粉画、油画等画种作织物花样。例如织锦的装饰画、台布织锦图案和沙发布图案都采用这种形式的画法。

五、纹样绘画技法

纹样绘画技法有块面平涂及平涂勾边、线条处理、不规则的点子画法、影光处理、塌笔处理、燥笔处理、反地画法。

1. 块面平涂法

通常在单经单纬或双经双纬的品种中，纹样着色采用一色平涂，也称块面平涂。先块面平涂再采用另一色在花型周围用线条包边，即称平涂单色勾边，此画法一般用于单经双纬、双经单纬或双经双纬的品种。先块面平涂再采用双色线条（即甲纬与乙纬）包边则叫平涂双色勾边、此画法用于纬三重织物。

2. 点绘法

用点的聚散、疏密、群化来表现花纹的明暗层次、虚实结构和光影空间，点形有规则圆点及不规则点。

3. 线描法

利用线条的粗细、直曲、虚实、是否规则等来描绘花纹的轮廓和结构，表现一定的明暗关系和空间层次。

4. 撇丝法

撇丝下笔粗，收笔细，一根根线条排着画，自然流畅，能表达花纹的立体感、光感及层次感。

5. 影光法

影光处理手法有四种：

(1) 渲染法：也称块面色影光画法，在块面平涂的基础上，另用一种鲜明色泽由深及浅伸向平涂的包块中，用渲染画法均匀地染出。

(2) 泥地影光：用密集的小点子由密到稀向外扩散称泥地影光画法。

(3) 撇丝影光：用横、直、斜的细线条由密集到稀松排列的表现法。

(4) 纹样排列影光法：由大小花型块面疏密排列而产生影光。

6. 塌笔处理法

用两种色彩的块面画法来表现花型的转折和体面结构。

7. 燥笔处理法

用蘸色较为干枯的毛笔作撇丝画法。

8. 反地画法

反地画法一般适用于缎地组织，在缎地上空出完整的花型，在其周围，嵌满密集的小花纹，这空出的花型可以为主花，也可以是地纹。

第二节 品种组织对纹样的制约性

一、不同品种对纹样的要求

一般高档织物的品质取决于织物的原材料、加工工艺以及织物的整理手段。由于采用真丝、毛、麻等天然纤维并经过较精细的原料加上较复杂的织造工艺，高档织物的成本较高，外观的视觉效果及内在的品质和手感均好。与高档织物的品质相适应，图案的绘制也必须显示较高贵的气质，题材的选择一般应以经典图案和时尚图案等为主，此外亦可选抽象的几何形题材和民族传统图案。一般变化不宜过于繁杂，也不宜表现杂物器皿图案和卡通动物等儿童趣味的题材。色彩配置宜调和、高雅，一般不采用强烈对比的配置法。

中低档织物多数为合成纤维织物，有天然纤维与化纤的交织，也有多种化纤的交织，一般成本低于真丝织物。中低档织物的使用面较宽，除用于一般服装外，还可用于各种室内装饰纺织品，所以纹样的绘制要按不同需要和不同用途来考虑。一般题材范围较广，以中小花纹的大路货为主。色彩的配置是多种多样的，根据纺织品品种设计的要求可有单色、双色、三色、对比及调和等多种配置。

二、织物用途与花纹的关系

（一）服装用纹织物图案

在服装用织物中，因具体用途不同，图案要求也不同。衬衫图案一般不宜过大、过密，以轻松、细巧的花派或条格变化为主；西服套装的图案一般以大方简练为主，如几何花型、变化格形等，或根据流行花型进行设计。中式服装及织锦类晨衣，一般以中国传统民族纹样及写实花卉为主，图案要求结构严谨、表现丰富。宴会服装的花纹，一般要求色泽鲜明，花型以大型为主，花样气势要大，处理以写意、抽象为主；件料花样，要根据特定的要求和服装裁剪式样来设计；裙类花样多变，分件料设计及散花两种，一般以印花织物为主。服装用织物的纹样还应考虑品种销售对象的特殊要求和年龄特点。以上所述均为一般规律，服装纹样的大小，风格经常会随着服装款式的变更而变化。

（二）室内装饰用纹织物图案

窗纱：以纱组织为地起花，花型要大，造型要简练，可以有方向性，如向上生长的竹子、下垂的柳条等。

窗帘：一般是较厚型的织物，花纹设计要以端庄稳重的花型为主，纹样应给人以舒适安逸的感觉，不要过于动荡。

沙发：一般以规则几何形为主，造型要稳重、大方。

裱装：以民族传统纹样及规则几何形为主，要有较强的装饰性。

床罩：花样要根据品种规格为特定要求设计，一般花型要求丰满，花叶茂盛，排列结构严谨。

台毯、靠垫：一般台毯规格有自由中心四边对称和两边对称两种，纹样内容以亭台楼阁、花草树木及仕女、孩童、民间故事等。在单色或双色台毯中，花纹结构要求严谨，造型宜大方、简练。靠垫图案多数是单独纹样，有三色纬花和五色纬花，内容有山水、人物、花卉等。

三、纹样与组织的关系

图案花纹的形成是借花、地不同的组织或不同的原料相互配合来表现的。因此，纹样设计必须与织物的组织紧密结合。现以三原组织的平纹、斜纹与缎纹为典型，说明其组织对图案花纹的要求。

（一）平纹

花纹与平纹组织的配合有三种情况：地组织起平纹、花组织起平纹、花地组织均起平纹的重经、重纬或双层织物。其中以地组织起平纹的单层织物对花纹的各种技术处理要求最高，这类织物的花纹大多采用经花（缎纹），由于花、地组织的交织点数相差较大，使纱线张力不同，因此花纹排列必须十分均匀，以免在织造过程中，由于花样布局不均匀而造成经向花纹累叠产生宽急经，如纬向花纹累叠，布面会横向起弧形，形成波纹形的病疵。花纹的大小与布局要适中，花纹不宜过大，布局不宜过满，否则会使织物松软。

此外，花纹不宜太细碎，花纹之间的距离不宜太小，至少要有三纬的间隔，不然，平纹组织点易与花纹组织点相连而造成花纹边缘含糊不清。

花组织起平纹，地组织起缎纹或其他组织，一般平纹花少量应用，仅分布在次要部分作陪衬。如花软缎其主花为纬花，配以少量平纹花以达到多层次的效果。

地组织与花组织均起平纹的织物，因平纹的组织点最多，因此花纹可以表达得最充分、最细腻、层次最多。绘制花纹时可采用中国画中的渲染（影光块面色）、燥笔、撇丝、塌笔等多种表现技法。

（二）斜纹

斜纹地的单层提花织物，对花样的要求不象平纹地的单层织物那样高，因为斜纹组织的经纬密度较大，纱线浮长较长，在松紧程度上与花组织较接近，不易产生病疵。所以，对花纹无特殊要求，花纹绘制比较自由。

（三）缎纹

缎纹分缎纹地和缎纹起花两种。缎纹起花的花纹以块面表现为主，花纹不宜画横线条，否则线条不流畅不连贯。相反，在缎地上起纬花，则不宜画过细的直线条。

缎纹地的单层提花织物较多地采用正反缎表现形式。因为正反都是缎纹组织，所以经纬张力不受花纹影响，花纹绘制较自由。

（四）经高花

经高花的织物采用经二重或双层组织，经纱利用收缩性能不同，粗细不同，织造张力不同的两个系统纱线所构成，花纹以块面为主。

（五）纬高花

纬高花的织物采用纬二重或双层组织，纬纱利用收缩性能不同，粗细不同，蓬松性不同的两个系统纱线所构成，花纹避免横直线条。

第三节 纹样的设色

织物纹样的设色是指设计织物纹样时要使用的几种（代表）颜色，织物纹样的设色是依据织物的结构而定的。

一、织物的结构与设色

（一）单经单纬纹织物的设色

单经单纬织物只能使用组织变化来表现织物的花形，为了保持织物组织的交织状态平衡，组织不可能变化的太大，一般来讲地纹的基本组织使用一个颜色，花组织最多不能超过两种。因此只能用两种颜色来代表花色，一种颜色代表地色，共设三色。如果单经单纬换纬加抛纬（梭），织物可以根据换纬和抛纬的多少，设置一些换纬和抛纬（花）的颜色。因此，单经单纬织物的设色等于三色加换纬和抛梭（色）。

（二）纬二重纹织物的设色

纬二重纹织物是单经双纬的纹织物。单经双纬织物的设色除了地纹的颜色之外，还可设两组（两个系统）纬花的颜色，再加上经色和纬色交织所生成组织的间接色。如纬二重提花装饰织物在设色时，基准色为经一色、纬三色（甲纬色、乙纬色、甲乙混合色），共四色，若所配的基本组织是三种，则可以设置的套色数为12色。

纬二重纹织物还可以根据换道的多少增加换道色；如果是单经双纬加抛纬（梭）织物，还可以根据抛纬的多少设置一些抛纬色。

（三）纬三重纹织物的设色

纬三重纹织物是单经三纬织物，单经三纬织物的设色除了地纹的颜色之外可设三组（三个系统）纬花的颜色，再加上三组（三个系统）纬纱各设两组组织变化的颜色（计六组颜色），故单经三纬织物可以设置的基准色为九个花色和一个地色。

如果纬三重纹织物是单经三纬的换道织物，还可以根据换道的多少增加换道色，换道色同样可设置组织变化的颜色。

如果纬三重纹织物是单经三纬加抛纬（梭）织物，则还可以根据抛纬的多少增添一些抛（花）纬的颜色。

（四）经二重纹织物

经二重纹织物是双经单纬纹织物，在用色上，以各组经色的混合色为基准，纬纱色可以先不考虑，配合组织结构的变化，确定所需使用的套色数。如经二重提花装饰织物，基准色为经三色（甲经色、乙经色、甲乙经混合色），若所配的基本组织是三种，则所需的套色数为 9 色，也就是该品种的纹样设计可以用九套色来设计。

（五）多经多纬织物的设色

多经多纬织物主要是指双层或多层纹织物。多经多纬织物花色的表现方法主要是使用不同经（色）纬（色）交织的组织变化和表里交换所产生的不同色彩和不同的层次来体现地纹和花纹效果。因此这种织物的设色，第一决定于经纱和纬纱数的多少，第二决定于组织变化的多少。如由两组经两组纬构成的双层提花织物，经、纬各有二色（甲经色、乙经色、甲纬色、乙纬色），在双层结构中一共可以产生四种经纬混合色（甲经甲纬、甲经乙纬、乙经甲纬、乙经乙纬），以这四种经纬混合色为基准色，若所配的双层组织有三种，则可设的套色数为 12 色，也就是在这种提花装饰织物的纹样设计中一共可以使用 12 种不同的色彩来表现纹样效果。

二、织物纹样与色彩配置

色彩的配置与纹样是相辅相成、互为衬托的。配色前必须充分掌握纹样特点，在配色时要保持和充分发挥纹样的风格，并能运用色彩弥补纹样中的不足。

（一）色彩与纹样结构布局的关系

当纹样的块面大小恰当、布局均匀、层次分明、宾主协调时，配色不仅要保持原来优点，还要进一步烘托，使花地分明，画面更完整。若纹样中布局不匀、结构不严、花纹零乱时，配色时就要加以弥补，一般宜用调和处理法，即适当减弱鲜艳度和明度，采用邻近的色相和明度，使各种色调和起来，借以减弱花样的零乱感。色彩配置时，也应减弱鲜艳度和明度，以便掩盖花纹档子。

（二）色彩与花纹处理手法的关系

当花纹为块面处理时，在大块面上用色其彩度和明度不宜过高，而在小块面上宜用点缀色，即鲜艳度和明度较高的色彩，具有醒目作用。根据色彩学概念，同面积的暖色比冷色感觉大，同面积的白色比黑色感觉大。这是因为色彩的膨胀感而造成的错觉。在面料配色时也可以结合具体花纹加以运用，如在暖色调为主的面料上，对大块面花纹宜配暖色，虽然暖色有膨胀感，但因受其周围暖色的协调作用，也就不显得大了；如果在中性地色（黑、白、灰）上欲使花纹丰满，则大块面花纹上同样宜用暖色。

当花纹为点、线处理时，如果点子花是附属于地纹的，其色彩宜接近地色；如果点子花是主花，则因点子面积小而又要醒目，宜配鲜艳度、明度高的。

如果纹样是以线条为主的，因线条面积小，用色以鲜艳度、明度高为宜。当纹样上的线条呈密集排列时，这时线条的色彩在画面上起主导作用，当线条为浅色时，纹样也配浅色；反之线条为深色时，纹样配深色。花纹上包边线条的色彩，宜取花、地两色的中间色，以求色的衔接协调。

对于影光处理的花朵来说，影光色要鲜艳。如在白色上渲染大红、在泥金上渲染枣红或在白色上渲染宝石蓝等。总之，两色的色度相距要大，以使影光效果更好。

（三）色彩与纹样题材、风格的关系

提花织物的纹样风格极为丰富，有写意、写实花卉、几何图形、文物器皿、金石篆刻、风景、人物、动物、抽象图形、各种民族传统纹样、国外民族纹样等。各种花样都依附于它的内容而组

成各种不同的风格，配色也在各个不同的题材风格上创作出各种生动的色调。例如：生动活泼的写意花卉宜配明快、优雅的浅色调；灵活多变的装饰图案花，可以配置多种色调；国外民族纹样可以配置西方色彩；细丝大菊花宜配黑白、红白色，以使花瓣清晰明朗，抽象图案的配色可带点梦幻色彩，中国民族风格图案的配色，应在传统配色的基础上有所发展，采用浓郁对比法，如红色调宜用大红、枣红，不宜用浅玫瑰红、西洋红，绿色宜用墨绿、棉绿，不宜用草绿、鲜绿；蓝色其用虹蓝、宝蓝，不宜用皎月、湖蓝等。总之，鲜艳度要高，色感要庄重。

一般说来，粉红、浅绿、浅蓝、浅紫等色调，使人有一种轻松、活泼的感觉，黄色调则给人有一种温暖、亲切的感觉，大红色富有热烈、欢快的气氛，而棕色、墨绿、藏青等色调给人以端庄、稳重、浓郁的感觉，黑、白、金、银等色另有一种高贵之感。由于色彩的各种属性，因而可以巧妙地配置在各种风格的花样上。对过于动荡的图案不宜再配大红、大绿等欢乐色彩，宜用蓝色、紫色等冷色调和中间色调起安静、稳定作用。对秀丽、纤细的图案宜配浅紫、银灰、粉红、淡蓝等色调，以增加幽雅、肃静的情调。风景纹样宜用多种色调变幻。在大色调的组成中，可以蓝、绿、青、紫等组成冷色调，以红、黄、橙、咖啡色等组成暖色调。

在不破坏大色调的前提下，可适当地在冷色调中加入少量的暖色，或在暖色调中加入少量的冷色，这样可以起到点缀、丰富画面的作用。“万绿丛中一点红”，这时的红色会显得格外鲜艳。总之，提花织物的配色千变万化，以上介绍的只是一般的配色规律。

（四）色彩与织物组织的关系

各种不同的组织对于同一个色也会产生不同的明度和色度，例如：大红色在缎纹上显大红，泥地上次于大红，在平纹上色光更暗些，乔其纱上大红就像绯红。因此，配色时必须考虑各种组织的影响。

1. 色彩与平纹的关系

平纹或变化平纹因经纬交织点多，因此对色彩的影响也最大。如单纤单纬的平纹组织，经色配蓝，纬色配红织成的织物就闪紫色；经色配蓝，纬色配黄，织成的织物就闪绿色。这是由于两个色彩互相影响的结果。

在平纹色织格子织物上配色时，要避免出现横条过亮的毛病。因为一般经纱比纬纱细，所以经纱呈现的色光要比纬纱弱，结果产生横条色光过亮的毛病。其解决办法：一是在配色时采取经纱色彩的鲜艳度、明度比纬纱高；二是增加经密，以加强经纱的色光。

2. 色彩与泥地组织的关系

由于泥地组织的经纬浮点呈不规则排列，配色时应根据这一特点采用闪色处理效果较好。从配色实践中可知：配闪色时，经色宜深不宜浅；深色经配深色纬或深色经配中浅色纬，闪色效果一般都较好。反之，浅色经配中深色纬，其闪色效果一般都不好。其原因还是经纱比纬纱细，因此经纱呈现的色光就比纬纱弱，即使经纬同色也是纬亮经暗，所以纬色要在深色经的衬托下闪光效果才好，犹如星星在暗蓝色的夜空中闪光一样。

3. 色彩与缎纹的关系

缎纹组织的特点是色纱在布面上的浮长比任何组织多，所以色光容易显露。缎纹组织的配色要保持缎面的色纯度，因此与经纱交织成缎面的纬纱色彩必须与经纱接近。

4. 色彩与斜纹的关系

斜纹组织在布面上的色彩光泽介于平纹与缎纹组织之间，一般色泽较好。在两种色彩的交织中，因其交织点多于缎纹组织，如果经纬色差太远，布面色彩就会发花，色纯度下降。

5. 色彩与经纬密度的关系

经纬色纱在未交织时颜色都很鲜明，一经交织就会发现色彩不如原来那样鲜明。某些品种的色彩变化更大，这是因为经纬密度影响了色彩的效果。例如，比较三种织物的色彩：纬三重的织锦缎和古香缎，其纬密分别为 102 根/cm 和 78 根/cm；纬二重的古锦缎，其纬密为 30 根/cm。这三种织物表现在织物表层的纬密则分别为 34、26、15 根/cm。显然，色彩在古锦缎上的表现效果最差，假如在织锦缎上配淡黄色能恰到好处，那么在古香缎上就非配金黄色不可，也就是说在这类织物上配色要增加一倍的鲜艳度才能达到预期的效果。

思考与练习

1. 什么是纹样？简述纹样设计的要求。
2. 纹样的题材有哪些？试简要说明。
3. 什么是清地布局、混地布局和满地布局？
4. 纹织图案中连续纹样的排列形式有哪些？
5. 什么是二方连续纹样的排列？二方连续纹样有哪些排列方法？
6. 什么是四方连续纹样的排列？四方连续纹样有哪些排列方法？
7. 什么是接回头？四方连续纹样的接回头方式有哪几种？
8. 什么是纹样的表现技法？
9. 简述纹样设计与织物组织的关系。
10. 按照纹样设计任务书的要求，试设计提花窗帘织物纹样一个，并编写纹样设计任务书。

第三章 意匠设计

在纹织物设计中，意匠设计是一个技术性较强的工作。它是将设计好的纹样移绘放大到意匠纸上，同时根据纹、地组织和装造条件，进行组织点覆盖，从而绘制成一张意匠图，用以指导纹板轧孔工作。

纹板（或形成纹板文件）是用来控制提花机纹针升降的条件。现在大多数意匠设计工作和纹制工作都是通过纹织CAD或CAD/CAM完成。利用纹织CAD或CAD/CAM，缩短了提花织物产品的开发周期，为快速开发新品种提供了条件。意匠设计包括意匠图的规格选用、纹样放大、意匠勾边、意匠设色、意匠点间丝、影光和泥地组织设置、花和地组织处理、意匠的纹板轧法说明、纹板样卡设计和生成纹板等过程，这些过程都可以通过纹织CAD来编辑。

第一节 意匠图的规格和选用

意匠设计工作的第一步就是确定意匠图规格和意匠图大小。

意匠图的纵格代表经纱（或纹针）、横格代表纬纱（或纹板），意匠图规格就是意匠图的纵格密度与意匠图的横格密度之比。

为了保证提花织物上的花纹图案与纹样的比例关系一致，意匠图的纵横格子比例要与织物成品经纬密度之比相符合。因各种不同织物的经纬密度之比各不相同，故意匠图也有多种不同的规格。

（一）手工意匠绘画的意匠纸规格

在手工意匠绘画时，我国常用的意匠纸规格有“八之八”到“八之三十二”共25种。规格中前面的数字代表横格数，后面的数字代表与8个横格组成方格形时的纵格数。由于意匠图上纵格代表经线，横格代表纬线，故八之八规格表示织物经纬密度相等，“八之十六”规格表示织物经密比纬密大一倍。大多数的织物其经密大于纬密，对于个别纬密大于经密的品种，可将意匠纸横用。

根据我国的生产习惯，手工绘制意匠图时，意匠图纵格次序为自右至左，横格次序为自下而上，在每一粗线大格中，纵横格数均为8小格，如图3-1，以适合常用组织如平纹，4枚斜纹，8枚、12枚、16枚缎纹组织的绘画及便于纹板轧孔。

意匠纸规格的选用要根据织物成品经纬密度比计算的结果而定，同时要考虑织物的组织结构和装造情况对计算结果的修正。

修正依据：

（1）对于纬重织物：意匠的一横格代表重纬数；

（2）对于重经织物：意匠的一纵格代表重经数；

（3）对于采用多把吊的装造：意匠的一纵格代表把吊数；

根据上述的修正依据和意匠图密度比的含义（即织物成品的表层经纬密度之比），形成计算意匠纸密度比的一般公式为：

$$意匠纸密度比=\frac{织物成品经密/(把吊数\times分造数)}{织物成品纬密/纬重数}\times 8$$

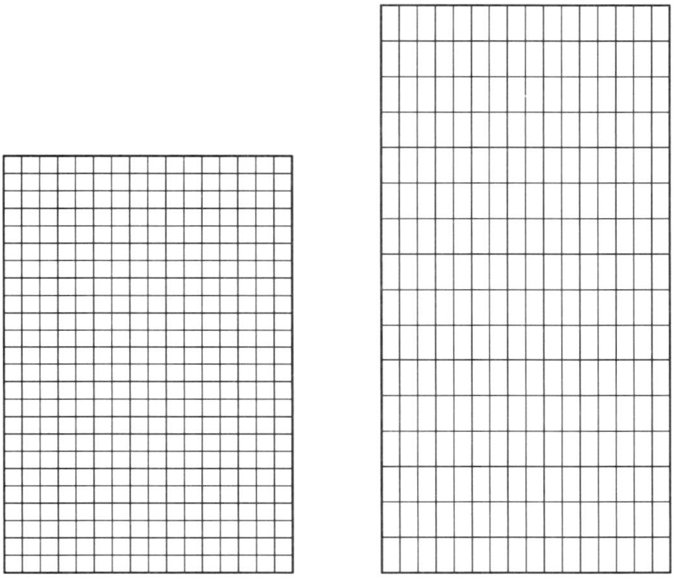

8×8　　8×16

图 3-1　我国常用意匠纸

当经重数（或纬重数）不等于 1∶1 时，意匠纸密度比可按下列公式计算：

$$意匠纸密度比=\frac{织物成品表经经密/把吊数}{织物成品表纬为纬密}\times 8$$

意匠纸规格均为整数，计算所得若有小数时，可四舍五入取其整数，选用近似的意匠图。

（二）纹织 CAD 中的意匠图规格

在纹织 CAD 中，意匠图规格是根据经纬密度之比而定，无八之几的概念，大格内的纵横格数也可任意设定。即在纹织 CAD 系统的经密对话框里输入经密（织物成品表经经密/把吊数），纬密对话框里输入纬密（织物成品表纬纬密），意匠图就会根据经纬密度之比自动生成。

$$意匠图规格=\frac{织物成品表经经密/把吊数}{织物成品表纬纬密}$$

在采用纹织 CAD 编辑意匠图时，意匠图规格的计算也要考虑到织物的组织结构和装造情况。例如：

在简单纹织物中，意匠图上每一纵格代表一个花纹循环中的1根经纱，每一横格代表1根纬纱；

对于重经或重纬纹织物，意匠图上的每一纵(横)格，代表2根或2根以上的经(纬)纱；

在采用多把吊装置或分造装造时，意匠图上每一纵格代表把吊数或分造数的经纱。

例 某双层纹织物，装造类型为双造单把吊，成品经密为300根/cm，成品纬密为200根/cm，确定意匠图规格。

$$\text{意匠纸密度比}=\frac{\text{织物成品经密}/(\text{把吊数}\times\text{分造数})}{\text{织物成品纬密}/\text{纬重数}}\times 8=\frac{300/2}{200/2}\times 8=12$$

当采用手工绘制意匠图时，选用八之十二意匠纸。

在纹织CAD中，将150(即300/2)输入经密对话框，将100(即200/2)输入纬密对话框，意匠图的规格即自动形成。此时，意匠图每一纵格代表2根经纱，每一横格代表2根纬纱。

［例］ 某纹织物组织为纬二重，采用单造双把吊上机，成品经密120根/cm，成品纬密140根/cm。选用意匠纸。

$$\text{意匠纸密度比}=\frac{\text{织物成品经密}/(\text{把吊数}\times\text{分造数})}{\text{织物成品纬密}/\text{纬重数}}\times 8=\frac{120/2}{140/2}\times 8=6.9$$

由于意匠纸规格最小为八之八，当计算所得小于8时，可将式中经密/把吊数与纬密/纬重数颠倒后计算，再将计算出来的意匠纸横用。

因此意匠纸密度比应为：

$$\text{意匠纸密度比}=\frac{\text{织物成品纬密}/\text{纬重数}}{\text{织物成品经密}/(\text{把吊数}\times\text{分造数})}\times 8=\frac{140/2}{120/2}\times 8=9.3$$

选八之九的意匠纸横用。

在纹织CAD中，将60(120/2输入经密对话框，将70(140/2)输入纬密对话框，意匠图即自动生成。此时，意匠图每一纵格(1根纹针)代表2根经纱，每一横格代表2根纬纱。

［例］ 某纹织物的组织为经二重织物，表经比里经为2∶1，采用大小造单把吊装造，成品经密70根/cm，成品纬密50根/cm。选用意匠纸。

$$\text{意匠纸密度比}=\frac{\text{织物成品表经经密}/\text{把吊数}}{\text{织物成品表纬纬密}}\times 8=\frac{70\times 2/3}{50}\times 8=9.3\text{。}$$

选用八之九意匠纸。

该意匠图每二格纵格代表3根经纱，其中2根为表经，1根为里经；每一横格代表1根纬纱。

(三) 计算意匠图纵横格数

提花机装造采用单造时，整幅意匠图上的纵格数与所用纹针数相同；当采用分造装造时，纵格数只与一造的纹针数相同；当分造有大、小造时，纵格数与大造纹针数相同。意匠图上的横格数是由纹样长度、纬密及纬重数决定，而且，纵、横格数还必须是花、地组织循环的倍数，具体算法如下。

1. 纵格数计算

单造单把吊:纵格数=一个花纹循环经线数=纹针数;

单造多把吊:纵格数=一花纹循环的经纱数/把吊数=一造纹针数;

双造及多造(各造经纱比为1∶1):纵格数=一花纹循环的经纱数/造数=一造纹针数;

大小造:纵格数=大造纹针数。

2. 横格数计算

$$意匠图横格数=\frac{花纹长度\times纬密}{重纬数}=纹样长度\times表纬纬密$$

另外对称纹样可只画1/2,余下部分通过纹织CAD的复制、对称等功能或者由对称装造来完成。

[例] 某纹织物的成品经密100根/cm,成品纬密120根/cm。花、地组织均为8枚缎纹、16枚缎纹构成的纬三重织物,纹样为正方形,纹样长24 cm,采用单造双把吊织造,选用意匠图规格并确定纵横格数。

解 $$意匠纸密度比=\frac{织物成品表经经密/把吊数}{织物成品表纬纬密}\times8=\frac{100/2}{120/3}\times8=10$$

意匠图规格为八之十。

$$意匠图纵格数=纹针数=\frac{花纹循环的宽度\times经密}{把吊数}=\frac{24\times100}{2}=1\ 200\ 格$$

$$意匠图横格数=\frac{花纹长度\times纬密}{重纬数}=\frac{24\times120}{3}=960\ 格$$

地组织和边组织均为8枚及16枚缎纹,纵横格数必须为16的倍数,上述计算的数据正好是8和16的倍数,所以不用修正数据。

在纹织CAD中,将50(100/2)输入经密对话框,将40(120/3)输入纬密对话框,1 200纵格数输入纵格数对话框,960横格数输入横格数对话框,意匠图的规格和大小即自动生成。

第二节 意匠图绘画

意匠图绘画步骤主要包括纹样放大、意匠勾边、意匠设色、意匠点间丝、影光和泥地组织设置、花和地组织处理、意匠的纹板轧法说明和纹板样卡设计等步骤。

一、纹样放大

将纹样移绘到已经计算好的意匠纸上,因意匠纸的面积比纹样大,所以纹样移绘时需要放大。为正确地反映纹样原作,在放大纹样之前,应对原纹样进行细致的检查,例如将纹样对折检查纹样边界是否互相垂直,边界处的花纹是否四方连续,不然需要校正,以保证布面花纹循环的连续。

在纹织CAD中,先打开纹样的图像文件,再输入经纬密度、纵横格数,纹样的放大便由计算机自动执行完成。

二、勾边

勾边就是将放大到意匠纸的花纹轮廓曲线转变为组织点曲线的过程。如果手工勾边，则在意匠纸上用彩笔将花纹的轮廓部分占据了半格以上的意匠纸小方格涂满，不足半格则不用涂色。

在纹织CAD中，勾边这一过程是由计算机自动完成，为了使轮廓曲线更加完美，以及使勾边符合一定要求，勾边还必须经过一定的修正。

勾边时，不仅要考虑曲线的圆滑自如，还要考虑地组织及装造等因素，以保证织物花纹轮廓清晰、正确。故勾边可分为自由勾边、平纹勾边、变化勾边三种。

1. 自由勾边

当纹织物的地组织为斜纹、缎纹或其他变化组织以及不是跨把吊装造时，其勾边不受任何条件限制，只需把轮廓勾得圆滑即可，如图3-2。

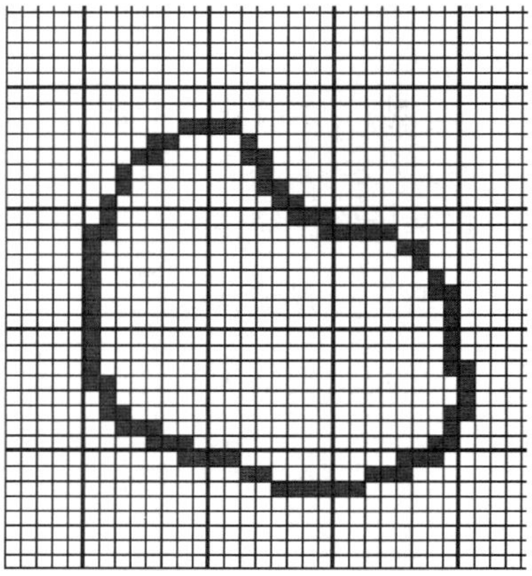

图3-2 自由勾边

2. 平纹勾边

当纹织物的地组织为平纹时，为了避免花纹变形，勾边时要与平纹相配合（一般情况，不论织物是正织还是反织，平纹组织在意匠图中均为单起平纹）。平纹又可分为以下两种。

（1）单起平纹勾边

当织物在平纹地上起的是经浮长占优的经花时，就要使用单起平纹勾边的方法来勾边。所谓单起平纹勾边就是指勾边的起始点一定是位于奇数纵格和奇数横格（或偶数纵格和偶数横格）相交的意匠格中，也就是俗称的逢单点单或逢双点双。在确定了花纹轮廓的起始点之后，此后的勾边的纵横向的过渡均为奇数（也就是勾边的落点一定在奇数纵格和奇数横格或偶数纵格和偶数横格相交的意匠格），这样的话，就能使花纹轮廓的经浮长与地组织的纬浮点相交，从而避免了由于经浮长的延伸而造成花纹轮廓的变形。如图3-3(1)单起平纹勾边。

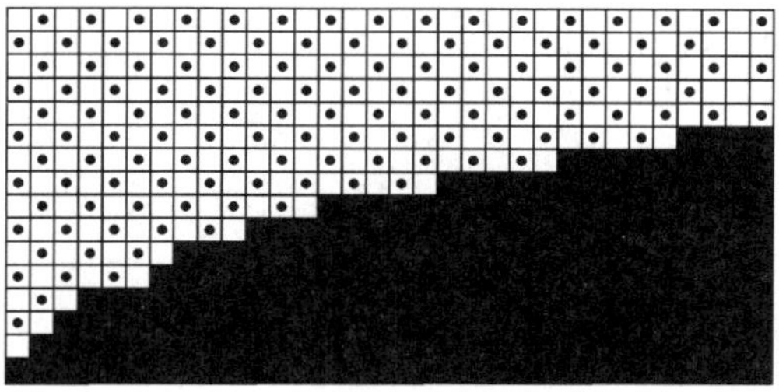

（1）单起平纹勾边

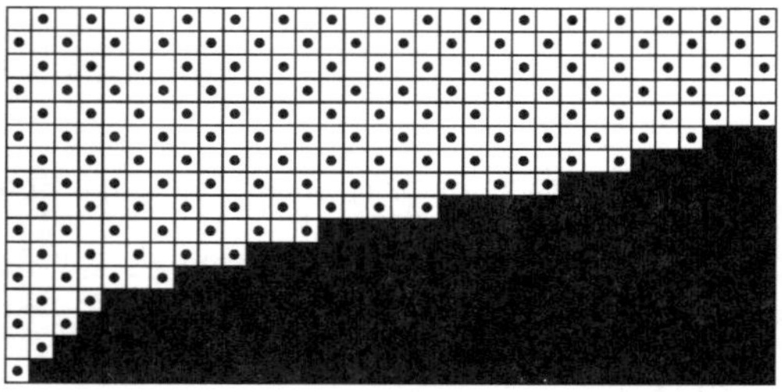

（2）双起平纹勾边

图3-3 平纹勾边

（2）双起平纹勾边

当织物在平纹地上起的是纬浮长占优的纬花时，就要使用双起平纹勾边来勾边。所谓双起平纹勾边就是指勾边的起始点一定是位于奇数纵格和偶数横格（或偶数纵格和奇数横格）相交的意匠格中，也就是俗称的逢单点双或逢双点单。在确定了花纹轮廓的起始点之后，以后的勾边的纵横向的过渡均为奇数，这样的话，就能使花纹轮廓的纬浮长与地组织的经浮点相交，从而避免了由于纬浮长的延伸而造成花纹轮廓的变形。如图 3-3(2)双起平纹勾边。

3. 变化勾边

由于跨把吊、大小造等装造及某些组织结构的需要，在意匠图勾边时，纵横格数的过渡有一定要求。变化勾边种类很多，目前常用下列几种：双针勾边、双梭勾边、双梭双针勾边、多针多梭勾边等。

双针勾边：勾边时，横向以 1、2 及 3、4 为双格过渡单位，纵向可以自由过渡，见图 3-4。

双梭勾边：勾边时，纵向以 1、2 及 3、4 横格为双梭过渡单位，横向纵格可自由过渡，适用于组织为 2/2 经重平，以及表里纬之比为 2∶1 的重纬花纹勾边。见图 3-5。

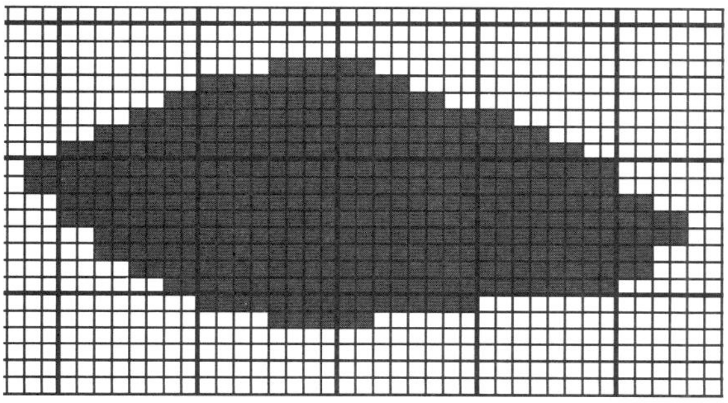

图 3-4　双针勾边

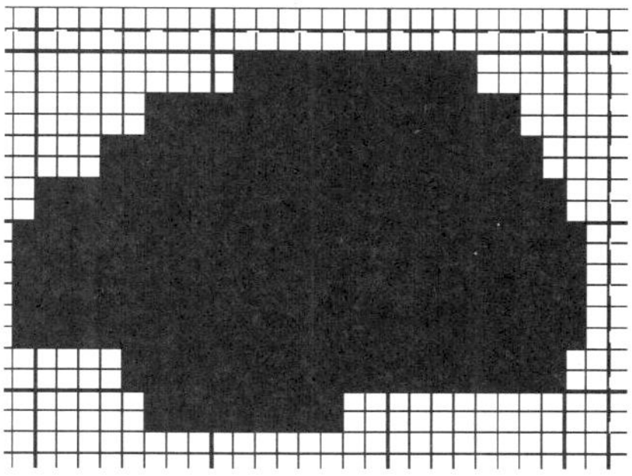

图 3-5　双梭勾边

双梭双针勾边：纵横向均为偶数过渡，适用于方平组织等，见图 3-6。

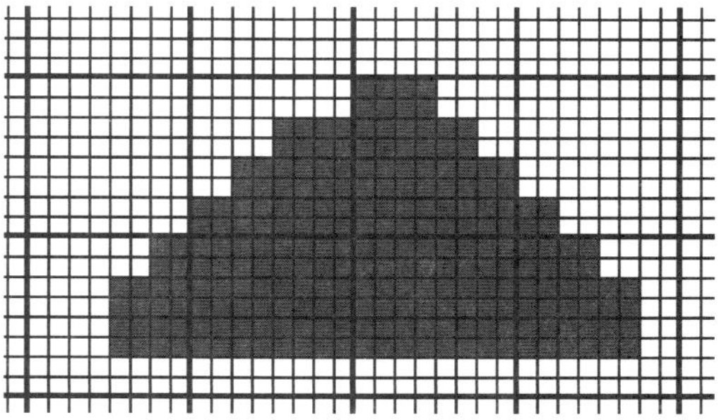

图 3-6　双针双梭勾边

多针多梭勾边：勾边时，适用于表里经纬之比为 3∶1 或大于 3∶1 的织物勾边，或透孔组织、纱罗组织的循环数大于或等于 3 的织物勾边，以及其他要求的纹织物勾边。

勾边时，需注意下列事项：

(1) 单起平纹勾边：适用于平纹地上起经花(正织)及平纹地上起纬花(反织)。

双起平纹勾边：适用于平纹地上起纬花(正织)，平纹地上起经花(反织)。

(2) 装造类型影响到勾边时的针数过渡，例如经二重纹织物，双层纹织物单造上机应双针(纵向双格)过渡，双造上机应单针过渡。双把吊顺穿应单针过渡；双把吊跨把吊应双针过渡。

(3) 纬向分格不同影响到勾边时的梭数过渡，如纬二重纹织物一格轧一张纹板的分格应双梭过渡(纵向两个横格过渡)，一格轧两张时的分格，勾边时单梭过渡。

(4) 两种相邻接触的组织，必有主次之分，勾边时应服从主要的组织的勾边要求。如双层或重组织，同一系统的纱线形成的两种组织，则要考虑有无平组织因素而决定是否平织勾边。

(5) 对于不同组织的配合，应考虑很多的因素具体而定，如平纹地方平花的勾边时，无论采用单、双起平织勾边或双针、双梭勾边，均会造成在花部边缘 3 个浮点的浮线，形成疵病，如

图 3-7(1)所示。若采用骑跨针、骑跨梭过渡勾边,则能较好地解决上述问题,如图 3-7(2)所示。

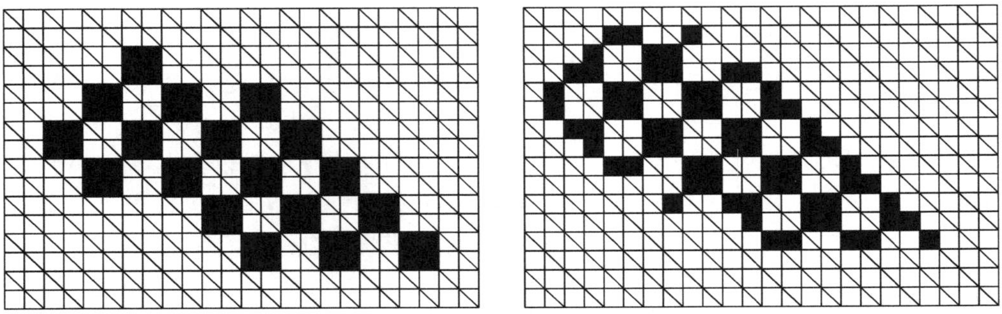

(1)　　(2)

图 3-7　骑跨针、骑跨梭过渡勾边

三、设色、平涂

在勾边前必须将各种花纹的颜色先设定好,称为设色,对意匠图中的图案轮廓进行勾边之后,必须将花纹轮廓所包围的部分用与勾边相同的颜色涂满,这就称为平涂。意匠图上的各种颜色只是代表不同组织结构,所用颜色要求色界分明。

花、地采用不同组织,在意匠图上需用不同颜色涂绘,织物组织越复杂,意匠图上色彩也就越丰富。

四、点间丝

在平涂的花纹块面上加上组织点,用来限制过长的经纱或纬纱浮长,这种组织点称间丝点。当经浮长过长时加纬间丝点,反之纬浮长过长加经间丝点。间丝点除限制经纬纱浮长外,还能增强织物牢度,提高花纹的明暗效果。

间丝点一般分为平切、活切、花切三种。

1. 平切间丝

在意匠图上采用斜纹、缎纹或其他有规律的组织作为间丝组织,称平切间丝,如图 3-8(1)。它具有纵横兼顾的作用,即对经纬浮长都起限制作用。因此在单层及重经、双层纹织物中应用较多。在重纬纹织物中,当花纹面积较大时也可应用。

2. 活切间丝(又称自由间丝或顺势间丝)

在意匠图上依顺花叶脉络或动物的体形姿态点成间丝,这种间丝方法,既切断了长浮纱线,又表现了花纹形态,一般只能切断单一方向的浮长。因此大多应用于重纬纹织物,而单层及重经纹织物也有少量应用。如图 3-8(2),间丝点主要切断纬浮长。

3. 花切间丝(又称花式间丝)

在意匠图上根据花纹的形状、块面大小等情况,将间丝设计成各种曲线或几何图形。这样除了能起到截断浮长的作用,还能够使花纹形态变化多样。花切间丝常以人字斜纹、菱形斜纹、曲线斜纹等斜纹变化组织为基础,如图 3-9。

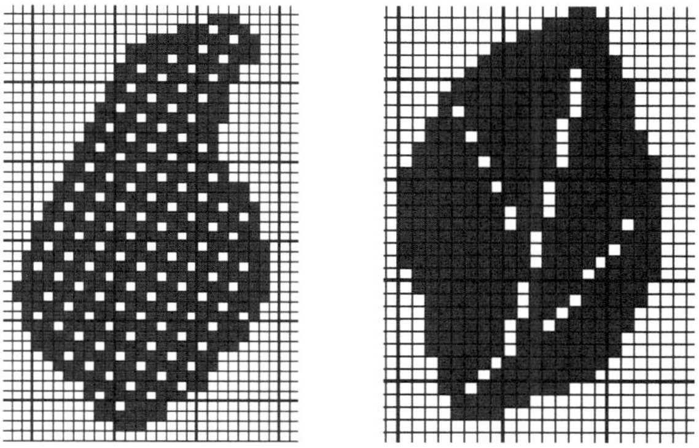

(1) (2)

图 3-8 平切间丝与活切间丝

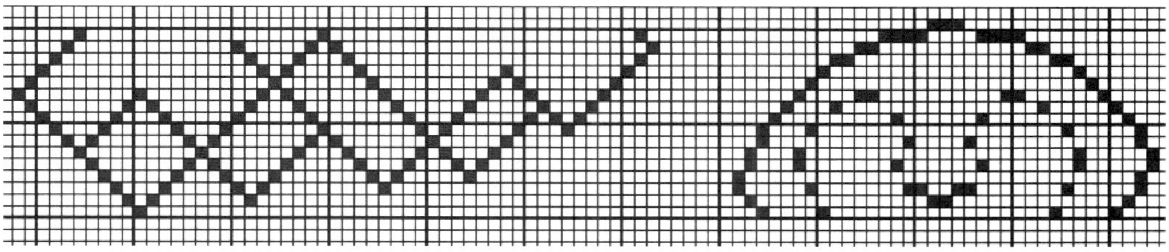

图 3-9 花切间丝

在点间丝时，应该注意下列事项：

(1) 单层织物的间丝应该纵横兼顾，经纬浮长都要考虑。重经织物中的经花点间丝时只需考虑经浮长。重纬织物中的纬花点间丝时只需考虑纬浮长。

(2) 里组织为平纹的重经或重纬织物，点间丝时要配合平纹组织，以防止平纹露底。一般来说经间丝点应该逢单点单或逢双点双；纬间丝点应该逢单点双或逢双点单。

(3) 自由间丝和花切间丝在意匠图中要全部点出，平切间丝可以省略，在纹板轧法中说明即可。

花纹轮廓边缘的平切间丝点一般可不用点的，以使增加花纹轮廓的肥亮饱满，俗称抛边，抛边一般为 1～3 格。

(4) 纱线浮长与花纹光泽、织物牢度有关，必须两者兼顾。在纹织物上经、纬纱的最大浮长一般为 3 mm 左右。根据品种的经纬密度、组织结构和装造情况，将最大浮长换算成间丝点在意匠图上相距的纵、横格数。

其计算方法如下：

间丝点最大纵格数＝织物上最大纬线浮长×成品经密/(把吊数×分造数)

间丝点最大横格数＝织物上最大经线浮长×成品纬密/纬重数

五、阴影组织设计

对于某些花纹亮度按照由明到暗的层次变化的纹样，如受光照的花瓣、树叶、动物羽毛，可以用阴影组织来表达，使花纹生动活泼的显示在织物上。

阴影组织可以分为影光和泥地两种。

1. 影光组织

影光组织通常以缎纹或斜纹组织为基础，将组织点从经面逐步过渡到纬面，或从纬面逐步过渡到经面。纹织物通过组织点浮长的变化，产生不同的反光效应，从而达到影光效果。

影光组织分为直丝影光和横丝影光。直丝影光从经面组织过渡到纬面组织，适用于平纹地上的经花，横丝影光从纬面组织过渡到经面组织，适用于缎纹地上的纬花。图 3-10 为直丝影光，图 3-11 为横丝影光。

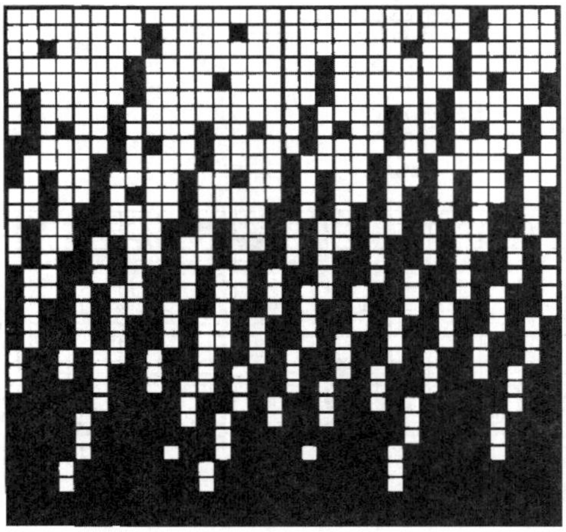

图 3-10　直丝影光

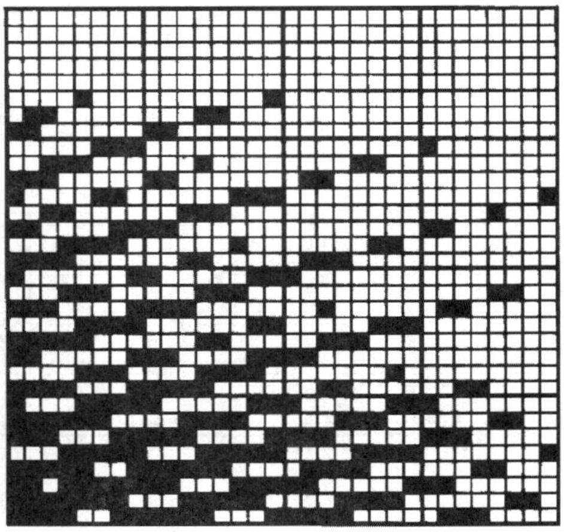

图 3-11　横丝影光

影光组织的设计按基础组织分为两种：

(1) 斜纹组织的影光组织：

即以纬面斜纹组织为基本组织，逐渐加强其组织点，由纬面斜纹组织逐渐过渡经面斜纹组织的变化影光组织，其中有经向加强和纬向加强两种不同的变化方法，图 3-12 为斜纹组织的纬向加强的影光组织。

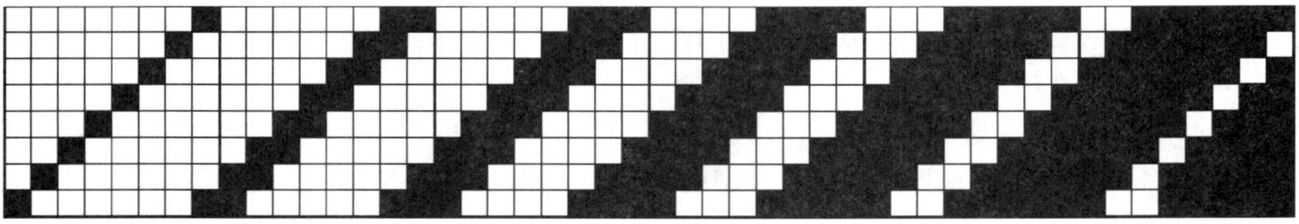

图 3-12　以斜纹为基础的纬向加强的影光组织

(2) 缎纹组织的影光组织：

即以纬面缎纹组织为基本组织，逐渐加强其组织点，由纬面缎纹组织逐渐过渡到经面缎纹组织的变化影光组织，其同样有经向加强和纬向加强两种不同的变化方法，在绘图中可根据织物的组织需要而选用。图 3-13 以纬面缎纹组织为基础的加强缎纹组织变化的影光组织。

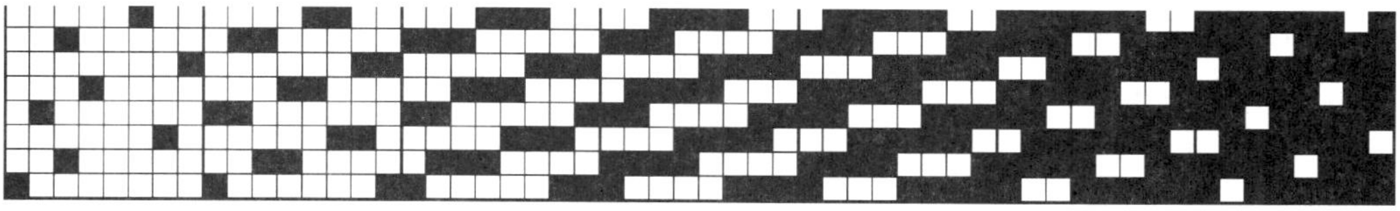

图 3-13 以缎纹为基础的纬向加强的影光组织

2. 泥地组织

泥地与影光略有不同，泥地没有一定的基础组织，通过自由绘点，使组织点从密集到稀疏呈不规则排列。由于长短不一的纱线浮长线相间排列，织物表面对光线形成不同角度和亮度的漫反射，使花纹形态别具一格。

泥地组织的设计：

(1) 冰块泥地组织：这种泥地组织好像大小不同的冰块一样，冰块由小到大逐渐过渡而产生阴影效果，其组织没有规律可循，只要保持阴影过渡均匀，经纬浮长基本一致为原则，如图3-14所示。

(2) 碎泥地组织：碎泥地组织由不规则的点子、小块进行不规则的疏密相间排列而成，其阴影效果是由于组织的浮长长短不一而产生的漫反射而达到，见图 3-15。

图 3-14 冰块泥地组织

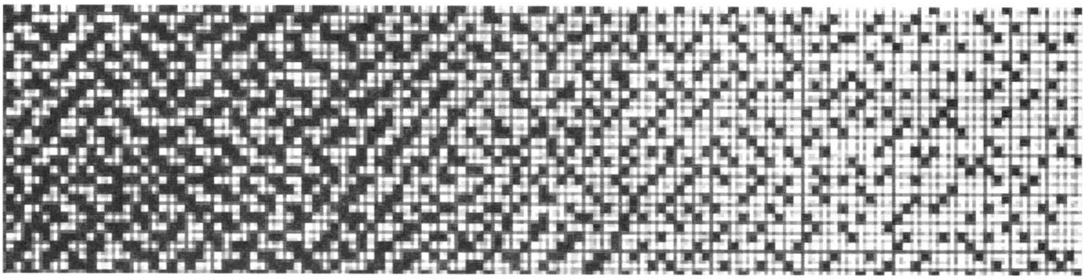

图 3-15 碎泥地组织

六、花、地组织处理

意匠图上绘花、地组织时，可分下列几种情况：

(1) 手工绘制意匠图：

当组织的组织循环数小于 16，且为 16 的约数，组织简单如平纹、1/3 斜纹、8 枚及 16 枚缎纹时，在意匠图上可以不必点出组织，只需在纹板轧法说明中说明组织的轧法；

对于组织循环数大于 16 的复杂组织，或组织循环小于 16 且不为 16 约数的组织，以及泥地或变化组织等，必须在意匠图上全部点出。

(2) 在采用纹织 CAD 编辑意匠图时，织物的花、地组织均可以铺在意匠图上，或者也可以不铺在意匠图上，用不同的颜色分别代表不同的组织就行。

(3) 当组织由棒刀织制时，意匠图上就不能点出组织，只需在纹板轧法说明中说明辅助纹针棒刀针的轧法即可。

七、建立纬纱排列

在意匠图绘制完成后，应确定纬纱排列比，以确定纬纱组数、一横格轧几张纹板、抛道信息等。图 3-16 为五种常用纬纱比例的纬纱排列信息图，(1)为一组纬纱；(2)为甲纬∶乙纬＝1∶1；(3)为甲纬∶乙纬＝2∶1；(4)为甲纬∶乙纬∶丙纬＝1∶1∶1；(5)为甲纬∶乙纬∶丙纬＝2∶1∶1。

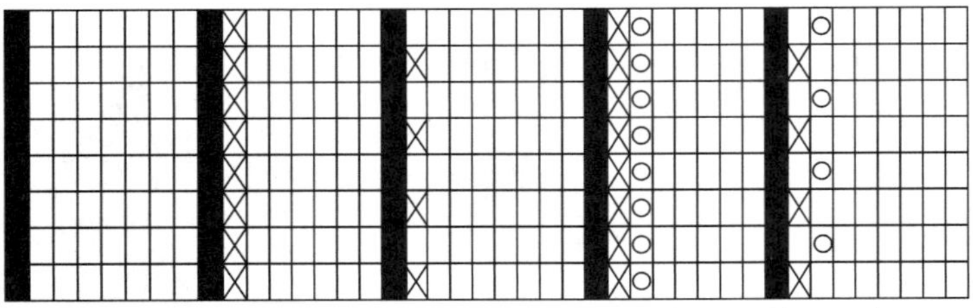

图 3-16　纬纱排列信息图

八、编制纹板轧法说明

意匠图是纹板轧孔的依据。意匠图绘完后，必须编制纹板轧法以指导轧纹板工作。在纹织 CAD 中，轧法说明采用“组织表法”。手工绘制意匠图时，轧法说明一般采用“图示法”“文字说明法”等。

轧法说明包括两个部分，即主纹针轧法、辅助纹针轧法，见表 3-1 和表 3-2。

表 3-1　主纹针的轧法表

前造轧法说明				后造轧法说明			
	甲纬	乙纬	丙纬		甲纬	乙纬	丙纬
颜色 1	组织 A11	组织 A12	组织 A13	颜色 1	组织 B11	组织 B12	组织 B13
颜色 2	组织 A21	组织 A22	组织 A23	颜色 2	组织 B21	组织 B22	组织 B23

表 3-2　辅助针的轧法表

	甲纬	乙纬	丙纬		甲纬	乙纬	丙纬
边针	组织 C11	组织 C12	组织 C13	停撬针	组织 C41	组织 C42	组织 C43
选纬针	组织 C21	组织 C22	组织 C23	棒刀针	组织 C51	组织 C52	组织 C53
梭箱针	组织 C31	组织 C32	组织 C33				

在主纹针轧法说明中，应表示出各造纹针各组纬纱在不同颜色下的轧法。第一行表示纬纱组数(如甲纬、乙纬、丙纬……)，第一列表示意匠图中的所有颜色(如黄色、蓝色、空白……)，在表格里填入所需轧法。若是多造，则一造采用一张主纹针轧法说明。表 3-1 表示前后造主纹针轧法说明。

在辅助针轧法说明里，应表示出各组纬纱的各种辅助针轧法。第一行表示纬纱组数(如甲纬、乙纬、丙纬……),第一列表示所使用的辅助针(如边针、选纬针、梭箱针、停撬针、棒刀针……),在表格里填入所需轧法。

在轧法说明表格中填入的组织,可以直接是组织图,也可以是组织图的代号。用代号填入的组织图都必须事先在组织库中备案,纹织 CAD 才能调用。

意匠图绘画的注意事项:

(1) 意匠图绘画是一项细致而复杂的工作,也是一项技术与艺术结合的工作,对纹织物设计效果关系很大,因此必须认真对待。

(2) 纹织物的种类很多,意匠绘画时必须了解所涉及品种的组织结构、装造方法、纹样特点,然后决定意匠绘画方法。

(3) 绘画意匠图前,要先确定织物是正织还是反织,这与勾边和间丝要求有关系。

(4) 意匠图画好后,要检查上下、左右花纹的衔接,特别在分块绘画时更需注意,以免造成花纹破碎。

第三节 纹板轧孔及编排

将意匠图上的花纹组织转化为纹板上有孔无孔的简单信号的工作称为纹板轧孔。也就是根据意匠图以及织物的花、地组织,还有辅助针的升降规律,在纹板上轧孔的一项工作。提花机中的纹针是否提升就是根据纹板中有孔无孔来确定的。当纹板上有孔时,其对应的纹针就提升(即经纱提升);当纹板上无孔时,其对应的纹针就不提升(即经纱不提升)。每转换一张纹板就形成一次梭口,即投入一根纬纱。纹板的轧孔是在专门的轧孔机上进行的。

纹板轧孔机有手工轧孔机以及自动纹板轧孔机之分,目前我国普遍使用的纹板轧孔机是自动纹板轧孔机。

老式的手工纹板轧孔机是由操作者根据意匠图上经浮点用手直接在纹板上轧孔。这种轧孔方式现在已经基本上被淘汰了,取而代之的是自动纹板冲孔机。

自动纹板冲孔机就是将在纹织 CAD 编辑好的后缀名为 WB 的纹板文件输入自动纹板冲孔机的电脑之中,然后运行一个纹板冲孔的执行程序,将处理好的纹板文件在冲孔机上自动的冲出纸板。

轧孔时借助于可以指示所轧横行的指示线、纵行的分格卡,根据意匠图和纹板轧法图,可决定纹板是否轧孔的具体情形。参照分格图、纹织物组织和上机装造类型,可确定意匠图每一横格需轧纹板的块数。

分格卡上每一分格的宽度,相当于一行纹针在意匠图上所占的纵格数,如为 16 针一行的,每一分格占意匠图 16 小格,即两大格。棒刀针、边针等辅助针,在意匠图上没有绘画的纵格,所以分格卡上也不作分格。分格卡的起始位置有时不一定为 16 个意匠小格,需根据样卡上规定的纹针数而定(如样卡上的零针行)。一行中要用多少针对应于分格卡上一格。对于单造的意匠图,分格卡只需一张。对于分造装造的意匠图,由于各造纹针数在起始行和结尾行所应用的纹针数可能不同,因此,各造应分别画分格卡。

轧制纹板有两种方法,一种是从下而上,即从意匠图的第一横格轧至最后一个横格的轧法,称为顺轧;另一种是从上而下,即从意匠图的最后一个横格轧至第一横格的轧法,称为倒轧。当纹样上下对称时，若选用纹样的下半部分，则采用顺轧；若选用纹样的上半部分，则采用倒轧。

同一品种、多机台同时生产时，可在纹板复制机（又称复花机）上进行纹板的复制。复制机有直轧式和横轧式两种，纹板分别按行、列轧孔，其原理与轧花机相似。虽然横轧式复制机比直轧式复制机速度快，生产效率高，但是为了用于不同规格提花机的纹板复制，较多采用直轧式复制机。

一、单层单造纹织物的轧孔

单层单造纹织物的意匠图上，一个纵行代表一根经纱，一个横行代表一根纬纱。一横行轧制一块纹板，一横行看轧一遍。

图3-17为单层单造纹织物轧孔时的相关图示，其中图3-17(1)为织物正面的意匠图片段，空白地部为平纹组织，涂色花部为8枚纬缎组织。图3-17(2)为织物正织时的纹板轧法图，纬花不轧，经间丝点全轧，平纹逢单轧单，逢双轧双。反织时的纹板轧法则与之完全相反。图3-17(3)为织物正织时第一纬所轧制纹板的片段。图3-17(4)为织物反织时第一纬所轧制纹板的片段。

二、重纬纹织物的轧孔

重纬纹织物的意匠图中，一个横行代表两根或两根以上的纬纱，一横行则需轧制两块或两块以上的纹板。每轧一块纹板，看轧一遍横行。如纬二重一横行轧制两块纹板，纬三重一横行轧制三块纹板。

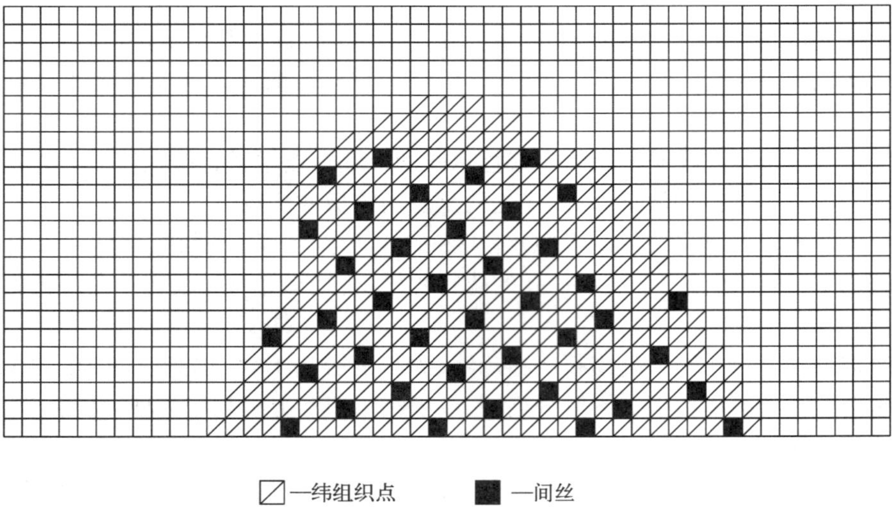

(1)

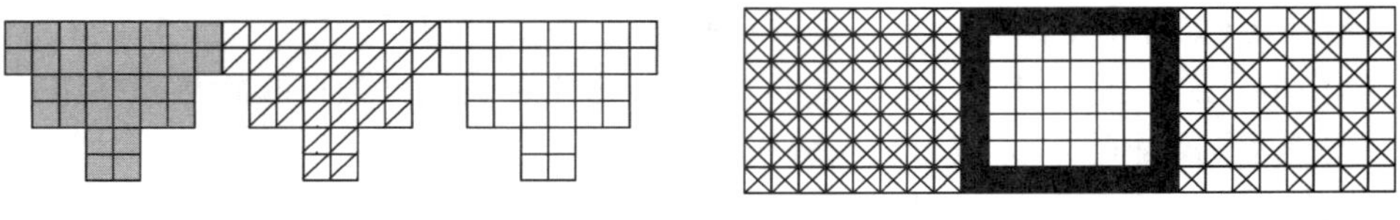

(2)

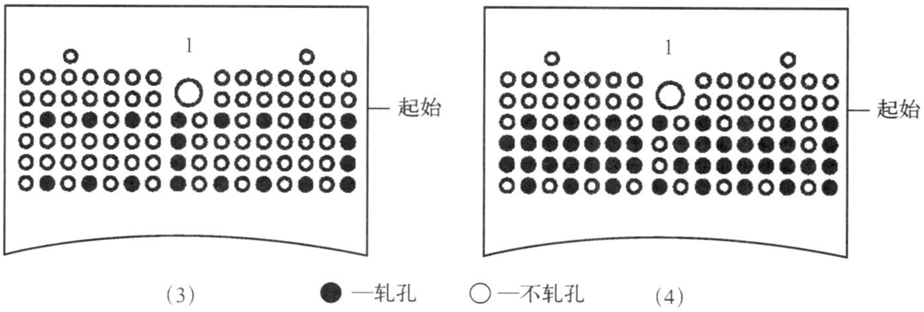

图 3-17 单层单造纹织物轧孔示意图

图 3-18 为某纬二重纹织物轧孔时的相关图示，其中图图 3-18(1)为织物正面的意匠图片段，空白地部为平纹组织，涂色花部为 8 枚纬缎组织。图 3-18(2)为织物正织时的纹板轧法图，纬花不轧，经间丝点全轧，平纹逢单轧单，逢双轧双。反织时的纹板轧法则与之完全相反。

图 3-18(3)为织物正织时第一纬所轧制纹板的片段。图 3-18(4)为织物反织时第一纬所轧制纹板的片段。

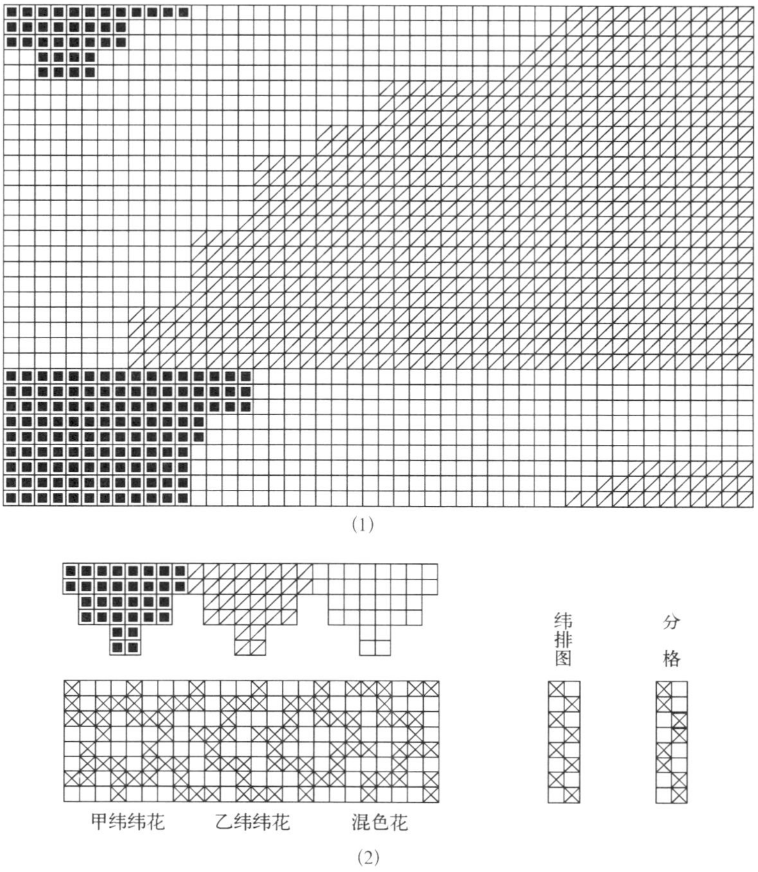

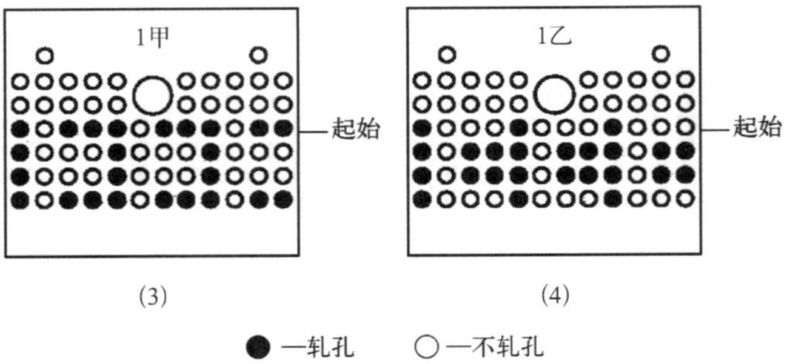

图3-18 纬二重纹织物轧孔示意图

三、双层纹织物的轧孔

由于双层纹织物一般采用前后造装造，意匠图中的一个或两个横行代表两根或两根以上的纬纱，一个或两个纵行代表两根或两根以上的经纱，所以一个横行需轧制两块或两块以上的纹板。每轧一块纹板，要先轧前造，再轧后造，看轧两遍横行。对于多造纹织物，每一横行则要看轧多遍。

图3-19为双层纹织物轧孔时的相关图示，其中图3-19(1)为织物正面的意匠图片段；图3-19(2)为织物正织时的纹板轧法图；图3-19(3)为织物正织时第九甲纬所轧制纹板的片段；图3-19(4)为织物正织时第九乙纬所轧制纹板的片段。

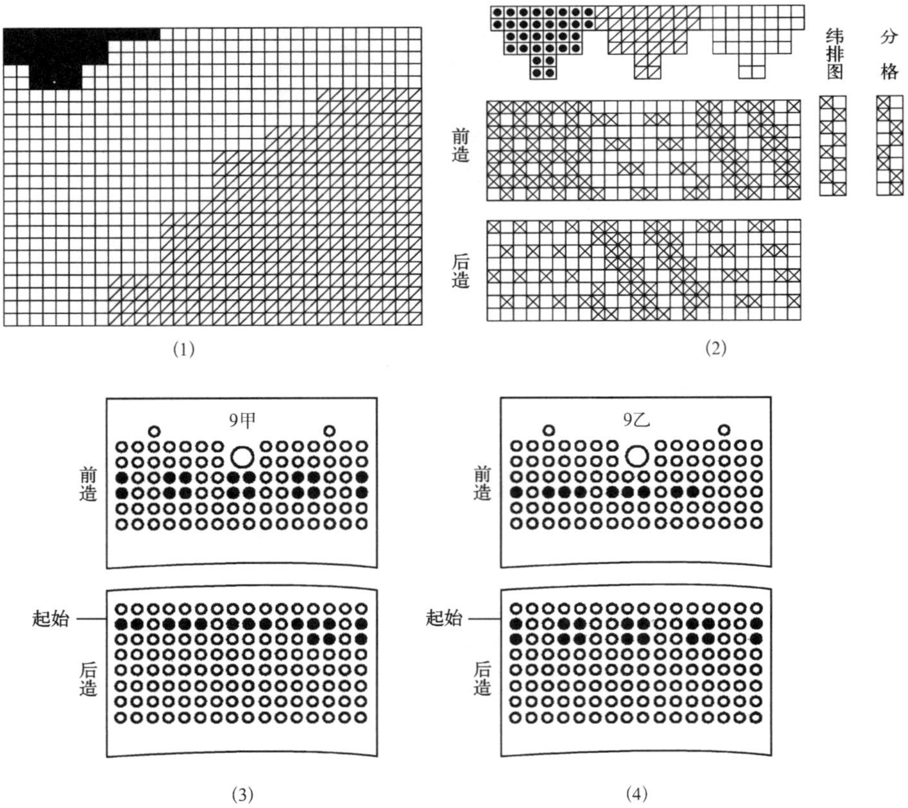

图3-19 双层纹织物轧孔示意图

四、辅助装造纹织物的轧孔

辅助纹针在意匠图中并不显现，它们的轧法按辅助纹针轧法说明进行。图 3-20 为采用棒刀针装造纹织物轧孔时的相关图示，其中图 3-20(1)为织物意匠图片段；图 3-20(2)为棒刀轧法图；图 3-20(3)为棒刀针在第一纬所轧制纹板的片段；图 3-20(4)为棒刀针在第二纬所轧制纹板的片段。

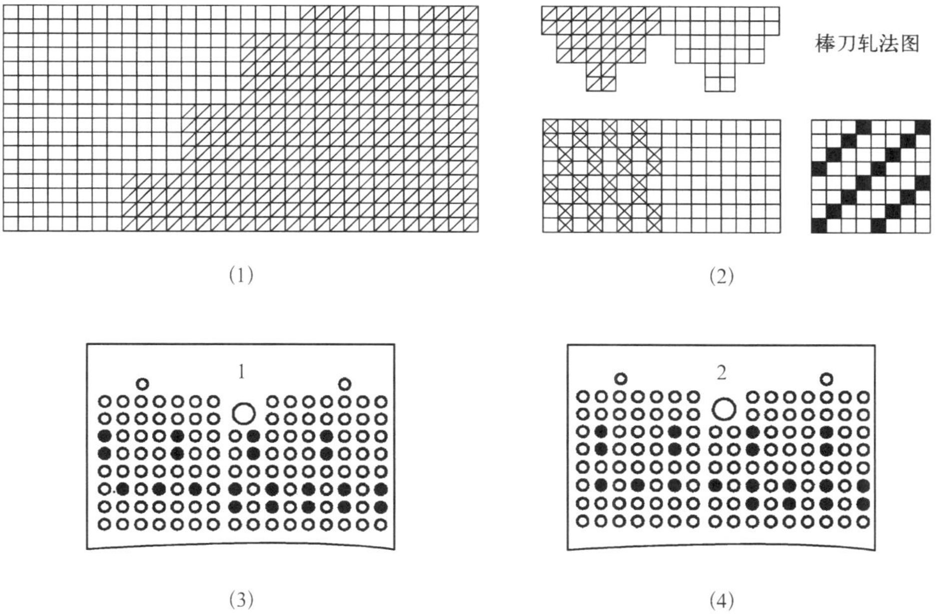

图 3-20　棒刀针装造纹织物轧孔示意图

思考与练习

1. 意匠图上的颜色表示什么意思？

2. 意匠图的规格表示什么含义？

3. 某单层纹织物，内经线数为 8 640 根，经密为 123.4 根/cm，纬密为 50 根/cm，全幅 4 花，纹样长度 20 cm，地组织为 1/3 斜纹，花组织为 8 枚经面缎纹，采用单造双把吊装造，试选择意匠纸规格，计算纵横格数。

4. 某经二重纹织物，内经线数为 7 200 根，全幅 5 花，经密为 104 根/cm，纬密为 41.5 根/cm，纹样长度 15 cm，地组织的表组织为平纹，里组织为 1/3 斜纹，边组织为 2/2 经重平，试选择装造类型，计算意匠纸规格及纵横格数。

5. 某织物全幅为独花，独花的宽和长都为 120 cm，花纹上下左右全对称。织物成品的经纬密分别为 20 根/cm 和 18 跟/cm，在 1 400 口提花机上采用单把吊织造，计算意匠规格和纵横格数。

6. 什么叫意匠的勾边？常用勾边有哪些方法？勾边有什么原则要求？自由勾边法一般用于什么情况？

7. 什么叫单起平纹勾边？在什么情况下用单起平纹勾边？

8. 什么叫双起平纹勾边？在什么情况下用双起平纹勾边？
9. 什么叫双针勾边？在什么情况下使用双针勾边？
10. 什么叫间丝点？间丝有什么作用？间丝点有哪些种类？
11. 轧纹板前的准备工作有哪些？如何轧纹板？

第四章 纹织 CAD 系统

第一节 纹织 CAD 概述

一、纹织 CAD 系统概况

纹织 CAD 技术是纺织行业最近 30 多年来迅速发展起来的一门综合性计算机应用技术。自 20 世纪 70 年代以来，国际上研制出了一系列纹织 CAD 系统，如德国的 ETA、比利时的 Sophis；日本 JUN 公司的 4D—BOX、法国的 Lectra（力克）、中国香港的宏图等。国内一些高等院校、科研院所、纺织企业也在自主研发纹织 CAD 系统，具有代表性的有杭州恒天纺织科技有限公司的 Top 系统、杭州经纬计算机系统工程有限公司的纹织 CAD 系统、宝华纹织 CAD 系统、奇汇电子提花机纹织 CAD 系统等。纹织 CAD 技术从最初单纯的计算机辅助设计 CAD 技术向辅助设计/辅助制造一体化的纹织 CAD/CAM 技术方向发展。

传统的纹制工艺（包括意匠编辑和轧制纹板）都是由手工操作完成的，如图 4-1 所示，由于手工操作流程长、技术难度高、劳动强度大、费工费时，使得企业的产品更新速度慢、生产效率低，不能适应提花织物市场快速发展的需要。20 世纪 90 年代初，为了加快与国际市场接轨，我国纺织行业全面推广使用纹织 CAD/CAM 技术，这其中既有国内自主研发的技术，也有引

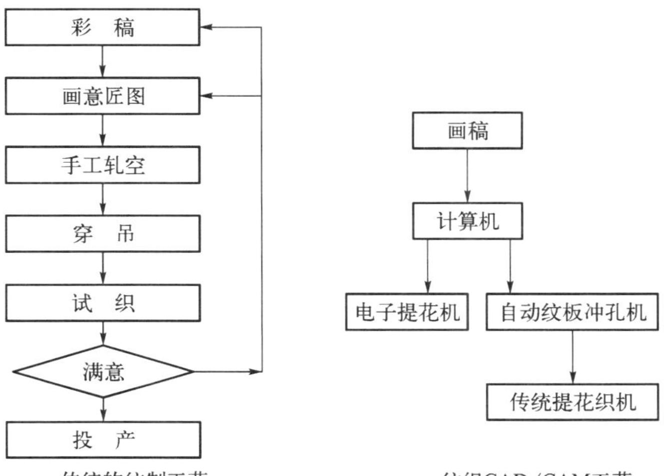

图 4-1 传统纹织工艺与纹织 CAD 技术对比

进的国外成熟技术，如德国Grosse公司的Jac系统、英国Bonas公司的Cap系统、中国香港京华公司的WDS系统等，尤其是英国Bonas公司的Cap2和Cap3系统，其CAM系统实现了从试样到织造工序的全自动，使得整个CAD/CAM提花纹制工艺达到了较高的水平。纹织CAD/CAM技术的广泛应用，不仅使提花生产工艺得到了长足的发展，传统的机械式提花机逐步被电子式提花机所取代，而且，提花机龙头的规格也从早期的几百、上千枚纹针向万枚以上纹针发展。由于提花机整体装备日新月异，大提花织物生产企业也因此取得了很好的经济效益和社会效益。

二、纹织CAD系统组成

纹织CAD系统的主要功能是对提花织物的纹样进行图像编辑和意匠处理、生成纹板数据文件、控制纹板冲孔机自动冲制纹板或将纹板数据直接转换成相应的电子提花龙头所需的电子纹板信息格式，以控制经纱的升降。因此，纹织CAD系统应具有如下功能和特点：

（1）在扫描分色处理软件中引入人工智能知识，其分色能力强、效果好、修改工作量少；

（2）扫描范围、扫描精度调整方便，可使图像上、下、左、右移动，可转换图像的角度，并可任意截取图像；

（3）提供多种去杂散点和色块边界光顺处理功能；

（4）可随时对图案进行整幅、开窗、局部放大等多种形式的显示；

（5）提供多种图形编辑与修改工具，图像修改方便；

（6）整幅图案中的任意局部区域可设置保护色、透明色功能，同时还可以进行移位、放大、缩小、复制、镜像、任意角度旋转、叠加、变色、填色等图形编辑功能；

（7）提供多种工艺处理功能，如边界处理、回头处理、连晒处理、毛巾加针、意匠编辑、抛道处理、梭箱针处理、经编切割、特别图案变换等；

（8）建有组织库、纹板样卡库；

（9）具有多种纹板输出形式，输出纹板可在屏幕上显示；

（10）可自由选择穿线孔、停道孔、换道孔等辅助孔。

纹织CAD系统的结构示意图如图4-2所示。

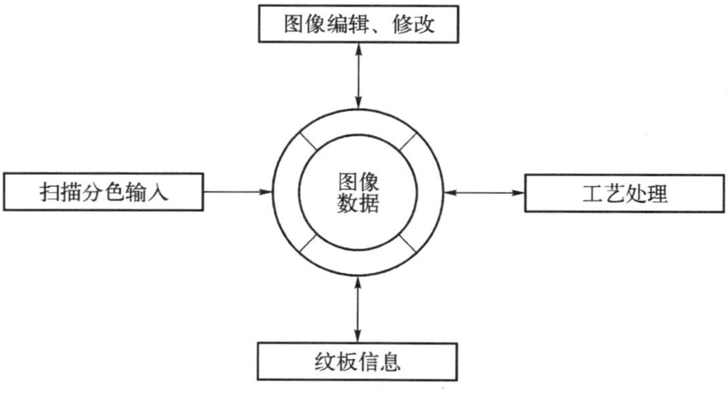

图4-2 纹织CAD系统的结构示意图

纹织CAD的系统组成和工作流程如图4-3所示。

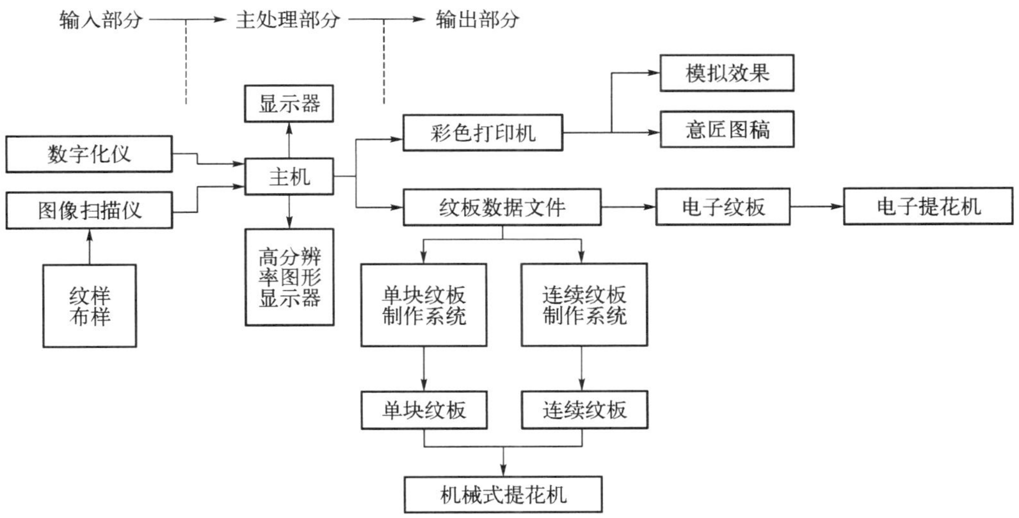

图 4-3 纹织 CAD 的系统组成和工作流程

从纹织 CAD 系统发展的过程看，目前纹织 CAD 系统的应用已改变了传统的提花织物设计的方式，使提花织物设计实现了自动化。而计算机应用技术和新型提花技术的发展仍在推动纹织 CAD 系统的不断更新。

纹织 CAD 系统准确地说，包括提花织物辅助设计系统和纹板自动制作系统。其主要的应用功能在于对纹样进行意匠工艺处理，形成可用于纹板自动制作的计算机纹板文件。系统的软硬件配置可以分为三个部分（如图 4-3 所示）即输入部分、主处理部分和输出部分。

从图 4-3 中可以看出，纹织 CAD 系统主要由四个相对独立的子系统组成：图像（纹样）输入子系统、意匠处理子系统、纹板处理子系统、纹板冲孔子系统。

（一）图像输入子系统

图像输入子系统借助于电子分色扫描机、CCD 图像扫描仪等图形输入设备对小样花稿或实物布样进行光电扫描，并根据织物的要求，将小样花稿或实物布样变成与意匠格相对应的 R、G、B 三基色像素。分色要求就是把 R、G、B 三基色表示的每一个像素经 R、G、B 彩色空间上的聚类分色后归并为某一色彩类，变成计算机能识别的色代码文件，该文件就是整个图像编辑修改过程的调色板。图像输入子系统的分色处理过程可描述为：小样→彩色扫描输入→分色处理→小样色代码文件。

（二）意匠处理子系统

意匠处理子系统是由高性能图形控制卡、高分辨率显示器、数字化仪以及鼠标等构成的交互式绘图系统，对经扫描分色处理后的初样图像或计算机自动生成的图案信息通过人机交互的方式进行编辑修改处理，直至获得一幅令人满意的、能够满足纹制工艺要求的图像，并按照织造工艺要求处理成工艺文件。

该子系统除了将小样像素的色代码信息转换成意匠图的组织信息外，还有边界处理、接回头、连晒、间丝、勾边、毛巾加针以及意匠编辑、抛道处理、梭箱针处理、经编切割、特殊图像变换、色块统计等功能。意匠处理子系统的工作过程可描述为：

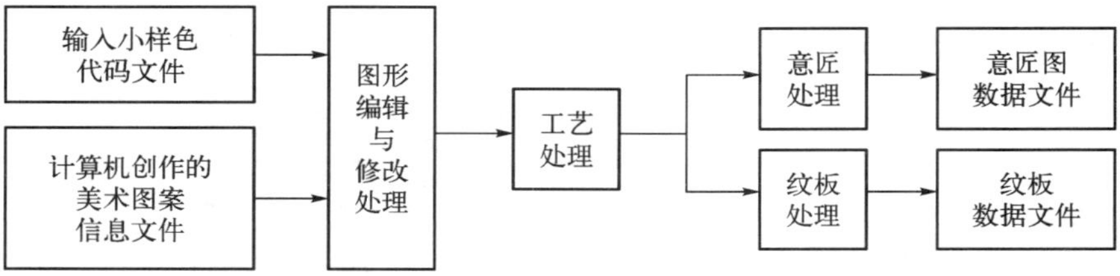

图 4-4　意匠处理子系统的工作过程

（三）纹板处理子系统

纹板处理子系统主要是进行纹板信息处理，该子系统按照提花织物装造的工艺要求编辑样卡，建立样卡库；按照意匠图像套色的组织要求编辑组织，建立组织库；按照意匠图像文件、样卡文件和组织文件形成纹板数据文件；由计算机将意匠图上的组织点代码信息变换为相应的纹板组织孔信息，并生成组织纹板、意匠纹板、多造纹板、大小造纹板等，使之能适应各种提花织物的纹板输出要求。纹板上除了组织孔外，还有边孔、棒刀孔、穿线孔、定位孔、换道孔和色纬指示孔等辅助孔。根据用户的要求，纹板信息有如下几种输出方式：

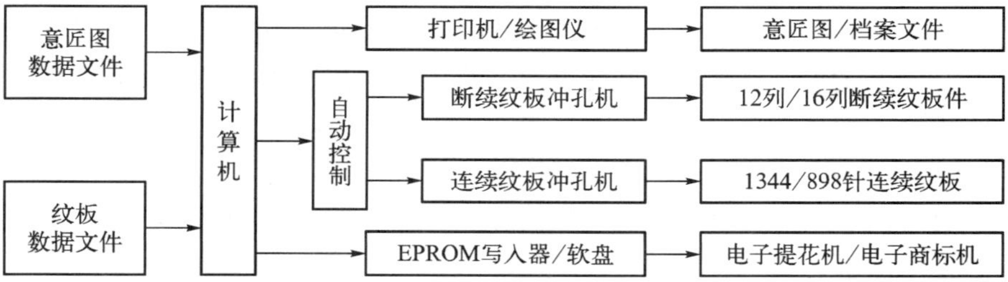

图 4-5　纹板信息输出方式

（四）纹板冲孔子系统

传统的机械式提花机使用的是纸质或塑料纹板，通过纹板冲孔子系统来控制纹板冲孔机自动轧制纹板。一个完整的纹板自动制作系统就是一个小的计算机辅助制造（CAM）系统，是机电一体化的产品，由三个部分组成，即计算机、控制箱和机械式冲孔机。

当开始冲孔工作时，由计算机读取该纹板数据文件，放入内存，在显示器上显示出该文件的工艺参数，如纹针数、纹板数、纬重数等。在输入冲孔的起始张和终止张后。计算机从纹板数据文件中依次分段输出数据，经控制箱解码、锁存，驱动电路驱动机械式冲孔机上电磁选针机构实现冲孔运动。冲孔信号由“0”和“1”数据组成，“0”为不冲孔信号，“1”为加磁冲孔信号，每段输出的数据量由冲孔机的类型决定，直冲式单块纹板冲孔机一个动作周期冲制一排纹板为 16 针，数据量最少，而行冲式连续纹板冲孔机一个动作周期冲制一行纹板孔为 168 针，数据量最多。计算机、控制器和冲孔机的工作协调就是靠冲孔同步信号来完成的，冲孔同步信号分为“行”信号和“张”信号两种，“行”信号即冲模动作周期信号，“张”信号是冲满一张纹板的换张信号，将该信号反馈给计算机，计算机就输出下一张的纹板冲孔数据信号，同时进行冲孔张序号数据的屏幕显示，直至完成冲孔工作。

随着电子提花技术的发展，电子提花机的应用普及，纹板自动制作系统将逐步退出生产。

第二节　组织的计算机表达与意匠图处理

对于提花织物,花型主要是通过不同组织的应用而形成。提花织物组织多种多样,除了平纹、斜纹和缎纹三大类基本组织外,还有大量的呈现一定花纹变化规律的复杂组织,根据收集到的不完整资料,已有近千种组织。不同组织的经纱循环数和纬纱循环数相差很大,最小的组织只有 2×2 个点,而有的组织可以大到 80×48 点,甚至更大。在对提花织物的计算机处理中,通常采用组织数学模型,即数学矩阵来表示组织点的情况,矩阵中的元素的值为"1"时,表示经组织点,为"0"时,表示纬组织点。通过对织物组织进行数学描述,寻找各类织物组织的规律,建立相应的数学模型和计算方法。

一、织物组织的矩阵表达

织物中经、纬纱线相互沉、浮交织的规律,通常采用组织图(意匠图)的方式来表述。如果将组织图中每一个格子看作为一个元素,经浮点(■)用"1"表示;纬浮点(□)用"0"表示。于是组织图必然对应于一个二维的布尔矩阵,称之为组织矩阵或组织阵(weave matrix)。组织阵中行代表纬线,列代表经线,$W(i,\ j)$ 表示第 i 根纬、第 j 根经相交处组织点的状态。当组织图用矩阵进行数学描述后,组织图设计就可以转化为组织矩阵的运算和处理。织物组织 CAD 亦就是组织阵的赋值和运算。同理,织物上机图中的穿综图和纹板图,也可以用矩阵表示。在纹板矩阵(lifting matrix)中,行代表纹板,列代表纹板上对应于某片综框的纹钉孔位置。用"1"表示植纹钉,对应综框提起;"0"表示不植纹钉,对应综框不提起。在穿综矩阵(draft matrix)中,行代表综框,列代表经线。用"1"表示对应经线穿入该片综框内;用"0"表示对应经线不穿入该片综框内。穿综矩阵特点是,每一列中只有一个元素是"1",其余均是"0"。为此,图 4-6 上机图中组织图、穿综图和纹板图可用图 4-7 对应的矩阵等效地表达。注意:穿综阵中的行序与穿综图中综框顺序相反。

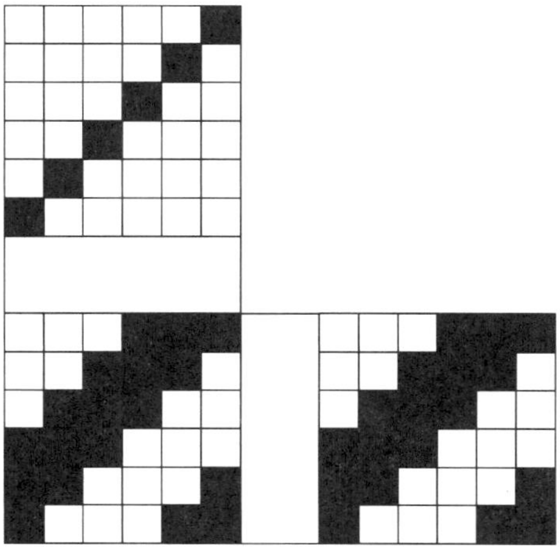

图 4-6　织物上机图示例

$$\begin{pmatrix} 1 & 0 & 0 & 0 & 0 & 0 \\ 0 & 1 & 0 & 0 & 0 & 0 \\ 0 & 0 & 1 & 0 & 0 & 0 \\ 0 & 0 & 0 & 1 & 0 & 0 \\ 0 & 0 & 0 & 0 & 1 & 0 \\ 0 & 0 & 0 & 0 & 0 & 1 \end{pmatrix}$$

$$\begin{pmatrix} 0 & 0 & 0 & 1 & 1 & 1 \\ 0 & 0 & 1 & 1 & 1 & 0 \\ 0 & 1 & 1 & 1 & 0 & 0 \\ 1 & 1 & 1 & 0 & 0 & 0 \\ 1 & 1 & 0 & 0 & 0 & 1 \\ 1 & 0 & 0 & 0 & 1 & 1 \end{pmatrix} \quad \begin{pmatrix} 0 & 0 & 0 & 1 & 1 & 1 \\ 0 & 0 & 1 & 1 & 1 & 0 \\ 0 & 1 & 1 & 1 & 0 & 0 \\ 1 & 1 & 1 & 0 & 0 & 0 \\ 1 & 1 & 0 & 0 & 0 & 1 \\ 1 & 0 & 0 & 0 & 1 & 1 \end{pmatrix}$$

图 4-7　上机图的矩阵表达

二、织物单层组织的计算机分类

《织物结构与设计学》中按参与交织的经、纬线组数以及交织规律等因素，将织物组织分成简单组织（三原组织；变化组织；联合组织）和复杂组织（重组织；双层与多层组织；起绒组织；纱罗组织等）。简单组织相对于重组织和层组织而言，其结构是单层，故又可称为单层组织。在单层组织中，三原、变化和联合这种传统的分类法，并没有考虑计算机进行组织模拟显示和设计的生成逻辑。例如平纹和$\frac{2}{\quad}\frac{}{2}$斜纹，在传统的组织分类中分别归于三原和变化两个不同的类别，但这两种组织在各自的组织循环中均保持经纬交织规律不变，飞数不变，而且完全组织的经、纬线循环数的计算方法也相同，因而从计算机生成组织的角度，可以建立相同的数学模型与算法，应归属为一类。为了便于织物组织的计算机模拟生成与设计，通过分析单层组织的数学规则，按计算机实现方法，有必要重新进行组织分类。

根据构成织物组织的交叉规律、交叉数和飞数，可将单层组织（single layer weaves）分为规则组织（regular weaves）、准规则组织（second-regular weaves）和非规则组织（inregular weaves）等三类。通常，组织图中经纱序数 j 由左向右递增，纬纱序数 i 由上向下递增。交叉规律是指组织循环中每根经（或纬）线的交叉数以及每次交叉时经纬浮长数的变化规律；交叉数有经向交叉数和纬向交叉数之分，经向交叉数 C_j 等于经线交叉规律表达式中分子个数与分母个数之和。纬向交叉数 C_w 等于纬线交叉规律表达式中分子个数与分母个数之和；而飞数有经向飞数 S_j 和纬向飞数 S_w 之分。

S_j ＝相邻两根经纱上相似组织点之间相隔的纬纱根数，向上为正向下为负。

S_w ＝相邻两根纬纱上相似组织点之间相隔的经纱根数，向右为正向左为负。

复杂组织如重组织和双层组织，可通过单层组织的联合而得到。

（一）规则组织的定义

(1) 经向交叉规律一定，且经向飞数一定的组织称经向规则组织。

(2) 纬向交叉规律一定，且纬向飞数一定的组织称纬向规则组织。

(3) 既是经向规则组织又是纬向规则组织的称经纬两向规则组织。

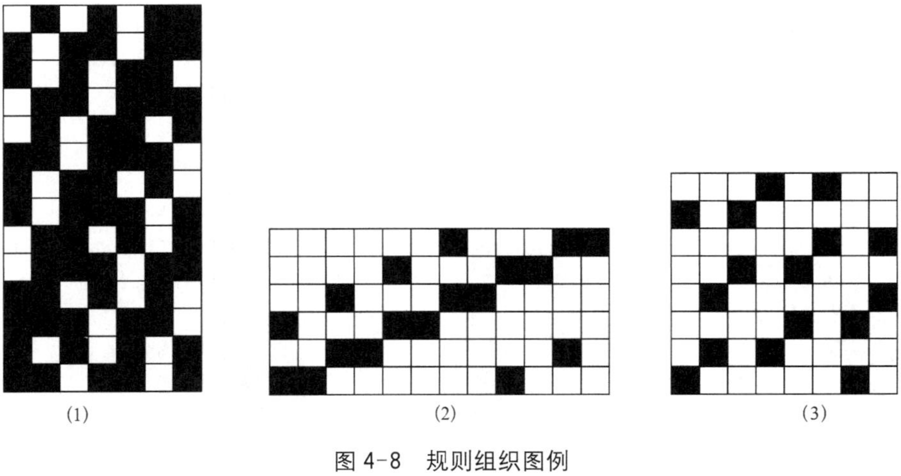

(1)　　(2)　　(3)

图 4-8　规则组织图例

例如：图 4-8 中，(1)所示的组织，经向交叉规律一定，均为$\frac{4\ 3\ 2}{2\ 2\ 1}$，经向飞数 S_j 均为 2，故为经向规则组织；(2)所示的组织，纬向交叉规律一定，均为$\frac{2\ 1}{6\ 3}$，纬向飞数 S_w 均为 2，故为纬向规则组织；(3)所示的组织，经、纬向交叉规律一定，均为$\frac{1\ 1}{5\ 1}$，经、纬向飞数 S_j、S_w 一定，均为 3，故为经纬两向规则组织。

（二）准规则组织的定义

(1) 经向交叉规律一定，但经向飞数不定的组织称经向准规则组织。

(2) 纬向交叉规律一定，但纬向飞数不定的组织称纬向准规则组织。

(3) 经、纬向交叉规律均一定，但经、纬向飞数均不定的组织称为经纬两向准规则组织。

例如：图 4-9 中，(1)所示的组织经向交叉规律均为$\frac{1}{\ \ 3}$，但经向飞数不定。第 2、3、4 根经线的经向飞数均等于 1，而第 5、6 根经线的经向飞数均为－1。表示为 $S_j(2)=S_j(3)=S_j(4)=1$，$S_j(5)=S_j(6)=-1$，故为经向准规则组织；(2) 图所示的组织纬向交叉规律均为$\frac{1}{\ \ 3}$，但纬向飞数不定。$S_w(2)=S_w(3)=S_w(4)=1$，$S_w(5)=S_w(6)=-1$，故为纬向准规则组织；(3)图所示的组织经、纬向交叉规律均为$\frac{1}{\ \ 3}$，但经、纬向飞数不定。$S_j(2)=1$，$S_j(3)=2$，$S_j(4)=-1$，$S_w(2)=1$，$S_w(3)=2$，$S_w(4)=-1$，故为经纬两向准规则组织。

(1)　(2)　(3)

图 4-9　准规则组织图例

（三）非规则组织的定义

经、纬向交叉规律均不定的组织称非规则组织。

图 4-10 所示的组织经、纬向交叉规律均不定，第 1 根经线交叉规律为$\frac{4\ 2}{2\ 4}$，第 2 根经线交叉规律为$\frac{1122}{2211}$，……，第 12 根经线交叉规律为$\frac{4\ 2}{4\ 2}$。第 1 根纬线交叉规律为$\frac{4\ 2}{2\ 4}$，第 2 根纬线交叉规律为$\frac{1122}{2211}$，……，第 12 根纬线交叉规律为$\frac{4\ 2}{4\ 2}$，故为非规则组织。

任何一个单层组织可划归为上述三类组织中的一类或由某一类组织经组织变换方式得到，复杂组织可由单层组织联合的方式得到。这样，三原、变化和联合等单层组织的组织图设计实质上便可转化为上述三类组织的组织图设计。

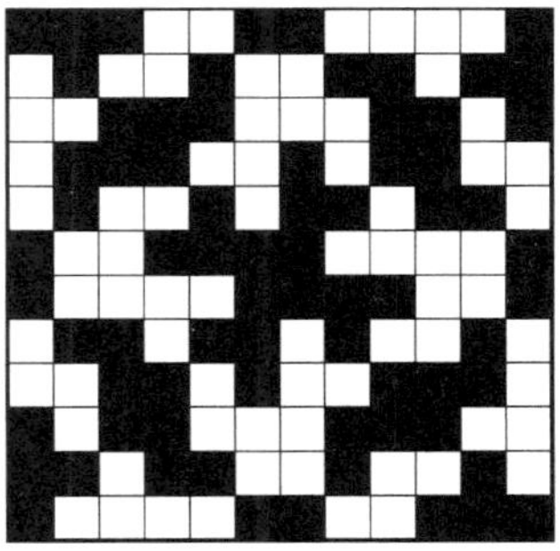

图 4-10　非规则组织图例

三、单层组织 CAD 数学模型

（一）规则组织的数学模型

根据重新分类的定义，规则组织涵盖了大多数常用的组织，如平纹、斜纹、缎纹，以及它们的一些衍生组织，如加强、复合及角度斜纹和加强缎纹等。规则组织的共同特点是，在整个组织循环中都能用固定的交叉数、固定的飞数和连续经、纬浮长序列来描述。也就是说，规则组织可由交叉数、浮长序列和飞数三个参数唯一确定。并且，若浮长序列以组织点的沉浮规律给出，则交叉数等于沉浮规律中分子和分母个数之和。这样，交叉数和浮长序列就可合并为一个沉浮规律参数。例如，图 4-11(1)为$\frac{8}{5}$纬面缎纹，每根经、纬线的交叉数均为 2，浮长序列为 1、7，飞数为 5，则可用$\frac{1}{7}$和 5 飞表示；(2)为$\frac{2\ 1}{1\ 2}$复合斜纹，每根经、纬线的交叉数均为 4，浮长序列为 2、1、1、2，飞数为 1，则可用$\frac{2\ 1}{1\ 2}$和 1 飞表示。几种规则组织的组织参数建模见表 4-1。

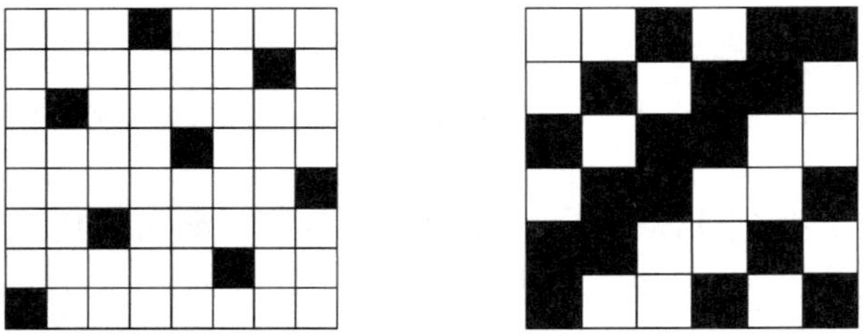

(1)　　(2)

图 4-11　规则组织图例

表 4-1　规则组织的组织参数模型举例

组织名称	组 织 参 数 模 型	备 注
平纹	$N_f=2$；$L_1=1$，$L_2=1$；$S_j=S_w=\pm1$	两向规则组织
原组织斜纹	$N_f=2$； $L_1+L_2\geqslant3$ 且 L_1 或 $L_2=1$；$S_j=S_w=\pm1$	$L_1=1$ 为纬面斜纹，$L_2=1$ 为经面斜纹；若 $S_w=+1$，则 $S_j=+1$ 为右斜纹；$S_w=-1$ 为左斜纹；$S_w=-1$ 时相反
加强斜纹	$N_f=2$； $L_1+L_2\geqslant4$，且 $L_1\neq1$，$L_2\neq1$；$S_j=S_w=\pm1$	$L_1>L_2$ 经面加强斜纹；$L_1<L_2$ 纬面加强斜纹；$L_1=L_2$ 双面加强斜纹
复合斜纹	$N_f\geqslant4$；$\sum L_i\geqslant5$；$S_j=S_w=\pm1$	某方向的斜纹条数为 $\frac{N_f}{2}$
角度斜纹（不考虑经纬密）	$N_f\geqslant4$；$\sum L_i\geqslant5$； 急斜纹：$S_j>1$，$S_w=\pm1$ 缓斜纹：$S_w>1$，$S_j=\pm1$	
原组织缎纹	$N_f=2$；$\sum L_i\geqslant5$，且 $L_i\neq6$，且 $L_1=1$ 或 $L_2=1$； $1<S_j=S_w<\sum L_i-1$ 且 S_j、S_w 与 $\sum L_i$ 无公约数	$L_1=1$ 为纬面缎纹 $L_2=1$ 为经面缎纹
加强缎纹	$N_f>2$；$\sum L_i\geqslant5$，且 $L_i\neq6$； $1<S_j=S_w<\sum L_i-1$ 且 S_j、S_w 与 $\sum L_i$ 无公约数	

注：N_f 为组织交叉数，L_i 为浮长序列中第 i 项的组织点数，S_j（S_w）为经（纬）向飞数。

表中，经向和纬向飞数均被给出，但实际只使用一个。若指定的飞数是 S_j，则 N_f 和 L_i 是针对首经而言的。若飞数是 S_w，则 N_f 和 L_i 是针对首纬而言的。

（二）规则组织矩阵的生成

已知规则组织的三个参数，要获得组织矩阵，首先要计算它的经、纬纱循环数，确定组织阵的大小，从而进一步对组织阵元素进行赋值。

现按经向飞数进行讨论。假设规则组织的经向交叉数为 N_f（N_f 应为偶数），首列第 i 次交叉的浮长序列为 $L_i(i=1, 2, \cdots, N_f)$，经向飞数为 S_j，则织物组织的纬纱循环数 R_w 和经纱循环数 R_j，可由式(4-1)和(4-2)计算得出。

$$R_w = \sum L_i \quad (i=1, 2, \cdots, N_f) \tag{4-1}$$

$$R_j = \begin{cases} R_w，若\ R_w \bmod |S_j| \neq 0 \\ \dfrac{R_w}{|S_j|}，若\ R_w \bmod |S_j| = 0 \end{cases} \tag{4-2}$$

式中的“mod”为取余运算符。同理，也可按纬向飞数 S_w 进行讨论，此时，首纬的交叉数和浮长序列必须给出，经、纬纱循环数的计算与式(4-1)、(4-2)具有同样的形式，只需将 R_w 与 R_j 对调即可。

由于在组织循环中飞数 $S_j(S_w)$ 可取的值很多，并且既可取正值（正飞数），也可取负值（负飞数），不同的取值将带来不同的计算结果。对于任意给定的飞数 S_j^*，可按式(4-3)对其进行 n 次递归转换，找出绝对值最小的负飞数 S_j^*，再进一步将其转换为正飞数 S_j，这样 S_j 的取值为所有正飞数中绝对值最小者，保证了飞数的唯一性。这个唯一的飞数称为标准飞数。

$$\begin{cases} S_j^* = S_j - nR_w \\ S_j = R_w + S_j^* \end{cases} \tag{4-3}$$

因为组织阵是采用布尔矩阵表示的，按照织物组织图绘作的传统布局，矩阵的左下角为组织起点，向上纬纱递增，向右经纱递增。设 W 表示布尔组织阵，存储组织点类别的变量用数组 W 表示，则数组 W 的阶数是 $R_w \times R_j$，二维组织阵表示为：

$$W = \begin{bmatrix} w_{R_w1} & w_{R_w2} & \cdots & w_{R_wj} & \cdots & w_{R_wR_j} \\ \vdots & \vdots & & \vdots & & \vdots \\ w_{i1} & w_{i2} & \cdots & w_{ij} & \cdots & w_{iR_j} \\ \vdots & \vdots & & \vdots & & \vdots \\ w_{21} & w_{22} & \cdots & w_{2j} & \cdots & w_{2R_j} \\ w_{11} & w_{12} & \cdots & w_{1j} & \cdots & w_{1R_j} \end{bmatrix}$$

以经向规则组织为例，由于首列经纱的运动规律已知，可对矩阵第一列元素进行赋值，然后按第一列元素和飞数对矩阵的其他列元素进行赋值。

对于首列的第 i 行（$i=1, 2, \cdots, R_w$）元素，其赋值为：

当 $i \leqslant L_1$ 时，$w_{i1}=1$；

当 $L_1+L_2+\cdots+L_{(k-1)} < i \leqslant L_1+L_2+\cdots+L_k$，$(k=2, 3, \cdots, N_f)$ 时，

$$w_{i1}\begin{cases}1 & \text{当 } k \text{ 为奇数时}\\0 & \text{当 } k \text{ 为偶数时}\end{cases} \tag{4-4}$$

第 j 列($j=2, 3, \cdots, R_j$) 元素的赋值为:

$$\begin{cases}w_{(i+S_j),\ j}=w_{i,\ (j-1)} & (i+S_j)\leqslant R_w\\ w_{(i+S_j-R_w),\ f}=w_{i,\ (j-1)} & (i+S_j)>R_w\end{cases} \tag{4-5}$$

根据上述数学描述和规则组织给定的三个参数,可获得规则组织的布尔矩阵 W,从而可根据矩阵中的值"0"或"1"自动绘制组织图。

下面(1)~(8)给出了规则组织布尔矩阵 W 的生成和绘制的算法流程。

(1) 输入组织参数:交叉数 N_f,每次交叉的浮长 L_i($i=1, 2, \cdots, N_f$) 和经向飞数 S_j;

(2) 根据 L_i,按式(4-1) 计算布尔组织阵的纬纱循环数 R_w;

(3) 根据 R_w、S_j 和式(4-3) 求负飞数 S_j^*,再将其转换为标准正飞数 S_j;

(4) 按式(4-2)计算布尔组织阵的经纱循环数 R_j;

(5) 定义组织阵的二维数组 $W(R_w, R_j)$;

(6) 按式(4-4)对 $w_{i,\ 1}$($i=1, 2, \cdots, R_w$) 进行赋值;

(7) 按式(4-5)对 $w_{i,\ j}$($i=1, 2, \cdots, R_w$; $j=2, 3, \cdots, R_j$) 进行赋值;

(8) 遍历布尔组织矩阵元素,若为 1,则在相应位置填上黑格(或经色块);否则,在相应位置上留空格(或填上纬色块)。

(三) 准规则组织的数学模型与生成法

准规则组织与规则组织的区别仅为飞数在整个组织循环内是一个变值,准规则组织可用飞数数组来替换规则组织中的飞数常数。这类组织包括曲线斜纹、山形斜纹、锯齿形斜纹、变则缎纹和交叉数为 2 的破斜纹等。类似于规则组织,准规则组织也可由参数 N_f, L_i($i=1, 2, \cdots N_f$),经(或纬) 向飞数数组 $S_j[\cdots]$(或 $S_w[\cdots]$) 唯一确定。并且在已知经向飞数数组的情况下,纬纱循环数 R_w 的赋值同式(4-1),经纱循环数 R_j 等于飞数数组的长度,矩阵元素的赋值同式(4-4)、(4-5),但在式(4-5) 中 S_j 应以第 j 个经向飞数 $S_j[j]$ 来替代。这样准规则组织的组织矩阵也可唯一确定。

使用飞数组数建立准规则组织数学模型时,除曲线斜纹可直接输入飞数组数参数外,其他组织需要对飞数组数的值进行计算。例如:山形斜纹为求出飞数组数的长度和数组元素的值,还应先给出改变斜纹方向时的山峰位置参数 K(K_j 或 K_w)。对于经山形斜纹,经向飞数组数的长度 $R_j=2K_j-2$,这样飞数组数元素赋值为:

$$\begin{cases}S_j[j]=+1 & \text{若 } j\leqslant K_j\\ S_j[j]=-1 & \text{若 } j>K_j\end{cases} \quad j=2, 3, \cdots\cdots, R_j \tag{4-6}$$

同理,对于纬山形斜纹,纬向飞数组数的长度 $R_w=2K_w-2$,这样飞数组数元素赋值为:

$$\begin{cases}S_w[w]=+1 & \text{若 } w\leqslant K_w\\ S_w[w]=-1 & \text{若 } w>K_w\end{cases} \quad w=2, 3, \cdots\cdots, R_w \tag{4-7}$$

由此例看出,准规则组织的数学描述,主要是通过给定准规则组织的有关参数,计算飞数组数，在此基础上按照与规则组织类似的步骤求取准规则组织的布尔矩阵 W，从而自动绘制织物的组织图形。算法流程可参见规则组织。

对几种准规则组织的组织参数建模见表 4-2，供准规则组织参数输入时参考。

表 4-2 准规则组织的组织参数模型举例

组织名称	组织参数模型	备注
经曲线斜纹	$N_f \geqslant 4$；$\sum L_i \geqslant 6$； $\sum S_i[j] \bmod \sum L_i = 0$； $\max(all\ S_j[j]) < \max(all\ L_i)$	数组 $S_j[j]$ 元素个数和具体值由手工输入，但须符合所列条件。元素个数即经纱循环数
经山形斜纹	$N_f \geqslant 2$；$\sum L_i \geqslant 3$； $K_j \geqslant \sum L_i$	飞数数组由组织参数 K_j 按公式(4-6) 计算获得，故参数输入时输入 K_j 即可
纬山形斜纹	$N_f \geqslant 2$；$\sum L_i \geqslant 3$； $K_w \geqslant \sum L_i$	飞数数组由组织参数 K_w 按公式(4-7) 计算获得，故参数输入时输入 K_w 即可

(四) 非准规则组织的数学模型与生成法

非规则组织包括一些平纹变化组织如重平、方平，斜纹变化组织如芦席斜纹、菱形斜纹、交叉数大于 2 的破斜纹，以及联合组织等。部分非规则组织可调用规则组织矩阵，采用组织设计中一个或几个映射变换方法组合形成，也有部分非规则组织，不能调用其他规则组织生成，需要找寻规律，建立独用的数学模型。

例如：变化方平组织由首经交叉数和相应浮长序列、首纬交叉数和相应浮长序列唯一确定。设首经交叉数为 Nj_f，对应的浮长数组为 $Lj_i(i=1, 2, \cdots\cdots, Nj_f)$；首纬交叉数为 Nw_f，对应的浮长数组为 $Lw_j(j=1, 2, \cdots\cdots, Nw_f)$ 则变化方平组织由此四个参数确定。首先，经、纬纱循环数的计算与公式(4-1) 类似，为：

$$R_w = \sum L_{ji} \qquad i=1, 2, \cdots\cdots, Nj_f \tag{4-8}$$

$$R_j = \sum L_{wj} \qquad j=1, 2, \cdots\cdots, Nw_f \tag{4-9}$$

按照与公式(4-4)相同的方法分别给首经 $w_{i,1}$ 和首纬 $w_{1,j}$ 的各元素赋值，接下来，组织矩阵中任何其他元素 $w_{i,j}(i=1 \text{ 且 } j\neq 1)$ 的赋值，可按式(4-10) 确定：

$$w_{i,j}=\begin{cases}1 & \text{若 } w_{i,1}=w_{1,j}\\ 0 & \text{若 } w_{i,1}\neq w_{1,j}\end{cases} \quad i=2, 3, \cdots\cdots, R_w;\ j=2, 3, \cdots\cdots, R_j \tag{4-10}$$

还有部分非规则组织，很难实现其数学描述，只能通过对矩阵元素的赋值生成组织矩阵。

(五) 上机图中组织图、穿综图和纹板图间的数学关系

上机图中，当组织图、穿综图和纹板图用相应的矩阵表达后，它们之间的数学关系有：由纹板矩阵和穿综矩阵求所对应的组织矩阵；由组织矩阵和穿综矩阵求纹板矩阵；由纹板矩阵和组织矩阵求穿综矩阵。初看起来，似乎这三个关系中，由任一个关系就可推出另外两个关系。但是，由于这三个矩阵不一定是方阵，所以就不存在逆矩阵；即使是方阵，求逆的运算也不符合织物组织设计的规律。因此，有必要列出三个关系式，但第三个关系在实际设计和生产中运用很少，从略。

1. 由纹板矩阵 L 和穿综矩阵 D 求组织矩阵 W

$$W = L \cdot D \tag{4-11}$$

式中，$L = (l_{ik})_{R_w \times k}$ ——纹板矩阵；

$D = (d_{kj})_{k \times R_j}$ ——穿综矩阵；

$W = (w_{ij})_{R_w \times R_j}$ ——组织矩阵。

下标 k ——综框数；

R_j ——完全组织中经线循环数；

R_w ——完全组织中纬线循环数。

[例] 图 4-12 所示为$\frac{3}{\ \ 3}$重平与平纹构成的透孔组织上机图，综框数 $k = 4$，$R_j = R_w = 6$，已知纹板矩阵 L 和穿综矩阵 D，求组织矩阵 W。

$$L = \begin{pmatrix} 0110 \\ 1100 \\ 0110 \\ 1001 \\ 0011 \\ 1001 \end{pmatrix} \quad D = \begin{pmatrix} 101000 \\ 010000 \\ 000101 \\ 000010 \end{pmatrix}$$

$$W = L \cdot D = \begin{bmatrix} 0110 \\ 1100 \\ 0110 \\ 1001 \\ 0011 \\ 1001 \end{bmatrix} \cdot \begin{bmatrix} 101000 \\ 010000 \\ 000101 \\ 000010 \end{bmatrix} = \begin{bmatrix} 010101 \\ 111000 \\ 010101 \\ 101010 \\ 000111 \\ 101010 \end{bmatrix}$$

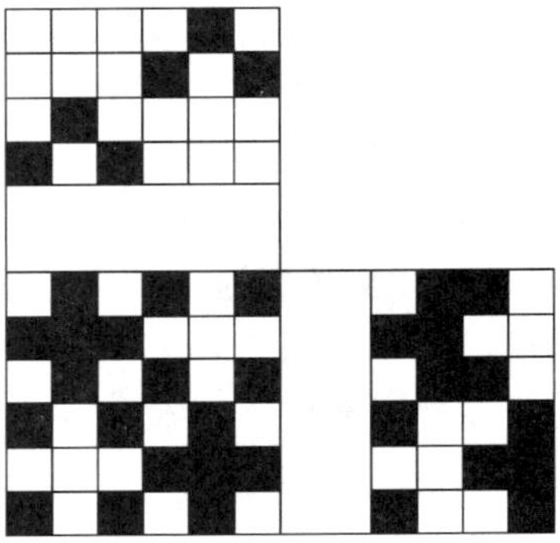

图 4-12　透孔组织上机图例

运算结果与图 4-12 中的组织图是完全一致的，关系式(4-11)成立。

2. 由组织矩阵 W 和穿综矩阵 D 求纹板矩阵 L

$$L = W \cdot D^T \tag{4-12}$$

D^T 代表穿综矩阵的转置矩阵，在计算 L 矩阵的过程中，有时会出现 L 中的某些元素大于 1，而实际上，这仍代表该片综框提起。所以，若 $L = (l_{ik})_{R_w \times k}$ 中 $l_{(ik)} > 1$，则令 $l_{ik} = 1$。

[例] 图 4-13 所示为某山形斜纹的上机图，综片数 $k = 4$，$R_j = R_w = 6$，已知组织矩阵 W 和穿综矩阵 D，求纹板矩阵 L。

首先求出穿综矩阵的转置矩阵，$D = \begin{bmatrix} 000100 \\ 001010 \\ 010001 \\ 100000 \end{bmatrix}$，则

$$D^T = \begin{bmatrix} 1000 \\ 0100 \\ 0010 \\ 0001 \\ 0010 \\ 0100 \end{bmatrix}$$

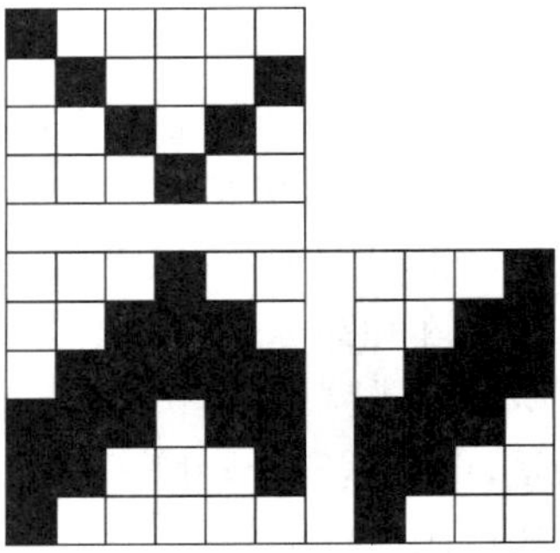

图 4-13　山形斜纹的上机图例

$$L = W \cdot D^{T} = \begin{bmatrix} 000100 \\ 001110 \\ 011111 \\ 111011 \\ 110001 \\ 100000 \end{bmatrix} \cdot \begin{bmatrix} 1000 \\ 0100 \\ 0010 \\ 0001 \\ 0010 \\ 0100 \end{bmatrix} = \begin{bmatrix} 0001 \\ 0011 \\ 0111 \\ 1110 \\ 1100 \\ 1000 \end{bmatrix}$$

所得结果与图 4-13 中的纹板图完全一致，关系式(4-12)成立。

四、织物组织设计的数学模型和生成集

当织物组织用[0,1]矩阵描述后，织物组织设计便可转化为各种组织间的映射变换。设 M 为所有[0, 1]矩阵的集合，即二元域 $GF(2)$ 上的矩阵的集合。这样，便可建立一个织物组织设计的数学模型(mathematical model for fabric weave design)，即集合 M 上的映射集 F，使 $\forall m_1, m_2 \in M$ 都存在 $f \in F$，满足 $f(m_1) = m_2$。为此，本节首先研究 F 应当包含哪些元素，具有哪些数学特性，以及怎样用数学语言定义 F。由于 F 是映射的集合，通常映射的加法、乘法(映射的复合)应当在 F 上可行。而 F 的元素是矩阵集 M 上的映射，矩阵的一些初等变换也应当包含在 F 之中。再考虑到织物组织设计需要矩阵进行取反、旋转、扩大……变化，所以建立了 F 的生成集 R，并且证明了 F 在通常映射的加法和乘法运算下形成二元域 $GF(2)$ 上的非结合代数。

(一) 数模内容——一种非结合代数

设 m 为 M 中任一 $k \times l$ 阶[0, 1]矩阵，在 M 上定义以下 7 类映射：

$h_{ij}: m \to m_{ij}$，其中 $m_{ij} = \begin{cases} \text{交换 } m \text{ 中第 } i, j \text{ 行，当 } i, j \leqslant k \\ m \quad \text{当 } \max(i, j) > k; \end{cases}$

$h^{ij}: m \to m^{ij}$，其中 $m^{ij} = \begin{cases} \text{交换 } m \text{ 中第 } i, j \text{ 行，当 } i, j \leqslant l \\ m \quad \text{当 } \max(i, j) > l; \end{cases}$

$h_3: m \to m_{+0}$，其中 m_{+0} 是 m 在第 k 行后添加一个全零行所得的 $(k+1) \times l$ 阶[0　1]矩阵；

$h_4: m \to m^{+0}$，其中 m^{+0} 是 m 在第 l 列后添加一个全零列所得的 $k \times (l+1)$ 阶[0　1]矩阵；

$h_5: m \to m\_$，其中 $m\_$ 是 m 删去其第 k 行后所得的 $(k-1) \times l$ 阶[0　1]矩阵；

$h_6: m \to m^{-}$，其中 m^{-} 是 m 删去其第 l 列后所得的 $k \times (l-1)$ 阶[0　1]矩阵；

$h_7: m \to$ ◎，其中 ◎ 是 $k \times l$ 阶全零矩阵；

记 $R = \{\{h_{ij}\}, \{h^{ij}\}, h_3, h_4, h_5, h_6, h_7\}$，在 R 上定义加法 $\oplus$、乘法 $\circ$ 如下：

$$\forall f_1, f_2 \in R，\text{则} (f_1 \oplus f_2)(m) = f_1(m) + f_2(m), \ \forall m \in M; \tag{4-13}$$

$$\forall f_1, f_2 \in R，\text{则} (f_1 \circ f_2)(m) = f_1[f_2(m)], \ \forall m \in M; \tag{4-14}$$

式(4-13)右端“+”表示两个矩阵的相加，相加时按 $GF(2)$ 中的加法运算法则进行，即：$1+1=1,\ 1+0=0+1=0,\ 0+0=0$；

式(4-14)右端运算是指对 m 先作映射 f_2，再作映射 f_1。

选定 $K = GF(2)$ 是由[0, 1]〕两个元素构成的二元域，K 对 R 的数乘运算“•”为普通意义

上的乘法，定义为 $\forall m \in M$，则：

$$(\alpha f)(m) = \alpha(f(m))$$

（二）数模的证明

定义 F 为 R 中的元素在上述加法、乘法下进行有限次运算后形成的集合，即：

$$F = span\,R = span\{\{h_{ij}\},\{h^{ij}\},h_3,h_4,h_5,h_6,h_7\}$$

定理1 织物组织映射集 F 在式(4-13)、(4-14)所定义的加法和乘法运算下是二元域 $GF(2)$ 上的一种非结合代数。

证明 设 f_1，f_2，f_3 为 F 中任意元素，α、β 为 K 中任意两个元素，首先证明 F 是一个线性空间，则应满足以下数学特征。

（1）满足加法结合律 $(f_1 \oplus f_2) \oplus (f_3) = f_1 \oplus (f_2 \oplus f_3)$；

（2）存在零元 $f_1 \oplus h_7 = f_1$，h_7 为零元；

（3）存在逆元 $\forall h \in R$，$-h \in R$，$-h \in F$；

（4）满足加法交换律 $f_1 \oplus f_2 = f_2 \oplus f_1$；

（5）满足数乘第Ⅰ分配律 $\alpha(f_1 \oplus f_2) = \alpha f_1 \oplus \alpha f_2$；

（6）满足数乘结合律 $\alpha(\beta f) = (\alpha\beta)f$；

（7）满足数乘第Ⅱ分配律 $(\alpha+\beta)f = \alpha f \oplus \beta f$；

（8）存在单位数乘 $1 \cdot f_1 = f_1$（其中1是 K 中的一个元素）。

由于 F 具有上述线性空间的数学特征，则 F 是一个线性空间。

再证明在式(4-14)定义的乘法下，F 是非结合代数。$\forall m \in M$，$\forall \alpha, \beta \in K$，$\forall f_1, f_2 \in F$，由式(4-14)得：

$$[(\alpha f_1) \circ (\beta f_2)](m) = \alpha \cdot f_1[\beta f_2(m)]$$

因 $\beta \in K$ 是常数，根据矩阵的数乘法则有：

$$\alpha f_1[\beta f_2(m)] = \alpha\beta f_1[f_2(m)] = (\alpha\beta)(f_1 \circ f_2)(m)$$

即 $[(\alpha f_1) \circ (\beta f_2)](m) = (\alpha\beta)(f_1 \circ f_2)(m)$

所以，$\alpha f_1 \circ \beta f_2 = (\alpha\beta)(f_1 \circ f_2)$

则 F 是非结合代数。

定理2 F 的定义如定理1，则 $\forall m_1, m_2 \in M$，存在 $f \in F$，使 $f(m_1) = m_2$。

（三）数模生成集 R 的扩充

由定理2的证明可见 $\forall m_1, m_2 \in M$，存在一个 $f \in F$，使 $f(m_1) = m_2$，实现了 $m_1 \rightarrow m_2$ 的映射。但是其算法过于原始、冗长，而织物组织实际设计时常用的变化方法可归纳为如图4-14所示的11种，定义如下。

（1）取反：将组织图中的经浮点变为纬浮点，纬浮点变为经浮点。

（2）对称：将组织图以 x 轴或 y 轴为对称轴进行对称变化。

（3）叠加：将两个组织图对应的组织点相叠加，两经浮点叠加得经浮点，两纬浮点叠加得纬浮点，经(纬)浮点加纬(经)浮点得经浮点。

（4）旋转：将组织图按顺(或逆)时针方向转90°、180°或270°，得到新组织图。

(5) 转置:将组织图中经线与纬线位置对调,形成新的组织图。

(6) 调序:调换组织图中的经(或纬)线次序形成新的组织图。

(7) 增(删)经(纬)线法:在组织图中插入一根经(纬)线,或删去一根经(纬)线,形成新的组织图。

(8) 上(下)加、左(右)加:在组织图的上方、下方、左方或右方加接一个组织,形成新的组织图。

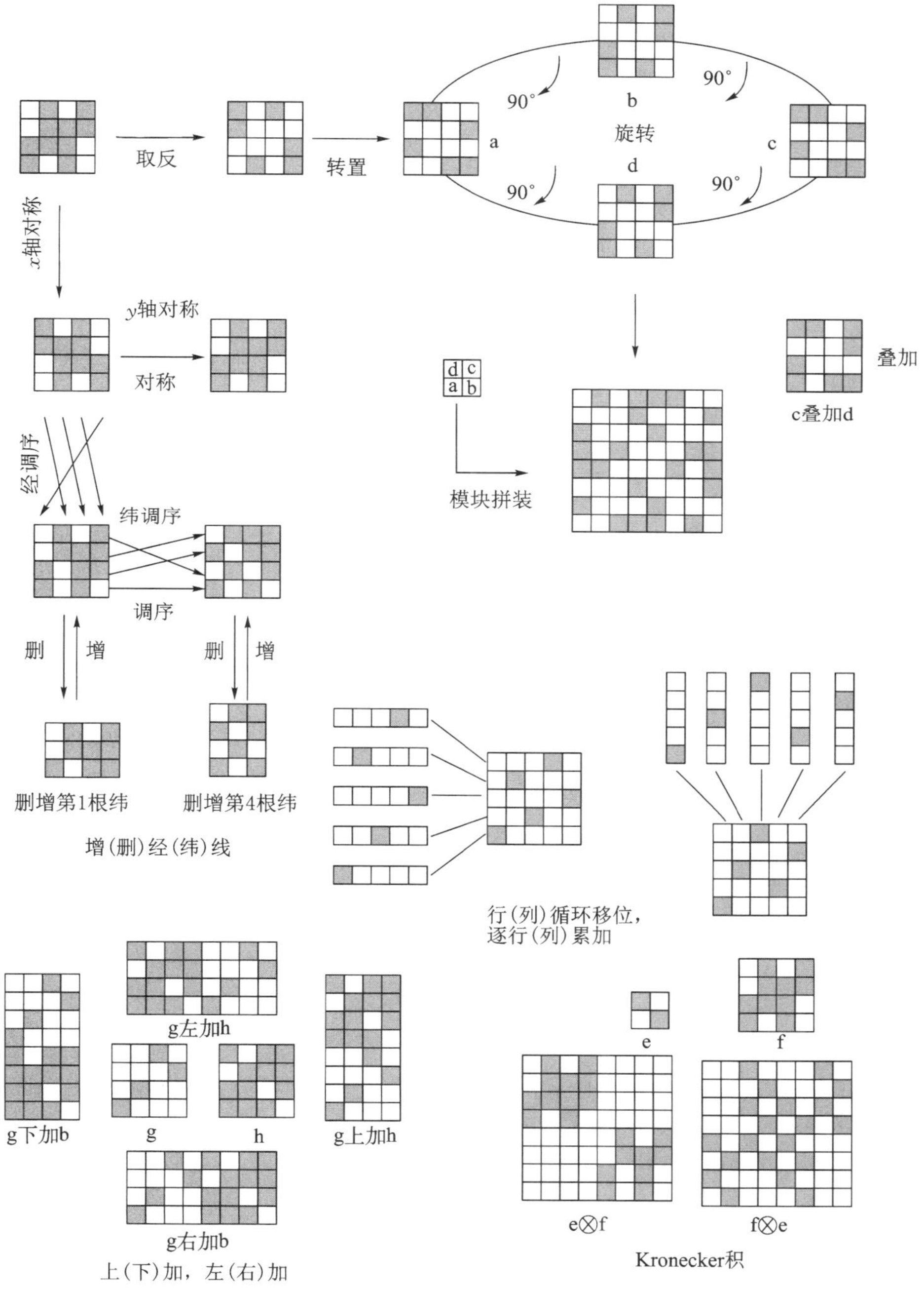

图 4-14　组织映射生成集中的 11 种变化手段

(9) 模块拼装：按给定的模纹，相应地填入指定的模块，而得到新组织。

(10) 行(列)循环位移、逐行(列)累加：以一根经(纬)线为基础，将其上的组织点进行循环移位，得到的各根经(纬)线，再逐次累加而形成一个新的组织。

(11) Kronecker 积：按要求设置一个被叉积元或叉积元，使其与某组织阵进行叉积，以改变该组织的排列得到新的组织。

明显可见，上述 11 种变化方法中，调序和增(删)经(纬)线法雷同于数模生成集 R 中的前 6 种映射变换，余下的 9 种变化可分别记为 $\{h_8\}$，$\{h_9\}$，$\{h_{10}\}$，$\{h_{11}\}$，$\{h_{12}\}$，$\{h_{13}\}$，$\{h_{14}\}$，$\{h_{15}\}$，$\{h_{16}\}$。将 $\{h_8\}\sim\{h_{16}\}$ 加入到生成集 R 中，使 R 扩充为：

$$\{h_{ij}\},\ \{h^{ij}\},\ \cdots\cdots h_3,\ \cdots\cdots h_7,\ \{h_8\},\ \cdots\cdots\{h_{16}\}$$

若能证明 $\{h_8\}$，……$\{h_{16}\}$ 仍在 F 上，那么，由 F 构成的非结合代数就可为织物组织设计提供简便而实用的算法。

定理 3 $\{\{h_8\},\ \{h_9\},\ \cdots\cdots\{h_{16}\}\}\subseteq F$

由组织变化方法的定义可知，$\{h_8\}$，……$\{h_{16}\}$ 实际上均是 F 上的一个映射子集，不是单个的映射。从织物组织学观点看，每个子集的映射均有其共同的特点。叠加变换 h_{10} 是 F 上的一个子集，记为 $\{h_{10}\}$。其特点是：对于任意两个矩阵 m_1，$m_2\in M$，在 $\{h_{10}\}$ 中存在一个映射 f，使 $f(m_1,\ m_2)=m_0$，其中 m_0 为 m_1 和 m_2 的对应元素按 $GF(2)$ 加法运算法则叠加所得的矩阵。f 的存在性已由前述定理 2 保证。两元素按 $1+1=1$ 的法则相加，与组织学中两组织对应的经浮点与经浮点相重叠得到经浮点的原则相吻合。

经过定理 3 的论述，可认为由 7 种变换和二元域构成的数模——一种非结合代数 F 和扩充后的数模映射生成集在组织设计中是等价的。这样 $\{h_8\}$，……$\{h_{16}\}$ 便可直接用于织物组织 CAD，充分强化了该数模的实用性。

(四) 数模生成集中映射变换的算法

设变换前的组织阵为 $W(N_1,\ N_2)$，经映射变换后的组织阵为 $T(R_1,\ R_2)$。这里 N_1，R_1 分别表示组织阵 W 和 T 中的纬线循环；N_2，R_2 分别表示组织阵 W 和 T 中的经线循环。数模生成集中各类映射变换的算法列于表 4-3 中。

表 4-3 组织阵映射变换的算法

变换前组织图	组织变换方式	变换后组织图	$T(R_1,\ R_2)$ 与 $W(N_1,\ N_2)$ 的关系
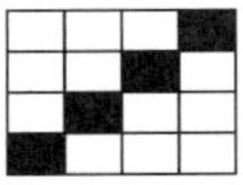	X 轴对称	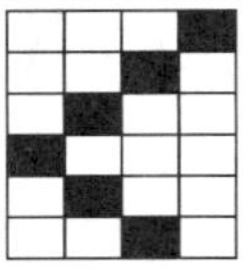	$R_1=2N_1-2$；$R_2=N_2$； $T(I,\ J)=W(I,\ J)$；$I\in[1,\ N_1]$；$J\in[1,\ N_2]$ $T(N_1+K,\ J)=W(N_1-K,\ J)$； $K\in[1,\ N_1-2]$；$J\in[1,\ N_2]$
	Y 轴对称	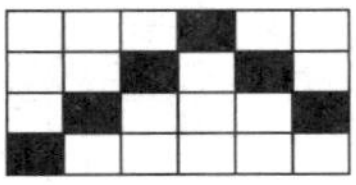	$R_1=N_1$；$R_2=2N_2-2$； $T(I,\ J)=W(I,\ J)$；$I\in[1,\ N_1]$；$J\in[1,\ N_2]$ $T(I,\ N_2+K)=W(I,\ N_2-K)$； $I\in[1,\ N_1]$；$K\in[1,\ N_2-2]$
	X 轴对称取反	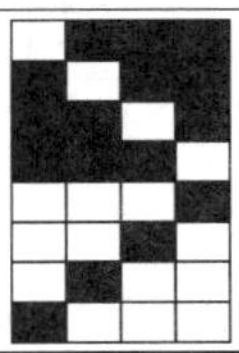	$R_1=2N_1$；$R_2=N_2$； $T(I,\ J)=W(I,\ J)$； $T(N_1+I,\ J)\begin{cases}1 & W(N_1-I+1,\ J)=0\\ 0 & W(N_1-I+1,\ J)=1\end{cases}$ $I\in[1,\ N_1]$；$J\in[1,\ N_2]$

（续表）

变换前组织图	组织变换方式	变换后组织图	$T(R_1, R_2)$ 与 $W(N_1, N_2)$ 的关系
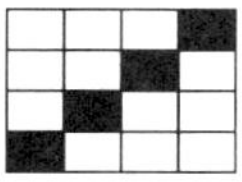	Y 轴对称取反	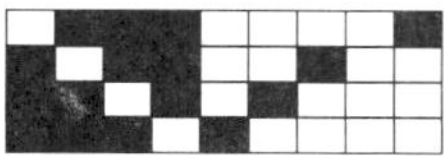	$R_1=N_1$；$R_2=2N_2$； $T(I, N_2+J)=\begin{cases}1 & W(I, N_2-J+1)=0\\0 & W(I, N_2-J+1)=1\end{cases}$ $I\in[1, N_1]$；$J\in[1, N_2]$
	组织图取反	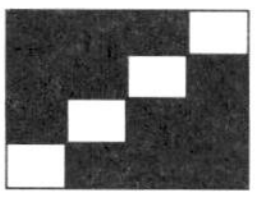	$R_l=N_1$；$R_2=N_2$； $T(I, J)=\begin{cases}1 & W(I, J)=0\\0 & W(I, J)=1\end{cases}$ $I\in[1, N_1]$；$J\in[1, N_2]$
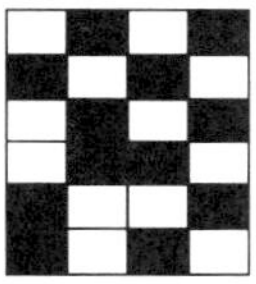	逆时针转 90°	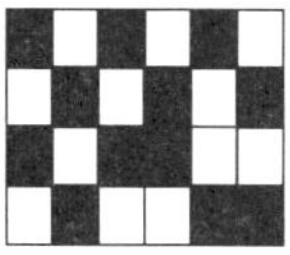	$R_1=N_2$；$R_2=N_1$； $T(I, J)=W(I, N_2+I-J)$； $I\in[1, N_1]$；$J\in[1, N_2]$
	逆时针转 180°		$R_1=N_1$；$R_2=N_2$； $T(I, J)=W(N_1+1-I, N_2+1-J)$； $I\in[1, N_1]$；$J\in[1, N_2]$
	逆时针转 270°	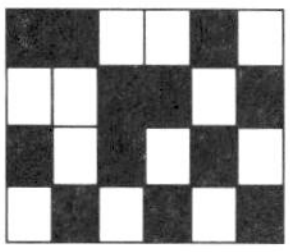	$R_1=N_2$；$R_2=N_1$； $T(J, N_1-I+1)=W(I, J)$； $I\in[1, N_1]$；$J\in[1, N_2]$
	转置	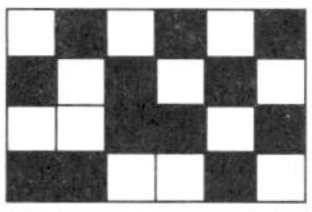	$R_1=N_2$；$R_2=N_1$； $T(J, I)=W(I, J)$； $I\in[1, N_1]$；$J\in[1, N_2]$
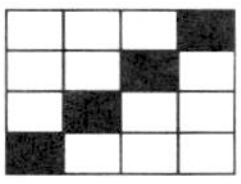	增加经线(第 K 根后加 1 根)	设 $K=2$ 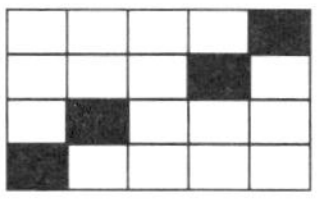	$R_1=N_1$；$R_2=N_2+1$； $T(I, J)=W(I, J)$；$I\in[1, N_1]$；$J\in[1, K]$ $T(I, J)=0$；$I\in[1, N_1]$；$J=K+1$ $T(I, J)=W(I, J-1)$；$I\in[1, N_1]$；$J\in[K+2, N_2+1]$
	增加纬线(第 K 根后加 1 根)	设 $K=3$ 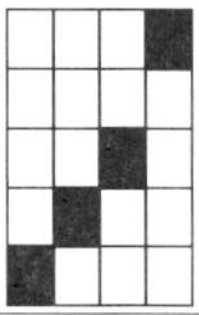	$R_1=N_l+1$；$R_2=N_2$； $T(I, J)=W(I, J)$；$I\in[1, K]$；$J\in[1, N_2]$ $T(I, J)=0$；$I\in=K+1$；$J\in[1, N_2]$ $T(I, J)=W(I-1, J)$；$I\in[k+2, N_1+1]$； $J\in[1, N_2]$
	减少经线（抽去第 K 根）	设 $K=2$ 	$R_l=N_1$；$R_2=N_2-1$； $T(I, J)=W(I, J)$；$I\in[1, N_1]$；$J\in[1, K-1]$ $T(I, J)=W(I, J+1)$；$I\in[1, N_1]$；$J\in[K, N_2-1]$
	减少纬线（抽去第 K 根）	设 $K=2$ 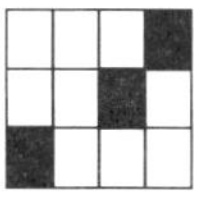	$R_l=N_1-1$；$R_2=N_2$； $T(I, J)=W(I, J)$；$I\in[1, K-1]$；$J\in[1, N_2]$ $T(I, J)=W(I+1, J)$；$I\in[K, N_1-1]$；$J\in[1, N_2]$

（续表）

变换前组织图	组织变换方式	变换后组织图	$T(R_1, R_2)$ 与 $W(N_1, N_2)$ 的关系
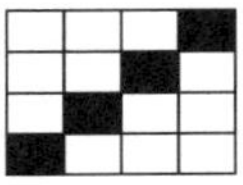	交换经线（第 B 根和第 A 根互换 $B<A$）	$B=3,A=4$ 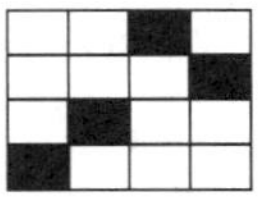	$R_l=N_1$；$R_2=N_2$； $T(I,B)=W(I,A)$；$T(I,A)=W(I,B)$； $T(I,J)=W(I,J)$ $I\in[1,N_1]$ $J\in[1,B-1]\cup\{[B+1,A-1]\cup[A+1,N_2]$
	交换纬线（第 B 根和第 A 根互换 $B<A$）	$B=2,A=3$ 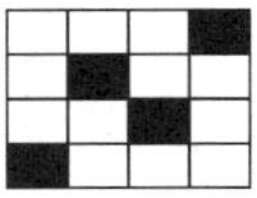	$R_1=N_1$；$R_2=N_2$； $T(B,J)=W(A,J)$；$T(A,J)=W(B,J)$； $T(I,J)=W(I,J)$ $I\in[1,B-1]\cup[B+1,A-1]\cup[A+1,N_1]$； $J\in[1,N_2]$

表 4-4 示出，两个组织通过上下加或左右加变换，或叠加变换，均可得到一个新组织。设矩阵 $P(P_1, P_2)$，$C(C_1, C_2)$ 为联合前组织阵，$T(R_1, R_2)$ 为联合后的新组织阵。

表 4-4 两个组织阵联合变换的算法

联合前组织图	组织联合方式	联合后组织图	$T(R_1, R_2)$ 与 $P(P_1, P_2)$、$C(C_1, C_2)$ 的关系
组织 1  组织 2 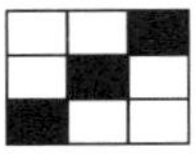	组织 1 和 2 左右加（横向联合）		$T(I,J)=C(I,J)$；$I\in[1,c_1]$；$J\in[1,R_2]$ $T(I,J)=P(I-C_1,J)$；$I\in[c_1+1,R_1]$； $J\in[1,R_2]$ 其中， $R_1=P_1$ 与 C_1 的最小公倍数；$R_2=P_2+C_2$
	组织 2 和 1 上下加（纵向联合）		$R_1=P_2$ 与 C_2 最小公倍数；$R_2=P_1+C_1$ $T(I,J)=P(I,J)$；$I\in[1,R_1]$；$J\in[1,P_2]$ $T(I,J)=C(I,J-P_2)$；$I\in[1,R_1]$；$J\in[P_2+1,R_2]$
	组织 1 与 2 叠加		$R_1=P_1$ 与 C_1 最小公倍数；$R_2=P_2$ 与 C_2 最小公倍数， $T(I,J)=P(I,J)+C(I,J)$；$I\in[1,R_1]$；$J\in[1,R_2]$ 式中，若 $P(I,J)=1$ 且 $C(I,J)=1$，则 $T(I,J)=1$； 若 $P(I,J)=1$ 且 $C(I,J)=0$，则 $T(I,J)=1$； 若 $P(I,J)=0$ 且 $C(I,J)=1$，则 $T(I,J)=1$； 若 $P(I,J)=0$ 且 $C(I,J)=0$，则 $T(I,J)=0$. 而当 $I>P_1$，$J>P_2$ 时， $P(I,J)=P((I)\mathrm{mod}(p_1),(J)\mathrm{mod}(p_2))$； 而当 $I>C_1$，$J>C_2$ 时， $C(I,J)=C((I)\mathrm{mod}(c_1),(J)\mathrm{mod}(c_2))$

（五）数模生成集的应用举例

准规则组织和非规则组织用参数化方法建立数学模型，实现其 CAD 过程有优越之处，但是对于组织循环比较大的复杂变化组织，如联合组织中的绉组织、变化组织中的菱形斜纹、芦席斜纹、鸟眼等组织，通过找寻最小的组织单元，可联合采用数模生成集中一种或多种映射变换方法，实现它们的 CAD 过程，也不失为一种方便的方法。现举例如下：

［例］　研究芦席斜纹最小组成单元、单元之间的相互关系及其排列模式，可以发现它是由 Y 轴对称、取反和模块拼装三种映射变换方法联合而成的。如图 4-15(6)所示，将图(1)经取反变换(底片法)得到图(2)，将图(1)经 Y 轴对称变换得到图(3)，将图(1)经 Y 轴对称并同时取反变换得到图(4)。再以图(1)、(2)、(3)、(4)为基础模块按图(5)的排列方式进行拼装，便可得到如图(6)所示的芦席斜纹。此例可见，多个模块拼装法中，模块的内容、大小可变化，拼装方式也可变化，两者结合所得的新组织将是无穷尽的。

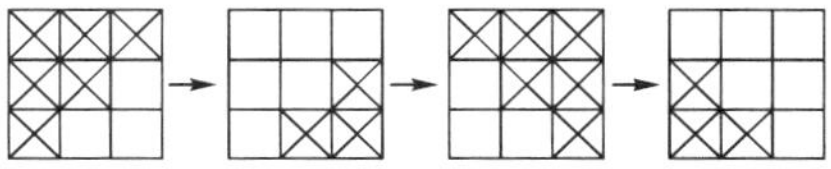

(1)　　(2)　　(3　　(4)

d	a	b	a	d	c
c	d	a	d	c	d
d	c	b	c	d	c
c	b	a	b	c	d
b	a	b	a	b	c
a	b	a	b	a	d

(5)

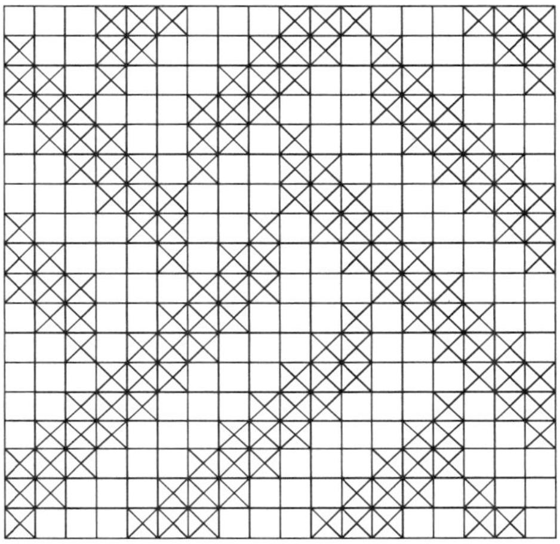

(6)

图 4-15　计算机生成芦席斜纹的模块拼装法举例

［例］　图 4-16(7)所示的 40×36 的复杂变化组织，其计算机生成方法可分解为：选定一个经、纬循环为 10×10 的斜纹变化组织，如图 4-16(1)所示；相继通过 Y 轴对称得到图(2)、再 X 轴对称得到图(3)、再 Y 轴对称取反得到图(4)，再 X 轴对称取反得到图(5)，最后再与 $\frac{3}{3}$ 经重平组织(6)进行左右相加而得到图(7)。

五、重组织 CAD 数学模型

重组织较单层组织的复杂之处在于增加了参与交织的经、纬纱组数，有表、里经纬纱和表、里组织之分。构成重组织的表、里基础组织，其数学模型的建立方法与前述的单层组织相同。但是，在已知表、里基础组织和表、里经纬纱排列比后，计算机如何自动生成所需的重组织呢？这就需要解决一个数学模型和算法问题，建立一个映射关系。在织物组织设计数模映射生成集中，Kronecker 叉积法是建立这种数模和映射关系最适合的方法。

(一) 矩阵的 Kronecker 积定义

Kronecker 积是一种矩阵间映射的算法，又称叉积运算，可通过设置叉积元和被叉积元来改变某组织阵的排列以获得新组织。

设 $A=[a_{ij}]$，B 为任意矩阵，定义运算 $\otimes$ 为 $A\otimes B=[a_{ij}\cdot B]$，通常记 $C=A\otimes B$，称 $\otimes$ 为 Kronecker 积运算符，A 为被叉积元，B 为叉积元，C 为 A 与 B 的 Kronecker 积。当 A 为 $m\times n$ 阶，B 为 $k\times l$ 阶，则 C 为 $(m\times k)\times(n\times l)$ 阶矩阵；同理，若 $C=B\otimes A$，则 C 为 $(k\times$

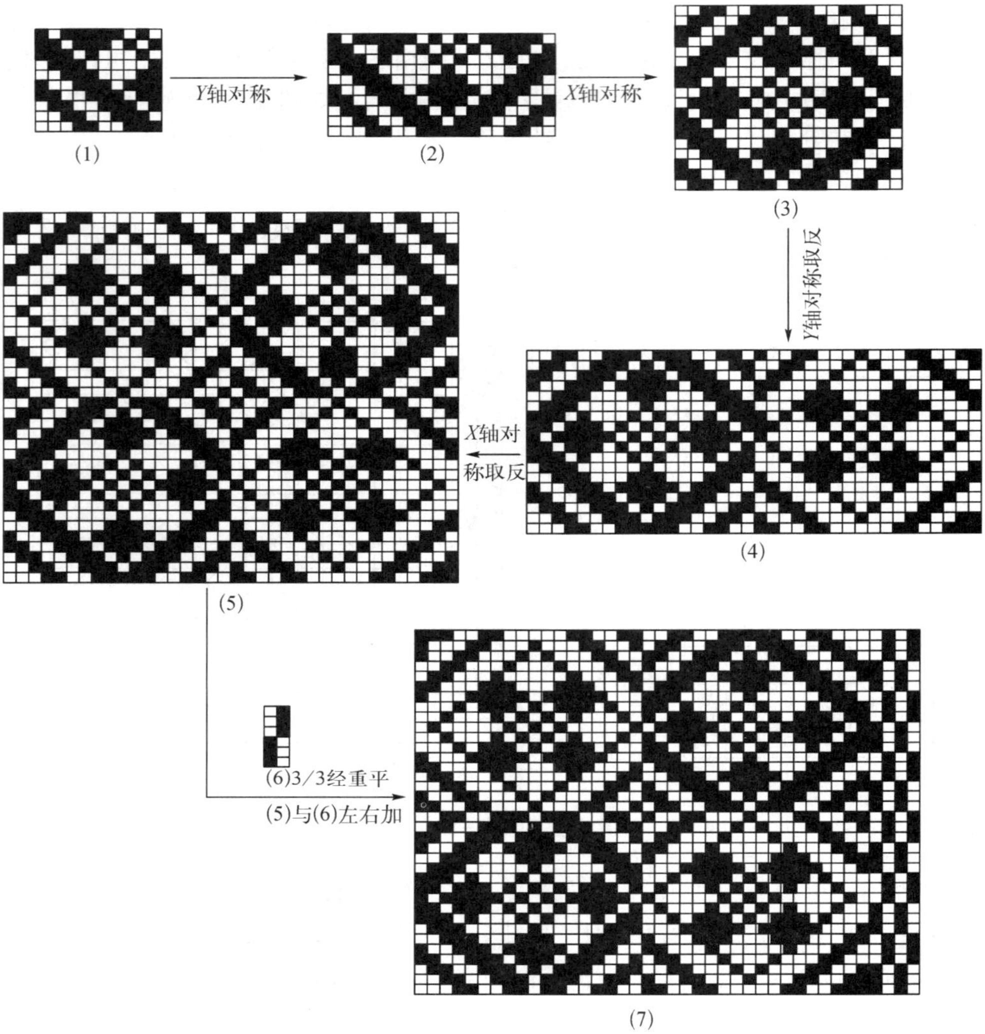

图 4-16 计算机生成菱形变化组织的映射变换举例

$m)\times(l\times n)$ 阶，可分别表示为：

$$\begin{bmatrix} a_{11}B & a_{12}B & \cdots & a_{1n}B \\ a_{21}B & a_{22}B & \cdots & a_{2n}B \\ \vdots & \vdots & & \vdots \\ a_{m1}B & a_{m2}B & \cdots & a_{mn}B \end{bmatrix} \text{或} \begin{bmatrix} b_{11}A & b_{12}A & \cdots & b_{1l}A \\ b_{21}A & b_{22}A & \cdots & b_{2l}A \\ \vdots & \vdots & & \vdots \\ b_{k1}A & b_{k2}A & \cdots & b_{kl}A \end{bmatrix}$$

[例] 已知 $A=\begin{bmatrix}1 & 1\\ 1 & 1\end{bmatrix}$, $B=\begin{bmatrix}0 & 1\\ 1 & 0\end{bmatrix}$,

则 $C=A\otimes B=\begin{bmatrix}1 & 1\\ 1 & 1\end{bmatrix}\otimes\begin{bmatrix}0 & 1\\ 1 & 0\end{bmatrix}=\begin{bmatrix}1\cdot\begin{bmatrix}0 & 1\\ 1 & 0\end{bmatrix} & 1\cdot\begin{bmatrix}0 & 1\\ 1 & 0\end{bmatrix}\\ 1\cdot\begin{bmatrix}0 & 1\\ 1 & 0\end{bmatrix} & 1\cdot\begin{bmatrix}0 & 1\\ 1 & 0\end{bmatrix}\end{bmatrix}=\begin{bmatrix}0 & 1 & 0 & 1\\ 1 & 0 & 1 & 0\\ 0 & 1 & 0 & 1\\ 1 & 0 & 1 & 0\end{bmatrix}$

明显可见，C 是 B 组织阵的四个循环，只要设置被叉积元 A 为合适阶数的全"1"阵，运用 Kronecker 积算法便可扩充生成 B 组织的若干个循环。

[例]　已知 $A=\begin{bmatrix}0&0&1\\0&1&0\\1&0&0\end{bmatrix}$，$B=\begin{bmatrix}1&0\\0&1\end{bmatrix}$

$$\text{则 } C=A\otimes B=\begin{bmatrix}0&0&1\\0&1&0\\1&0&0\end{bmatrix}\otimes\begin{bmatrix}1&0\\0&1\end{bmatrix}=\begin{bmatrix}0&0&0&0&1&0\\0&0&0&0&0&1\\0&0&1&0&0&0\\0&0&0&1&0&0\\1&0&0&0&0&0\\0&1&0&0&0&0\end{bmatrix}$$

$$C'=B\otimes A=\begin{bmatrix}1&0\\0&1\end{bmatrix}\otimes\begin{bmatrix}0&0&1\\0&1&0\\1&0&0\end{bmatrix}=\begin{bmatrix}0&0&1&0&0&0\\0&1&0&0&0&0\\1&0&0&0&0&0\\0&0&0&0&0&1\\0&0&0&0&1&0\\0&0&0&1&0&0\end{bmatrix}$$

这里，C 是平纹组织按 A 中"1"元素的位置连续排列而成的新组织，C' 是 3 枚斜纹组织按 B 中"1"元素的位置连续排列而成的新组织。可见，运用 Kronecker 积算法可使某组织按给定的方式排列生成新组织，且为数模生成集中模块拼装法映射的实现提供了支持。

(二) 排列比 1∶1 重组织的数学模型和生成法

绘作重组织图时，为了显著和直观，常用不同的颜色或符号来表示表、里组织的经浮点。同理，在用矩阵表述重组织图时，除了 0，1 元素外，可引入其他整数来分别表示表、里组织的经浮点。在二重组织的计算机设计中，设以"1"代表表组织经浮点，以"2"代表里组织经浮点。在三重组织中，以"1"代表表组织经浮点，以"2"代表第二重(中)组织经浮点，以"3"代表第三重(里)组织经浮点，余类推。"0"元素则代表表、中、里各组织的纬浮点。

【数模 1】　已知 A、B 为满足经二重组织构作条件的表、里基础组织阵，表、里经线排列比为 1∶1，则 $W=A\otimes Q^1+B\otimes Q^2$ 构成一个经二重组织阵。式中叉积元 $Q^1=[1\quad 0]$，$Q^2=[0\quad 2]$。

证明：因为 A、B 为 $[0,1]$ 基础组织阵，令

$$A=\begin{bmatrix}a_{11}\cdots a_{1n}\\\cdots\cdots\cdots\cdots\\a_{m1}\cdots a_{mn}\end{bmatrix}_{m\times n},\quad B=\begin{bmatrix}b_{11}\cdots b_{1l}\\\cdots\cdots\cdots\cdots\\b_{k1}\cdots b_{kl}\end{bmatrix}_{k\times l}$$

根据 Kronecker 积定义：

$$A\otimes Q^1=\begin{bmatrix}a_{11}\cdots a_{1n}\\\cdots\cdots\cdots\cdots\\a_{m1}\cdots a_{mn}\end{bmatrix}_{m\times n}\otimes[1\quad 0]=\begin{bmatrix}a_{11}0\cdots a_{1n}0\\\cdots\cdots\cdots\cdots\cdots\\a_{m1}0\cdots a_{mn}0\end{bmatrix}_{m\times 2n}$$

$$B\otimes Q^2=\begin{bmatrix} b_{11}\cdots b_{1l} \\ \cdots\cdots\cdots \\ b_{k1}\cdots b_{kl} \end{bmatrix}_{k\times l}\otimes[0\quad 2]=\begin{bmatrix} 0\ 2b_{11}\cdots 0\ 2b_{1l} \\ \cdots\cdots\cdots\cdots\cdots \\ 0\ 2b_{k1}\cdots 0\ 2b_{kl} \end{bmatrix}_{k\times 2l}$$

当 m 与 k 及 n 与 l 分别取最小公倍数后，$A\otimes Q^1$ 与 $B\otimes Q^2$ 就能进行相加。为简便起见，设 $m=k$，$n=l$，则

$$W=A\otimes Q^1+B\otimes Q^2=\begin{bmatrix} a_{11}2b_{11}\cdots a_{1n}2b_{1l} \\ \cdots\cdots\cdots\cdots\cdots\cdots \\ a_{m1}2b_{k1}\cdots a_{mn}2b_{kl} \end{bmatrix}_{m\times 2n}$$

上式中，a_{ij} 与 b_{ij} 互不交叉相加，当 a_{ij} 和 b_{ij} 取定为 0 或 1 时，经 Kronecker 积运算法，其相应的 0，1，2 分别按给定的位置排放，从而构成经二重组织阵。

【数模 2】 已知 A、B 为满足纬二重组织构作条件的表、里基础组织阵，表、里纬线排列比为 1∶1，则 $W=A\otimes Q^1+B\otimes Q^2$，构成一个纬二重组织阵。式中叉积元 $Q^1=\begin{bmatrix}0\\1\end{bmatrix}$，$Q^2=\begin{bmatrix}2\\0\end{bmatrix}$。

［例］ 已知某经二重组织的表、里基础组织阵如 A、B 所示，构作表、里经排列比为 1∶1 的经二重组织。

解 已知 $A=\begin{bmatrix}1110\\1101\\1011\\0111\end{bmatrix}$ $B=\begin{bmatrix}0100\\1000\\0001\\0010\end{bmatrix}$

按［数模 1］：$W=A\otimes Q^1+B\otimes Q^2=\begin{bmatrix}1110\\1101\\1011\\0111\end{bmatrix}\otimes[1\quad 0]+\begin{bmatrix}0100\\1000\\0001\\0010\end{bmatrix}\otimes[0\quad 2]$

$$=\begin{bmatrix}10101000\\10100010\\10001010\\00101010\end{bmatrix}+\begin{bmatrix}00020000\\02000000\\00000002\\00000200\end{bmatrix}=\begin{bmatrix}10121000\\12100010\\10001012\\00101210\end{bmatrix}$$

构成了经二重组织阵，当 "1"用"■"表示、"2"用"☒"表示、"0"用"□"表示时，对应的组织图如图 4-17 所示。

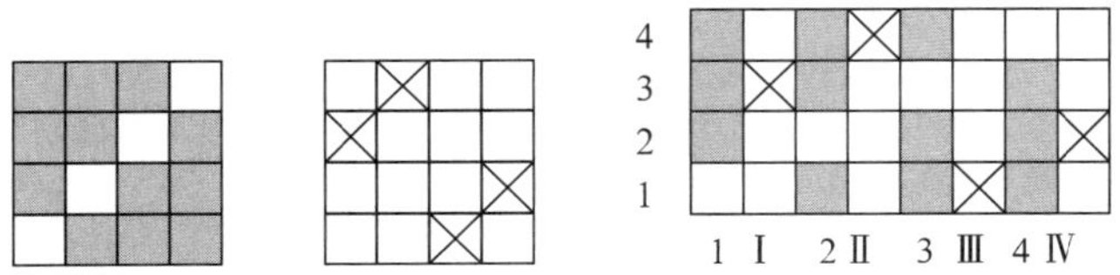

(1) 表组织　(2) 里组织　(3) 经二重组织

图 4-17　排列比为 1∶1 的经二重组织图例

［例］ 已知某纬二重组织的表、里基础组织阵如 A、B 所示，构作表、里纬排列比为 1∶1 纬二重组织。

解　$A=\begin{bmatrix}1100\\1001\\0011\\0110\end{bmatrix}$，$B=\begin{bmatrix}1110\\1101\\1011\\0111\end{bmatrix}$。

按[数模 2]：$W=\begin{bmatrix}1100\\1001\\0011\\0110\end{bmatrix}\otimes\begin{bmatrix}0\\1\end{bmatrix}+\begin{bmatrix}1110\\1101\\1011\\0111\end{bmatrix}\otimes\begin{bmatrix}2\\0\end{bmatrix}=\begin{bmatrix}0000\\1100\\0000\\1001\\0000\\0011\\0000\\0110\end{bmatrix}+\begin{bmatrix}2220\\0000\\2202\\0000\\2022\\0000\\0222\\0000\end{bmatrix}=\begin{bmatrix}2220\\1100\\2202\\1001\\2022\\0011\\0222\\0110\end{bmatrix}$

构成了纬二重组织阵，对应的组织图如图 4-18 所示。

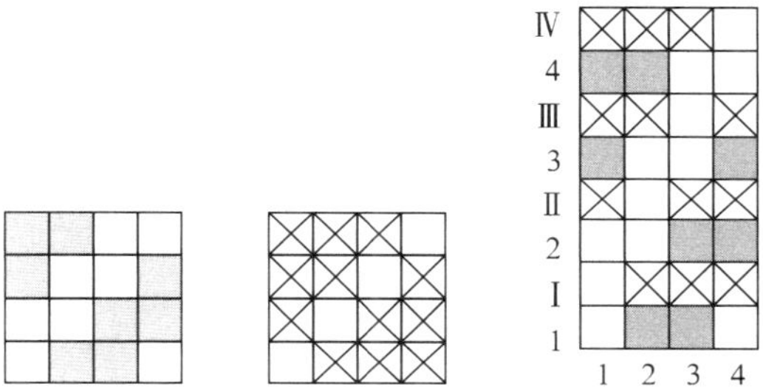

(1) 表组织　　(2) 里组织　　(3) 纬二重组织

图 4-18　排列比为 1∶1 的纬二重组织图例

【数模 3】　A_{mn}，B_{pq}，C_{st} 为满足经三重组织构成条件的表、中、里基础组织阵，当 m、p、s 的最小公倍数为 X，而 n、q、t 的最小公倍数为 Y，利用 Kronecker 积先分别将 A_{mn}，B_{pq}，C_{st} 扩展为 X 行、Y 列的等价矩阵 a_{xy}、b_{xy}、c_{xy}，则 $W=a_{xy}\otimes[1\ 0\ 0]+b_{xy}\otimes[0\ 2\ 0]+c_{xy}\otimes[0\ 0\ 3]$　构成排列比为 1∶1∶1 的经三重组织阵。

同理，若 A_{mn}，B_{pq}，C_{st} 为满足纬三重组织构成条件的表、里、中三基础组织阵，

则 $W=a_{xy}\otimes\begin{bmatrix}0\\0\\1\end{bmatrix}+b_{xy}\otimes\begin{bmatrix}0\\2\\0\end{bmatrix}+c_{xy}\otimes\begin{bmatrix}3\\0\\0\end{bmatrix}$ 构成排列比为 1∶1∶1 的纬三重组织阵。

[例]　已知某纬三重组织的表、中、里基础组织阵如 A、B、C 所示，构作表、中、里纬线排列比为 1∶1∶1 的纬三重组织。

解　$A=\begin{bmatrix}00010000\\00000010\\01000000\\00001000\\00000001\\00100000\\00000100\\10000000\end{bmatrix}$，$B=\begin{bmatrix}10011001\\00110011\\01100110\\11001100\\10011001\\00110011\\01100110\\11001100\end{bmatrix}$，$C=\begin{bmatrix}10111111\\11110111\\11111110\\11011111\\11111011\\01111111\\11101111\\11111101\end{bmatrix}$。

由于三个矩阵的行列数相等，则 $A=a_{xy}$，$B=b_{xy}$，$C=c_{xy}$。按【数模 3】，

$$W=a_{xy}\otimes\begin{bmatrix}0\\0\\1\end{bmatrix}+b_{xy}\otimes\begin{bmatrix}0\\2\\0\end{bmatrix}+c_{xy}\otimes\begin{bmatrix}3\\0\\0\end{bmatrix}=\begin{bmatrix}30333333\\20022002\\00010000\\33330333\\00220022\\00000010\\33333330\\02200220\\01000000\\33033333\\22002200\\00001000\\33333033\\20022002\\00000001\\03333333\\00220022\\00100000\\00000100\\33303333\\02200220\\00000100\\33333303\\22002200\\10000000\end{bmatrix}$$

如果用“■”表示组织矩阵中的“1”，用“⧅”表示组织矩阵中的“2”，用“⊠”表示组织矩阵中的“3”，则相应的织物组织图为图 4-19。

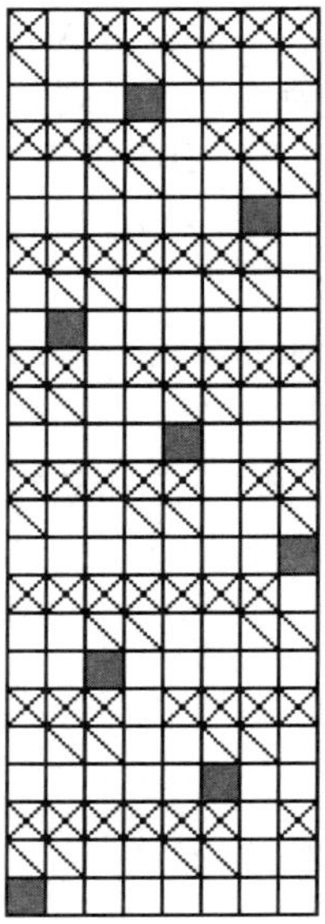

图 4-19 排列比为 1∶1∶1 的纬三重组织图例

(三) 任意排列比重组织的数学模型和生成法

重组织表、里经（纬）线排列比除 1∶1 之外，还有 2∶1、2∶2、3∶1 或 4∶1 等。用 Kronecker 积法生成任意排列比重组织的算法复杂之处在于需要先按排列比数将表（或里）基础组织阵进行分解，得到其几个分组织阵，然后再用分组织阵与适当的叉积元进行叉积运算，从而得到对应的重组织阵。

1. 任意排列比经二重组织的数模和生成法

【数模 4】 已知 A、B 为满足经二重组织构作条件的表、里基础组织阵，表、里经线排列比为 2∶1，利用 $A=A_1\otimes[1\quad 0]+A_2\otimes[0\quad 1]$，求出表基础组织阵 A 的 2 个分组织阵 A_1 和 A_2，设置合适行列数的全“1”阵为被叉积元，与 A_1、A_2、B 矩阵进行 Kronecker 积运算，使它们扩展到相同的行列数（为三个矩阵行列数的最小公倍数），则 $W=A_1\otimes Q^1+A_2\otimes Q^2+B\otimes Q^3$，便构成一个排列比为 2∶1 的经二重组织阵。若表、里经排列顺序为表经 2

根、里经 1 根，则式中叉积元 $Q^1=[1\quad 0\quad 0]$，$Q^2=[0\quad 1\quad 0]$，$Q^3=[0\quad 0\quad 2]$；若排列顺序为表经 1 根、里经 1 根、表经 1 根，则式中叉积元 $Q^1=[1\quad 0\quad 0]$，$Q^2=[0\quad 0\quad 1]$，$Q^3=[0\quad 2\quad 0]$；余类推。

若表、里经线排列比改为 3∶1，排列顺序为表经 3 根、里经 1 根，同理推及利用 $A=A_1\otimes[1\quad 0\quad 0]+A_2\otimes[0\quad 1\quad 0]+A_3\otimes[0\quad 0\quad 1]$，求出 A_1、A_2、A_3。设置合适行列数的全“1”阵为被叉积元与 A_1，A_2，A_3，B 进行 Kronecker 积运算，使它们的行列数扩展到相等，则 $W=A_1\otimes[1\quad 0\quad 0\quad 0]+A_2\otimes[0\quad 1\quad 0\quad 0]+A_3\otimes[0\quad 0\quad 1\quad 0]+B\otimes[0\quad 0\quad 0\quad 2]$，便为所需求作的排列比为 3∶1 的经二重组织。

若表里经线排列比为 2∶2，即表经 2 根，里经 2 根，利用 $A=A_1\otimes[1\quad 0]+A_2\otimes[0\quad 1]$ 求出 A_1、A_2；利用 $B=B_1\otimes[1\quad 0]+B_2\otimes[0\quad 1]$，求出 B_l、B_2，设置合适阶数的全“1”阵为被叉积元与 A_1、A_2、B_l、B_2 进行 Kronecker 积运算，使它们扩展到相同的行列数，则 $W=A_1\otimes[1\quad 0\quad 0\quad 0]+A_2\otimes[0\quad 1\quad 0\quad 0]+B_1\otimes[0\quad 0\quad 2\quad 0]+B_2\otimes[0\quad 0\quad 0\quad 2]$，便构成排列比为 2∶2 的经二重组织。

[例]　已知某经二重组织表组织阵 $A\left(\frac{2}{\ \ 2}\text{方平组织}\right)$，里组织阵 $B\left(\frac{1}{\ \ 3}\text{破斜纹}\right)$，表、里经线排列比为 2∶1，排列为表经 1 根、里经 1 根、表经 1 根，求作该经二重组织。

$$A=\begin{bmatrix}0011\\0011\\1100\\1100\end{bmatrix},\ B=\begin{bmatrix}0001\\0100\\0010\\1000\end{bmatrix}$$

解　按算式 $A=A_1\otimes[1\quad 0]+A_2\otimes[0\quad 1]$，求得 A 的两个分组织阵 A_1 和 A_2：$A_1=\begin{bmatrix}01\\01\\10\\10\end{bmatrix}$，$A_2=\begin{bmatrix}01\\01\\10\\10\end{bmatrix}$，为使 A_1，A_2 阵的行列数与 B 矩阵的行列数相同，再作如下变化：

$$A_1=[1\quad 1]\otimes A_1=\begin{bmatrix}0101\\0101\\1010\\1010\end{bmatrix},\ A_2=[1\quad 1]\otimes A_2=\begin{bmatrix}0101\\0101\\1010\\1010\end{bmatrix}$$

由于表、里经线排列顺序为表经 1 根，里经 1 根，表经 1 根，所以 $Q^1=[1\quad 0\quad 0]$，$Q^2=[0\quad 0\quad 1]$，$Q^3=[0\quad 2\quad 0]$，则 $W=A_1\otimes Q^1+A_2\otimes Q^2+B_1\otimes Q^3=\begin{bmatrix}000101000120\\000121000101\\101000121000\\121000101000\end{bmatrix}$ 构成了一个排列比为 2∶1 的经二重组织阵，其对应的组织图如图 4-20 (1)所示。

2. 任意排列比纬二重组织的数模和生成法

【数模 5】　已知 A、B 为满足纬二重组织构成条件的表里基础组织阵，表、里纬线排列比为 2∶1,利用 $A = A_1 \otimes \begin{bmatrix}0\\1\end{bmatrix} + A_2 \otimes \begin{bmatrix}1\\0\end{bmatrix}$,求出 A_1,A_2,设置合适行列数的全"1"阵为被叉积元与 A_1、A_2、B 进行 Kronecker 积运算,使它们扩展为相同行列数的矩阵。则 $W = A_1 \otimes Q^1 + A_2 \otimes Q^2 + B_1 \otimes Q^3$ 便构成排列比为 2∶1 的纬二重组织。若表、里纬排列顺序是表纬 2 根,里纬 1 根,式中 $Q^1 = \begin{bmatrix}0\\0\\1\end{bmatrix}$,$Q^2 = \begin{bmatrix}0\\1\\0\end{bmatrix}$,$Q^3 = \begin{bmatrix}2\\0\\0\end{bmatrix}$,若排列顺序为表纬 1 根,里纬 1 根,表纬 1 根,则式中的 $Q^1 = \begin{bmatrix}0\\0\\1\end{bmatrix}$,$Q^2 = \begin{bmatrix}1\\0\\0\end{bmatrix}$,$Q^3 = \begin{bmatrix}0\\2\\0\end{bmatrix}$。

若表、里纬线排列比改为 3∶1,顺序为表纬 2 根,里纬 1 根,表纬 1 根,则由 $A = A_1 \otimes \begin{bmatrix}0\\0\\1\end{bmatrix} + A_2 \otimes \begin{bmatrix}0\\1\\0\end{bmatrix} + A_3 \otimes \begin{bmatrix}1\\0\\0\end{bmatrix}$ 求出 A_1、A_2、A_3。当用合适的全"1"阵作为被叉积元,使 A_1、A_2、A_3 与 B 矩阵具有相同的阶数后,则,$W = A_1 \otimes \begin{bmatrix}0\\0\\0\\1\end{bmatrix} + A_2 \otimes \begin{bmatrix}0\\0\\1\\0\end{bmatrix} + A_3 \otimes \begin{bmatrix}1\\0\\0\\0\end{bmatrix} = B \otimes \begin{bmatrix}0\\2\\0\\0\end{bmatrix}$,便构成所要求作的排列比为 3∶1 的纬二重组织。

若表、里纬线排列比为 2∶2,即表纬 2 根,里纬 2 根,可由 $A = A_1 \otimes \begin{bmatrix}0\\1\end{bmatrix} + A_2 \otimes \begin{bmatrix}1\\0\end{bmatrix}$,求出 A_1、A_2,由 $B = B_1 \otimes \begin{bmatrix}0\\1\end{bmatrix} + B_2 \otimes \begin{bmatrix}1\\0\end{bmatrix}$,求出 B_1、B_2,再用合适行列数的全"1"阵为被叉积元与 A_1、A_2、B_1、B_2 进行 Kronecker 积运算,使 A_1、A_2、B_1、B_2 四个矩阵扩展到相同的行列数,则,

$$W = A_1 \otimes \begin{bmatrix}0\\0\\0\\1\end{bmatrix} + A_2 \otimes \begin{bmatrix}0\\0\\1\\0\end{bmatrix} + B_1 \otimes \begin{bmatrix}0\\2\\0\\0\end{bmatrix} + B_2 \otimes \begin{bmatrix}2\\0\\0\\0\end{bmatrix}$$

,便构成所要求作的排列比为 2∶2 的纬二重组织。

[例] 已知某纬二重组织阵 $A\left(\frac{1}{3}\text{破斜纹}\right)$,里组织阵 B(平纹),表、里纬线排列比为 2∶1,排列顺序为表纬 2 根、里纬 1 根,求作该纬二重组织。

解 已知 $A = \begin{bmatrix}0010\\0001\\0100\\1000\end{bmatrix}$,$B = \begin{bmatrix}10\\01\end{bmatrix}$,按算式 $A = A_1 \otimes \begin{bmatrix}0\\1\end{bmatrix} + A_2 \otimes \begin{bmatrix}1\\0\end{bmatrix}$,将 A 分解得 $A_1 = \begin{bmatrix}0001\\1000\end{bmatrix}$,$A_2 = \begin{bmatrix}0010\\0100\end{bmatrix}$,为使 A_1、A_2、B 三矩阵具有相同的行列数,令 $B = [11] \otimes$

$\begin{bmatrix}10\\01\end{bmatrix}=\begin{bmatrix}1010\\0101\end{bmatrix}$，由于表、里纬排列顺序为表纬 2 根，里纬 1 根，则，$W = A_1 \otimes \begin{bmatrix}0\\0\\1\end{bmatrix} + A_2 \otimes$

$$\begin{bmatrix}0\\1\\0\end{bmatrix} + B \otimes \begin{bmatrix}2\\0\\0\end{bmatrix} = \begin{bmatrix}0000\\0000\\0001\\0000\\0000\\1000\end{bmatrix} + \begin{bmatrix}0000\\0010\\0000\\0000\\0100\\0000\end{bmatrix} + \begin{bmatrix}2020\\0000\\0000\\0202\\0000\\0000\end{bmatrix} = \begin{bmatrix}2020\\0010\\0001\\0202\\0100\\1000\end{bmatrix}$$

，构成了一个排列比为 2∶1 的纬二重组织阵，其对应的组织图如图 4-20(2)所示。

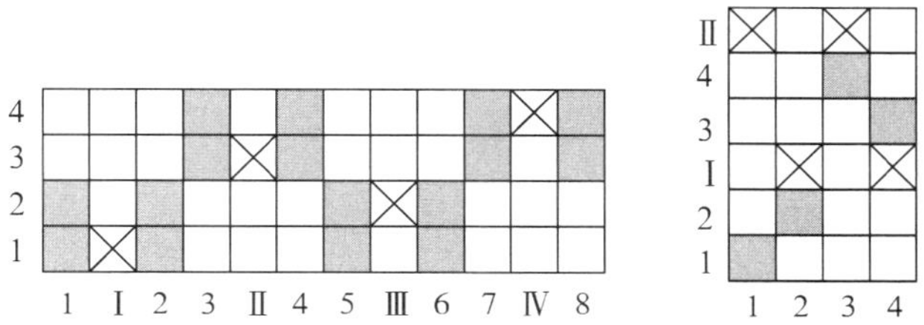

(1) 经二重　　(2) 纬二重

图 4-20　排列比 2∶1 的二重组织图

在排列比为 1∶1∶1 的经三重、纬三重组织【数模 3】的基础上，将上述方法稍作变化，便能生成任意排列比的三重组织，不予赘述。

(四) 重组织数学建模的技术要点

运用上述数学模型进行重组织的计算机设计时，只需给出表、里基础组织和表里经纱、表里纬纱的排列比和排列顺序，通过编程计算机便能自动生成所要求的重组织。数学建模的关键技术在于：

(1) 当给定的表、里基础组织阵行列数不等时，可设置适合行列数的全"1"阵为被叉积元，使各组织阵行列数扩展到等于它们的最小公倍数。

(2) 当表、里经纬纱非 1∶1 排列时，首先应将表、里基础组织按排列比数进行分解，得出其分组织阵，再参与 Kronecker 积运算。

(3) 按表、里经纬纱的排列顺序及组织类别排出所求组织的最小结构单元，并按这个结构单元设置出与各组织阵进行 Kronecker 积运算的叉积元。

(4) 为使重组织图中表、中、里各组织的经组织点直观起见，在[0,1]矩阵中，引进其他整数是十分必要的。

由于织物组织实际上就是一个矩阵，组织 CAD 的计算方法便是矩阵的各种运算，Kroneker 积在解决组织循环扩展和各类重组织的 CAD 中，已表现出它的优异功能，具有普适性和灵活性。

六、双层组织 CAD 数学模型

双层组织较单层组织的复杂之处在于同时增加了参与交织的经纱和纬纱组数，构成了表、里层组织和接结组织。与重组织类似，构成双层组织的表、里层基础组织，其计算机生成法与单层组织相同。当已知表、里层基础组织和表、里层经纬纱排列比后，Kronecker 积也是计算机生成双层组织的较适用的方法。

双层组织是由两组经线分别与两组纬线交织形成相互重叠的表、里两层织物，根据设计意图有空心袋、自身接结、表里换层、附加线接结及加入填芯线等双层组织。表、里层经纬线排列比大都是 1∶1，也有 2∶1、2∶2 或 3∶1 等。各类双层组织图都有表经与表纬交织的表层组织，里经与里纬交织的里层组织，表经与里纬或里经与表纬交织的接结组织等四个部分。每一部分实际均为一个矩阵，则双层组织便是这四个矩阵的叠加。为使双层组织图中各部分组织点直观分明，分别用不同的整数表示。设以“1”代表表层组织经浮点，“2”代表里层组织经浮点，“3”代表表经与里纬构成的经浮点，“4”代表里经与表纬构成的经浮点，四个矩阵中的纬浮点均以“0”表示。当四个矩阵行列数不等时，可用 Kronecker 积算法设置适当的被叉积元，使矩阵行列数扩展到相等。附加接结线双层组织、加入填芯线双层组织，除上述四部分外还要增加接结线、填芯线与表、里经纬线交织部分。

（一）自身接结双层组织 CAD 数学模型

现以表、里经和表、里纬的排列比均为 1∶1 的自身接结双层组织为例，说明应用 Kronecker 积建模的方法。

【数模 1】 设 A、B 为构成双层组织的表、里层基础组织阵，C 为表经与里纬接结组织阵，D 为里经与表纬接结组织阵，表里经、表里纬的排列比均为 1∶1，该双层组织的最小结构单元可排列成一个 2 行 2 列的矩阵，序号标注为：

里	3	2
表	1	4
	表	里

，其叉积元 $Q^1=\begin{bmatrix}0&0\\1&0\end{bmatrix}$，$Q^2=\begin{bmatrix}0&2\\0&0\end{bmatrix}$，$Q^3=\begin{bmatrix}3&0\\0&0\end{bmatrix}$，$Q^4=\begin{bmatrix}0&0\\0&4\end{bmatrix}$，则 $W=A\otimes Q^1+B\otimes Q^2+C\otimes Q^3+D\otimes Q^4$ 构成排列比为 1∶1 的双层组织。

若 C 为全“1”阵，表示里纬织入时表经全部提升，表经与里纬无接结；若 D 为全“0”阵，表示表纬织入时里经全部沉下，里经与表纬无接结；为此，有以下四种情况：

（1）若 C 为全“1”阵而 D 为非全“0”阵时，W 为里经接结（下接上）双层组织；

（2）若 C 为非全“1”阵而 D 为全“0”阵时，W 为表经接结（上接下）双层组织；

（3）当 C 为全“1”阵且 D 为全“0”阵时，W 为空心袋双层组织；

（4）当 C 为非全“1”且 D 为非全“0”阵时，W 为联合接结双层组织。

［例］ 已知表层组织 A，里层组织 B，表经接结组织 C，里经接结组织 D，表、里经、纬纱线的排列比均为 1∶1，求作该双层组织。

解 （1）已知 $A=\begin{bmatrix}110001\\100011\\000111\\001110\\011100\\111000\end{bmatrix}$，$B=\begin{bmatrix}110001\\100011\\000111\\001110\\011100\\111000\end{bmatrix}$，$C=\begin{bmatrix}111011\\110111\\101111\\011111\\111110\\111101\end{bmatrix}$，$D=\begin{bmatrix}100000\\000001\\000010\\000100\\001000\\010000\end{bmatrix}$

$$W=A\otimes\begin{bmatrix}00\\10\end{bmatrix}+B\otimes\begin{bmatrix}02\\00\end{bmatrix}+C\otimes\begin{bmatrix}30\\00\end{bmatrix}+D\otimes\begin{bmatrix}00\\04\end{bmatrix}$$

$$=\begin{bmatrix}110001\\100011\\000111\\001110\\011100\\111000\end{bmatrix}\otimes\begin{bmatrix}00\\10\end{bmatrix}+\begin{bmatrix}110001\\100011\\000111\\001110\\011100\\111000\end{bmatrix}\otimes\begin{bmatrix}02\\00\end{bmatrix}+\begin{bmatrix}111011\\110111\\101111\\011111\\111110\\111101\end{bmatrix}\otimes\begin{bmatrix}30\\00\end{bmatrix}+\begin{bmatrix}100000\\000001\\000010\\000100\\001000\\010000\end{bmatrix}\otimes\begin{bmatrix}00\\04\end{bmatrix}$$

$$=\begin{bmatrix}323230003032\\141000000010\\323000303232\\100000001014\\300030323232\\000000101410\\003032323230\\000010141000\\303232323000\\001014100000\\323232300030\\101410000000\end{bmatrix}$$

W 为一联合接结双层组织阵，当以“■”表示“1”，以“⊠”表示“2”，以“回”表示“3”，以“◙”表示“4”，以“□”表示“0”时，其对应的方格组织图如图 4-21(1)所示。

(2) 若 A、B、D 组织阵不变，C 为全“1”阵，则构成一里经接结双层组织阵，以 W_1 表示，其对应的方格组织图如图 4-21(2)所示。

$$W_1=\begin{bmatrix}323230303032\\141000000010\\323030303232\\100000001014\\303030323232\\000000101410\\303032323230\\000010141000\\303232323030\\001014100000\\323232303030\\101410000000\end{bmatrix},\ W_2=\begin{bmatrix}323230003032\\101000000010\\323000303232\\100000001010\\300030323232\\000000101010\\003032323230\\000010101000\\303232323000\\001010100000\\323232300030\\101010000000\end{bmatrix},\ W_3=\begin{bmatrix}323230303032\\101000000010\\323030303232\\100000001010\\303030323232\\000000101010\\303032323230\\000010101000\\303232323030\\001010100000\\323232303030\\101010000000\end{bmatrix}$$

(3) 若 A、B、C 组织阵不变，而 D 变为全“0”阵，则构成一表经接结双层组织阵，以 W_2 表示，其对应的方格组织图如图 4-21(3)所示。

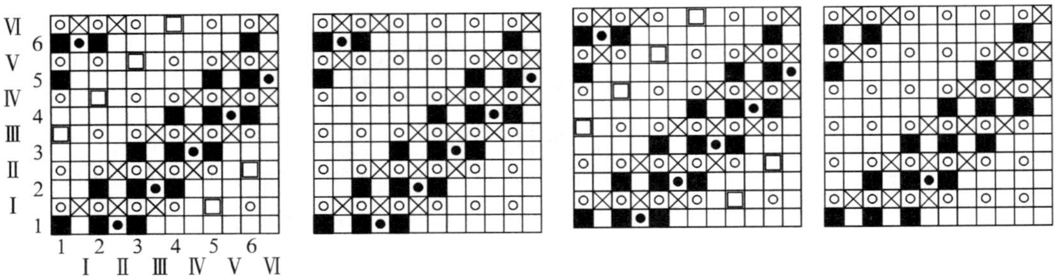

(1) 联合接结　　(2) 里经接结　　(3) 表经接结　　(4) 空心袋

图 4-21　自身接结与空心袋双层组织图例

(4) 若 A、B 组织阵不变，而 C 变为全“1”阵，D 变为全“0”阵，则构成一空心袋双层组织阵，以 W_3 表示，其对应的方格组织图如图 4-21(4)所示。

(二) 表里换层双层组织的 CAD 数学模型

表里换层双层组织是在指定的位置通过调换表里经纬线位置进行接结的。表里换层方式有三种：经线换层纬线不换层；纬线换层经线不换层；经、纬线同时换层。无论哪一种换层方式，在非换层处均为空心袋组织。

【数模 2】 设 A、B 为表、里层基础组织，经纬同时换层的模纹为：$\begin{array}{|c|c|}\hline R & P\\\hline P & R\\\hline\end{array}$，若 A 为 P 处的表层组织和 R 处的里层组织；B 为 P 处的里层组织和 R 处的表层组织，P 与 R 处均是空心袋组织，表里经纬线排列比为 1∶1，则 $P = A\otimes\begin{bmatrix}00\\10\end{bmatrix}+B\otimes\begin{bmatrix}02\\00\end{bmatrix}+C\otimes\begin{bmatrix}30\\00\end{bmatrix}$；$R = A\otimes\begin{bmatrix}00\\20\end{bmatrix}+B\otimes\begin{bmatrix}01\\00\end{bmatrix}+C\otimes\begin{bmatrix}00\\03\end{bmatrix}$，式中的 C 为全“1”阵，则 $W=\begin{bmatrix}01\\10\end{bmatrix}\otimes P+\begin{bmatrix}10\\01\end{bmatrix}\otimes R$ 为经、纬线同时换层的双层组织。

若经线换层、纬线不换层，其换层摸纹为：$\begin{array}{|c|}\hline R\\\hline P\\\hline\end{array}$，可令 $P=A\otimes\begin{bmatrix}00\\10\end{bmatrix}+B\otimes\begin{bmatrix}02\\00\end{bmatrix}+C\otimes\begin{bmatrix}30\\00\end{bmatrix}$；$R = B\otimes\begin{bmatrix}00\\01\end{bmatrix}+A\otimes\begin{bmatrix}20\\00\end{bmatrix}+C\otimes\begin{bmatrix}03\\00\end{bmatrix}$，则 $W=\begin{bmatrix}0\\1\end{bmatrix}\otimes P+\begin{bmatrix}1\\0\end{bmatrix}\otimes R$ 为经线换层的双层组织。

同理，若纬线换层、经线不换层，其换层摸纹为：$\begin{array}{|c|c|}\hline P & R\\\hline\end{array}$，可令 $P = A\otimes\begin{bmatrix}00\\10\end{bmatrix}+B\otimes\begin{bmatrix}02\\00\end{bmatrix}+C\otimes\begin{bmatrix}30\\00\end{bmatrix}$；$R = B\otimes\begin{bmatrix}10\\00\end{bmatrix}+A\otimes\begin{bmatrix}00\\02\end{bmatrix}+C\otimes\begin{bmatrix}00\\30\end{bmatrix}$，则 $W=[1\quad 0]\otimes P+[0\quad 1]\otimes R$，为纬线换层的双层组织。

[例] 已知表层组织 $A=\begin{bmatrix}01\\10\end{bmatrix}$，里层组织 $B=\begin{bmatrix}01\\10\end{bmatrix}$，要求在第 4 根经、纬线后表里经、纬线同时换层，换层模纹为：$\begin{array}{|c|c|}\hline R & P\\\hline P & R\\\hline\end{array}$，表里经纬线排列比均为 1∶1。构作表里换层双层组织。

解 为确保 P、R 处为空心袋组织，故 $C=\begin{bmatrix}11\\11\end{bmatrix}$，

$$P = A \otimes \begin{bmatrix} 00 \\ 10 \end{bmatrix} + B \otimes \begin{bmatrix} 02 \\ 00 \end{bmatrix} + C \otimes \begin{bmatrix} 30 \\ 00 \end{bmatrix}$$

$$= \begin{bmatrix} 01 \\ 10 \end{bmatrix} \otimes \begin{bmatrix} 00 \\ 10 \end{bmatrix} + \begin{bmatrix} 01 \\ 10 \end{bmatrix} \otimes \begin{bmatrix} 02 \\ 00 \end{bmatrix} + \begin{bmatrix} 11 \\ 11 \end{bmatrix} \otimes \begin{bmatrix} 30 \\ 00 \end{bmatrix} = \begin{bmatrix} 0000 \\ 0010 \\ 0000 \\ 1000 \end{bmatrix} + \begin{bmatrix} 0002 \\ 0000 \\ 0200 \\ 0000 \end{bmatrix} + \begin{bmatrix} 3030 \\ 0000 \\ 3030 \\ 0000 \end{bmatrix} = \begin{bmatrix} 3032 \\ 0010 \\ 3230 \\ 1000 \end{bmatrix};$$

$$R = A \otimes \begin{bmatrix} 00 \\ 20 \end{bmatrix} + B \otimes \begin{bmatrix} 01 \\ 00 \end{bmatrix} + C \otimes \begin{bmatrix} 00 \\ 03 \end{bmatrix}$$

$$= \begin{bmatrix} 01 \\ 10 \end{bmatrix} \otimes \begin{bmatrix} 00 \\ 20 \end{bmatrix} + \begin{bmatrix} 01 \\ 10 \end{bmatrix} \otimes \begin{bmatrix} 01 \\ 00 \end{bmatrix} + \begin{bmatrix} 11 \\ 11 \end{bmatrix} \otimes \begin{bmatrix} 00 \\ 03 \end{bmatrix} = \begin{bmatrix} 0000 \\ 0020 \\ 0000 \\ 2000 \end{bmatrix} + \begin{bmatrix} 0001 \\ 0000 \\ 0100 \\ 0000 \end{bmatrix} + \begin{bmatrix} 0000 \\ 0303 \\ 0000 \\ 0303 \end{bmatrix} = \begin{bmatrix} 0001 \\ 0323 \\ 0100 \\ 2303 \end{bmatrix}$$

则 $W = \begin{bmatrix} 01 \\ 10 \end{bmatrix} \otimes P + \begin{bmatrix} 10 \\ 01 \end{bmatrix} \otimes R = \begin{bmatrix} 01 \\ 10 \end{bmatrix} \otimes \begin{bmatrix} 3032 \\ 0010 \\ 3230 \\ 1000 \end{bmatrix} + \begin{bmatrix} 10 \\ 01 \end{bmatrix} \otimes \begin{bmatrix} 0001 \\ 0323 \\ 0100 \\ 2303 \end{bmatrix} = \begin{bmatrix} 00013032 \\ 03230010 \\ 01003230 \\ 23031000 \\ 30320001 \\ 00100323 \\ 32300100 \\ 10002303 \end{bmatrix}$ 为所要求的经、纬线同时换层的双层组织，对应的方格图如图 4-22 所示。

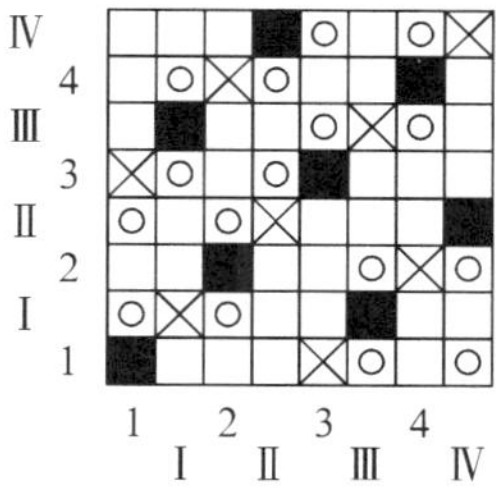

图 4-22　经纬线同时换层的双层组织图例

（三）附加线接结双层组织 CAD 数学模型

附加线接结法可分为接结经接结和接结纬接结两种。在已知表里经纬线与接结线排列比后，便可确定该双层组织的最小结构单元，得出参与运算的叉积元和被叉积元。若表里经、纬线 1∶1 排列时，表、里层基础组织阵、接结组织阵可直接作为被叉积元参与运算。若非 1∶1 排列时，必须将它们按排列比进行分解，得出其对应的子组织阵，再用子组织阵做被叉积元参与运算。

1. *接结经接结双层组织*

【数模 3】 在自身接结双层组织 A、B、C、D 组织阵基础上增加 E、F 两矩阵，它们分别表示接结经与表纬接结的组织阵和接结经与里纬接结的组织阵。设表、里经纬线排列比均为 2∶1，表经与接结经排列比亦为 2∶1。三种经线排列顺序为表经 1 根、接结经 1 根、表经 1 根、里经 1 根，表、里纬线排列为表纬 1 根、里纬 1 根、表纬 1 根。增设“5”表示接结经与表纬交织的经浮点，“6”为接结经与里纬交织的经浮点。该双层组织的最小结构单元应为一个 3 行 4 列的矩阵，各序号排列示意为：

	表	接	表	里
表	1	5	1	4
里	3	6	3	2
表	1	5	1	4

，则叉积元应有 12 个。

由于采用接结经接结，表里层经纬线自身无接结，为此，C 为全“1”阵，D 为全“0”阵，有效的叉积元减为 10 个，它们是 $Q^1=\begin{bmatrix}0000\\0000\\1000\end{bmatrix}$，$Q^2=\begin{bmatrix}0000\\0000\\0500\end{bmatrix}$，$Q^3=\begin{bmatrix}0000\\0000\\0010\end{bmatrix}$，$Q^4=\begin{bmatrix}0000\\3000\\0000\end{bmatrix}$，$Q^5=\begin{bmatrix}0000\\0600\\0000\end{bmatrix}$，$Q^6=\begin{bmatrix}0000\\0030\\0000\end{bmatrix}$，$Q^7=\begin{bmatrix}0000\\0002\\0000\end{bmatrix}$，$Q^8=\begin{bmatrix}1000\\0000\\0000\end{bmatrix}$，$Q^9=\begin{bmatrix}0500\\0000\\0000\end{bmatrix}$，$Q^{10}=\begin{bmatrix}0010\\0000\\0000\end{bmatrix}$。在最小结构单元中，由于表层经、纬线排列数均为 2，设置合适的叉积元，可将表层组织阵 A 分解为 A_1、A_2、A_3 和 A_4 四个子组织阵。接结经与表纬组织阵 E 分解为 E_l、E_2 两个子组织阵。由 $A=A_1\otimes\begin{bmatrix}00\\10\end{bmatrix}+A_2\otimes\begin{bmatrix}00\\01\end{bmatrix}+A_3\otimes\begin{bmatrix}10\\00\end{bmatrix}+A_4\otimes\begin{bmatrix}01\\00\end{bmatrix}$，求出 A_1、A_2、A_3 和 A_4；由 $E=E_1\otimes\begin{bmatrix}0\\1\end{bmatrix}+E_2\otimes\begin{bmatrix}1\\0\end{bmatrix}$，求出 E_l 和 E_2。

则 $W=A_1\otimes Q^1+E_1\otimes Q^2+A_2\otimes Q^3+C\otimes Q^4+F\otimes Q^5+C\otimes Q^6+B\otimes Q^7+A_3\otimes Q^8+E_2\otimes Q^9+A_4\otimes Q^{10}$ 为所要求的排列比为 2∶1 接结经接结双层组织。

若表经、接结经、里经排列为 1∶1∶1，表、里纬排列也为 1∶1 时，则其最小结构单元简化为：$\begin{array}{r|ccc|}\cline{2-4} \text{里} & 3 & 6 & 2\\ \text{表} & 1 & 5 & 4\\ \cline{2-4} & \text{表} & \text{接} & \text{里}\end{array}$，有效叉积元减为 5 个，它们是 $Q^1=\begin{bmatrix}000\\100\end{bmatrix}$，$Q^2=\begin{bmatrix}000\\050\end{bmatrix}$，$Q^3=\begin{bmatrix}300\\000\end{bmatrix}$，$Q^4=\begin{bmatrix}060\\000\end{bmatrix}$，$Q^5=\begin{bmatrix}002\\000\end{bmatrix}$，则该接结经接结双层组织阵 $W=A\otimes Q^1+E\otimes Q^2+C\otimes Q^3+F\otimes Q^4+B\otimes Q^5$，余类推。

［例］ 已知表层组织 $A=\begin{bmatrix}1001\\0011\\0110\\1100\end{bmatrix}$，里层组织 $B=\begin{bmatrix}1100\\1001\\0011\\0110\end{bmatrix}$，接结经与表纬组织阵 $E=\begin{bmatrix}0000\\0100\\0000\\1000\\0000\\0001\\0000\\0010\end{bmatrix}$，接结经与里纬组织阵 $F=\begin{bmatrix}1110\\1101\\1011\\0111\end{bmatrix}$，表经∶接结经∶里经＝2∶1∶1，表纬∶里纬＝2∶1，其排列顺序为表经 1 根、接结经 1 根、表经 1 根、里经 1 根；表、里纬线排列为表纬 1 根、里纬 1 根、表纬 1 根，试构作接结经接结双层组织。

解　该例的最小结构单元为：

表	1	5	1	4
里	3	6	3	2
表	1	5	1	4
	表	接	表	里

。

由 $A_1 \otimes \begin{bmatrix}00\\10\end{bmatrix}+A_2 \otimes \begin{bmatrix}00\\01\end{bmatrix}+A_3 \otimes \begin{bmatrix}10\\00\end{bmatrix}+A_4+\begin{bmatrix}01\\00\end{bmatrix}=\begin{bmatrix}1001\\0011\\0110\\1100\end{bmatrix}$，

求出 $A_1=\begin{bmatrix}01\\10\end{bmatrix}$，$A_2=\begin{bmatrix}01\\10\end{bmatrix}$，$A_3=\begin{bmatrix}10\\01\end{bmatrix}$，$A_4=\begin{bmatrix}01\\10\end{bmatrix}$，

由 $E_1 \otimes \begin{bmatrix}0\\1\end{bmatrix}+E_2 \otimes \begin{bmatrix}1\\0\end{bmatrix}=\begin{bmatrix}0000\\0100\\0000\\1000\\0000\\0001\\0000\\0010\end{bmatrix}$ 求出 $E_1=\begin{bmatrix}0100\\1000\\0001\\0010\end{bmatrix}$，$E_2=\begin{bmatrix}0000\\0000\\0000\\0000\end{bmatrix}$，为了使 A_l、A_2、A_3、A_4 与 B、E_1、E_2 具有相同的行列数，用全"1"阵 $\begin{bmatrix}11\\11\end{bmatrix}$ 为被叉积元与 A_l、A_2、A_3、A_4 进行叉积，得 $A_1=\begin{bmatrix}0101\\1010\\0101\\1010\end{bmatrix}$，$A_2=\begin{bmatrix}0101\\1010\\0101\\1010\end{bmatrix}$，$A_3=\begin{bmatrix}1010\\0101\\1010\\0101\end{bmatrix}$，$A_4=\begin{bmatrix}0101\\1010\\0101\\1010\end{bmatrix}$，且 $C=\begin{bmatrix}1111\\1111\\1111\\1111\end{bmatrix}$，$D=\begin{bmatrix}0000\\0000\\0000\\0000\end{bmatrix}$，则

$$
\begin{aligned}
W &= A_1 \otimes Q^1 + E_1 \otimes Q^2 + A_2 \otimes Q^3 + C \otimes Q^4 + F \otimes Q^5 \\
&\quad + C \otimes Q^6 + B \otimes Q^7 + A_3 \otimes Q^8 + E_2 \otimes Q^9 + A_4 \otimes Q^{10} \\
&= \begin{bmatrix}0101\\1010\\0101\\1010\end{bmatrix} \otimes \begin{bmatrix}0000\\0000\\1000\end{bmatrix} + \begin{bmatrix}0100\\1000\\0001\\0010\end{bmatrix} \otimes \begin{bmatrix}0000\\0000\\0500\end{bmatrix} + \begin{bmatrix}0101\\1010\\0101\\1010\end{bmatrix} \otimes \begin{bmatrix}0000\\0000\\0010\end{bmatrix} + \begin{bmatrix}1111\\1111\\1111\\1111\end{bmatrix} \otimes \begin{bmatrix}0000\\3000\\0000\end{bmatrix} \\
&\quad + \begin{bmatrix}1110\\1101\\1011\\0111\end{bmatrix} \otimes \begin{bmatrix}0000\\0600\\0000\end{bmatrix} + \begin{bmatrix}1111\\1111\\1111\\1111\end{bmatrix} \otimes \begin{bmatrix}0000\\0030\\0000\end{bmatrix} + \begin{bmatrix}1100\\1001\\0011\\0110\end{bmatrix} \otimes \begin{bmatrix}0000\\0002\\0000\end{bmatrix}
\end{aligned}
$$

$$+\begin{bmatrix}1010\\0101\\1010\\0101\end{bmatrix}\otimes\begin{bmatrix}1000\\0000\\0000\end{bmatrix}+\begin{bmatrix}0000\\0000\\0000\\0000\end{bmatrix}\otimes\begin{bmatrix}0500\\0000\\0000\end{bmatrix}+\begin{bmatrix}0101\\1010\\0101\\1010\end{bmatrix}\otimes\begin{bmatrix}0010\\0000\\0000\end{bmatrix}=\begin{bmatrix}1000001010000010\\3632363236303030\\0000151000001010\\0010100000101000\\3632363030303632\\1510000010100000\\1000001010000010\\3630303036323632\\0000101000001510\\0010100000101000\\3030363236323630\\1010000015100000\end{bmatrix}$$

同样，若以“☒”表示 5，“▲”表示 6，对应的方格组织图如图 4-23 所示。

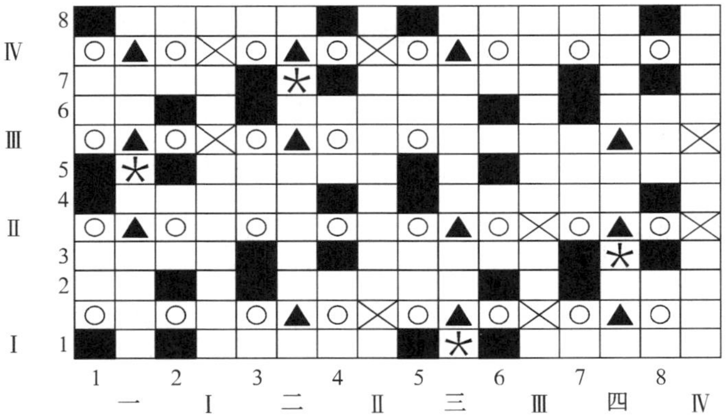

图 4-23 接结经接结双层组织图例

2. 接结纬接结双层组织

【数模 4】 设 A, B, C, D 组织阵含义不变，而以 E 和 F 阵分别表示接结纬与表经接结的组织阵和接结纬与里经接结的组织阵，并相应的以“5”和“6”分别表示组织阵中经浮点。表、里经线排列顺序为表经 2 根、里经 1 根；表、里纬与接结纬排列顺序为表纬 1 根、接结纬 1 根、表纬 1 根、里纬 1 根，其最小结构单元应为一个 4 行 3 列的矩阵，各序号排列示意为：$\begin{array}{c|ccc|}\text{里} & 3 & 3 & 2\\ \text{表} & 1 & 1 & 4\\ \text{接} & 5 & 5 & 6\\ \text{表} & 1 & 1 & 4\\ \hline & \text{表} & \text{表} & \text{里}\end{array}$，同理，由于采用接结纬和表里层经线接结，故表里层经纬线自身无接结，则 C 为全“1”阵，D 为全“0”阵，对应的叉积元应为 $Q^1=\begin{bmatrix}000\\000\\000\\100\end{bmatrix}$，$Q^2=\begin{bmatrix}000\\000\\000\\010\end{bmatrix}$，$Q^3=\begin{bmatrix}000\\000\\500\\000\end{bmatrix}$，$Q^4=\begin{bmatrix}000\\000\\050\\000\end{bmatrix}$，$Q^5=$

$$\begin{bmatrix}000\\000\\006\\000\end{bmatrix},\ Q^6=\begin{bmatrix}000\\100\\000\\000\end{bmatrix},\ Q^7=\begin{bmatrix}000\\010\\000\\000\end{bmatrix},\ Q^8=\begin{bmatrix}300\\000\\000\\000\end{bmatrix},\ Q^9=\begin{bmatrix}030\\000\\000\\000\end{bmatrix},\ Q^{10}=\begin{bmatrix}002\\000\\000\\000\end{bmatrix}。$$

由 $E=E_1\otimes[1\quad 0]+E_2\otimes[0\quad 1]$，求出 E_1 和 E_2；A_1、A_2、A_3 和 A_4，求法同例 3，则接结纬接结双层组织阵 $W=A_1\otimes Q^1+A_2\otimes Q^2+E_1\otimes Q^3+E_2\otimes Q^4+F\otimes Q^5+A_3\otimes Q^6+A_4\otimes Q^7+C\otimes Q^8+C\otimes Q^9+B\otimes Q^{10}$。

织物实际设计中接结经与接结纬可同时采用，其数模是两者的结合，不予赘述。

（四）填芯线双层组织 CAD 数学模型

为了增加织物的厚度、弹性和表层花纹的立体效应，双层组织中，常加入一根粗的经线或纬线起填芯作用。填芯经（或填芯纬）的结构特征是它沉在表层经（或纬线）之下而浮在里层经（或纬）线之上。现以自身接结双层组织中加入填芯纬为例说明数学模型。填芯经数模可仿效此法建成。

【数模 5】 设 A、B、C、D 阵含义不变，且它们的行列数相同，增加 G 表示填芯纬与表经构成的矩阵，H 表示填芯纬与里经组成的矩阵，并以“7”和“8”表示 G 矩阵和 H 矩阵中的经浮点。若表、里经排列比为 1∶1，表、里纬与芯纬排列比为 1∶1∶1。其最小结构单元应是一个 3 行 2 列的矩阵，各序号排列示意为：

	表	里
芯	7	8
里	3	2
表	1	4

，对应的叉积元应有 6 个。但由于芯纬是填在表、里层之间，即沉在所有表经之下，浮在所有里经之上。这个结构特征决定 G 为全“1”阵，H 为全“0”阵，有效叉积元减为 5 个，$Q^1=\begin{bmatrix}00\\00\\10\end{bmatrix}$，$Q^2=\begin{bmatrix}00\\00\\04\end{bmatrix}$，$Q^3=\begin{bmatrix}00\\30\\00\end{bmatrix}$，$Q^4=\begin{bmatrix}00\\02\\00\end{bmatrix}$，$Q^5=\begin{bmatrix}70\\00\\00\end{bmatrix}$；填芯纬接结双层组织阵 $W=A\otimes Q^1+D\otimes Q^2+C\otimes Q^3+B\otimes Q^4+G\otimes Q^5$。

依此类推，若其他情况不变，填芯纬改为填芯经，以 G 和 H 分别代表芯经与表纬、芯经与里纬构成的矩阵，并以“7”和“8”分别代表 G 和 H 阵中的经浮点，则其最小结构单元为一 2 行 3 列矩阵，各序号示意图为：

	表	芯	里
里	3	8	2
表	1	7	4

，且 G 为全“0”阵，H 为全“1”阵，有效叉积元 5 个，

$Q^1=\begin{bmatrix}000\\100\end{bmatrix}$，$Q^2=\begin{bmatrix}000\\004\end{bmatrix}$，$Q^3=\begin{bmatrix}300\\000\end{bmatrix}$，$Q^4=\begin{bmatrix}080\\000\end{bmatrix}$，$Q^5=\begin{bmatrix}002\\000\end{bmatrix}$，填芯经接结双层组织阵 $W=A\otimes Q^1+D\otimes Q^2+C\otimes Q^3+H\otimes Q^4+B\otimes Q^5$。

［例］ 已知表、里层基础组织阵 $A=\begin{bmatrix}1101\\1110\\1011\\0111\end{bmatrix}$，$B=\begin{bmatrix}0001\\1000\\0010\\0100\end{bmatrix}$，采用里经接结法，接结组织阵

$D=\begin{bmatrix}0001\\1000\\0010\\0100\end{bmatrix}$，加入填芯纬，表、里经排列比为 1∶1，表、里纬、芯纬排列比为 1∶1∶1，构作该填芯纬接结双层组织。

解　因采用里经接结、填芯纬结构，最小结构单元为：$\begin{array}{c|cc|}\text{芯} & 7 & 8\\ \text{里} & 3 & 2\\ \text{表} & 1 & 4\\ \hline & \text{表} & \text{里}\end{array}$，$C$ 与 G 均为 4 行 4 列全“1”阵，有效叉积元 5 个，所要构作的双层组织

$$W=\begin{bmatrix}1101\\1110\\1011\\0111\end{bmatrix}\otimes\begin{bmatrix}00\\00\\10\end{bmatrix}+\begin{bmatrix}0001\\1000\\0010\\0100\end{bmatrix}\otimes\begin{bmatrix}00\\00\\04\end{bmatrix}+\begin{bmatrix}1111\\1111\\1111\\1111\end{bmatrix}\otimes\begin{bmatrix}00\\30\\00\end{bmatrix}+\begin{bmatrix}0001\\1000\\0010\\0100\end{bmatrix}\otimes\begin{bmatrix}00\\02\\00\end{bmatrix}$$

$$+\begin{bmatrix}1111\\1111\\1111\\1111\end{bmatrix}\otimes\begin{bmatrix}70\\00\\00\end{bmatrix}=\begin{bmatrix}70707070\\30303032\\10100014\\70707030\\32303030\\14101000\\70707030\\30303230\\10001410\\70707070\\30323030\\00141010\end{bmatrix}$$

增设“⧅”代表双层组织阵中的“7”，则该填芯纬里经接结双层组织的方格组织图如图4-24 所示。

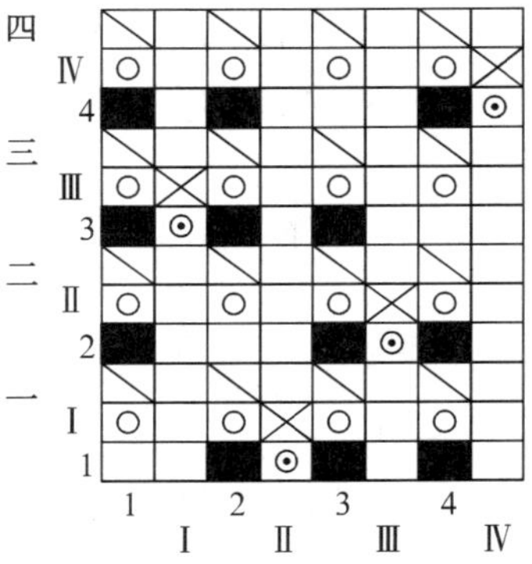

图 4-24　填芯纬里经接结双层组织图例

（五）双层组织数学建模的技术要点

综上所述，双层组织不同的接结方式、不同的纱线排列比和排列顺序，其组织 CAD 的数模是不一样的。但是，由于都是应用 Kronecker 积建立数学模型，其共同的技术要点归纳如下。

（1）当给出的表、里层基础组织阵、接结组织阵的行列数不等时，可设置合适行列数的全“1”阵为被叉积元，使各组织阵行列数扩展到等于它们的最小公倍数。

（2）当表里层经、纬线非 1∶1 排列时，首先应将表、里层基础组织和接结组织按排列比数进行分解，得到相应的子组织阵后，再代入数模运算。

（3）按表、里层经纬线、附加线、填芯线的排列顺序及组织类别确定所设计组织的最小结

构单元，并按这个结构单元设置出与各组织阵进行 Kronecker 积运算的有效叉积元。

(4) 为使双层组织图中各组经、纬线交织的组织点直观分明，在[0, 1]矩阵中，引进其他整数是十分必要的。

(5) 用 Kronecker 积实现各类双层组织数学建模的思路和方法，毋庸置疑，可用于多层组织和起绒组织的 CAD 建模。重要的是按组织结构、纱线排列比和排列顺序确定出最小结构单元及进行 Kronecker 积运算的有效叉积元。

七、组织库和意匠图组织处理

面对提花织物种类繁多的组织，若在意匠处理中临时建立这些组织是极为不便的。因此，利用计算机的数据库结构，将各种组织结构分门别类，建立组织库文件，可以简化计算机的意匠处理，节省处理时间。因为提花组织往往组织循环非常大，每个组织点只有 0 和 1 两种状态，可以只占用一位，每个字节可以存放 8 个组织点的信息，这样组织点信息可以压缩到只有原来的八分之一，压缩之后，大多数的组织只占用一个记录，这样对节省空间非常有效。

为了调用方便，组织数据库采用索引存储，将织物的组织分成若干大类，每一大类包含相应的许多种组织，分类的有关参数存放于组织数据库文件的索引目录中。

意匠图组织处理实质上是一种特殊的图形变换，它类似于图形处理中的摄动变换，每一种提花织物意匠图基本组织可以看成一个摄动阵，根据小样图色代码及该像素的位置，查找该色代码对应的基本组织摄动阵的相应位置，便可确定该点处的意匠信息。逐点逐行的意匠处理便可完成组织覆盖。

每个基本组织以 $n^i \times m^i$ 为基本单位，查表处理时可通过人机对话调出一种基本组织，也可在通过监视器画出一个基本组织单元，使它对应某一色代码。

意匠图基本组织可表示为 A^i：

$$A^i = \begin{pmatrix} a_{11}^i & a_{12}^i & \cdots & a_{1n}^i \\ a_{21}^i & a_{22}^i & \cdots & a_{2n}^i \\ & & \cdots & \\ & & \cdots & \\ a_{m1}^i & a_{m2}^i & \cdots & a_{mn}^i \end{pmatrix}$$

其中，n^i 为基本组织的经向点数，m^i 为基本组织的纬向点数。

小样的像素矩阵 CI 为：

$$\begin{pmatrix} CI_{11} & CI_{12} & \cdots & CI_{1\,nw} \\ CI_{21} & CI_{22} & \cdots & CI_{1\,nw} \\ & & \cdots & \\ CI_{mw\,1} & CI_{mw\,2} & \cdots & CI_{mw\,nw} \end{pmatrix}$$

其中，nw 为小样经纱数，mw 为小样纬纱数。

意匠图矩阵为 YI：

$$\begin{pmatrix} YI_{11} & YI_{12} & \cdots & YI_{1\,nw} \\ YI_{21} & YI_{22} & \cdots & YI_{1\,nw} \\ & & \cdots & \\ YI_{mw\,1} & YI_{mw\,2} & \cdots & YI_{mw\,nw} \end{pmatrix}$$

nw 为意匠图纹针数；mw 为意匠图纹格数；

设小样像素点的坐标为(x, y)，变换式为：

$i = CI(x, y)$

$a = Mod\ n_i(x)$

$b = Mod\ m_i(y)$

$YI(x, y) = A^i(a, b)$

$x = 1, 2, \cdots, n_w \qquad y = 1, 2, \cdots, m_w$

意匠处理过程见图 4-25。

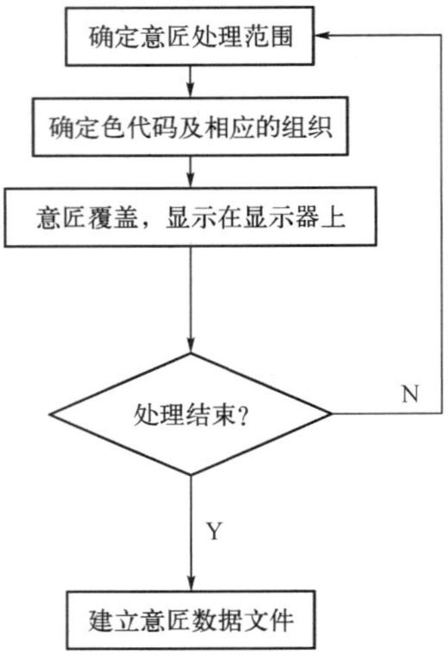

图 4-25　意匠处理过程

第三节　纹织 CAD 系统功能与操作

目前，纺织企业所使用的纹织 CAD 软件版本较多，各有千秋，但其主要功能基本相同，这里仅以浙大经纬计算机系统工程有限公司的纹织 CAD 系统为例介绍纹织 CAD 软件的使用方法。

一、启动系统

（一）开机与关机

1. 开机顺序

打开显示屏→扫描仪→打印机→计算机

计算机自动检测各个仪器的状态，最后进入 win 2000 画面

2. 关机顺序

用鼠标点屏幕右上角的“x”关闭所有窗口，再用鼠标单击“开始”关闭系统→屏幕出现“现在可以安全关闭计算机”后，主机自动关闭→关闭扫描仪→关闭显示屏

（二）纹织 CAD 系统的进入

双击“”

纹织CAD.exe

（三）系统操作步骤概述

(1) 扫描：纹样→扫描→分色→设经、纬线→存意匠图

(2) 绘图：读取意匠图→修改图案→保存意匠图

(3) 工艺处理：接回头→勾边、包边→铺组织→存意匠图

(4) 纹板处理：投梭→建组织配置表→选择样卡→生成纹板

二、菜单功能介绍

（一）“文件”菜单

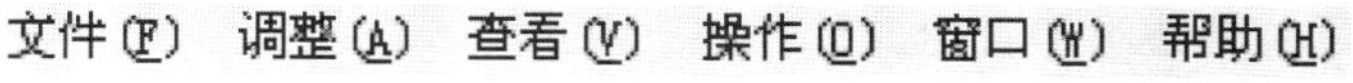

“新建”　　新生成一个空白的意匠文件；

“打开”　　打开一个意匠文件或扫描原稿文件（BMP 文件）；

“关闭”　　关闭当前文件；

“保存”　　保存当前文件；

“另存为”　　另存当前文件，选择“文件类型”，填上文件名，单击“确定”即可；

“打印”　　打印当前意匠文件（其他类型文件不能打印）；

“打印预览”　　预览要打印的当前意匠文件；

“打印设置”　　弹出“打印设置”对话框，对话框如下：

（1）这个对话框用于设置打印方式和每种方式采用的打印参数。打印方式分为两种：实物打印和大幅面打印。

（2）实物打印是指将意匠文件按照它实际的大小打印出来，打印时，该意匠在纸张上的位置以及打印意匠的哪一部分都可以设置。大幅面打印是指通过设置每个意匠格（即每个像素）的大小来决定意匠的大小，一般用于放大打印。

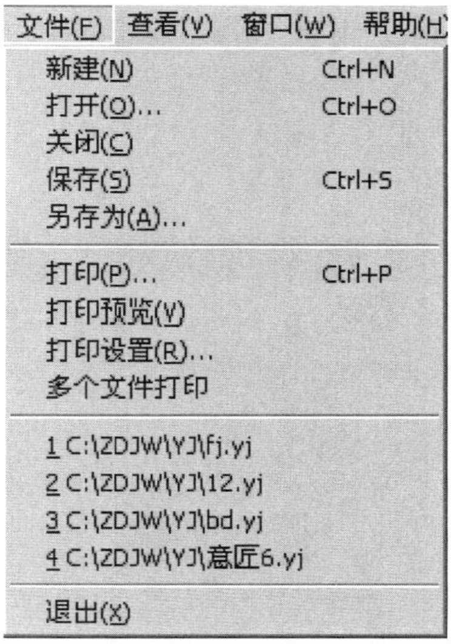

图 4-26　“文件”菜单

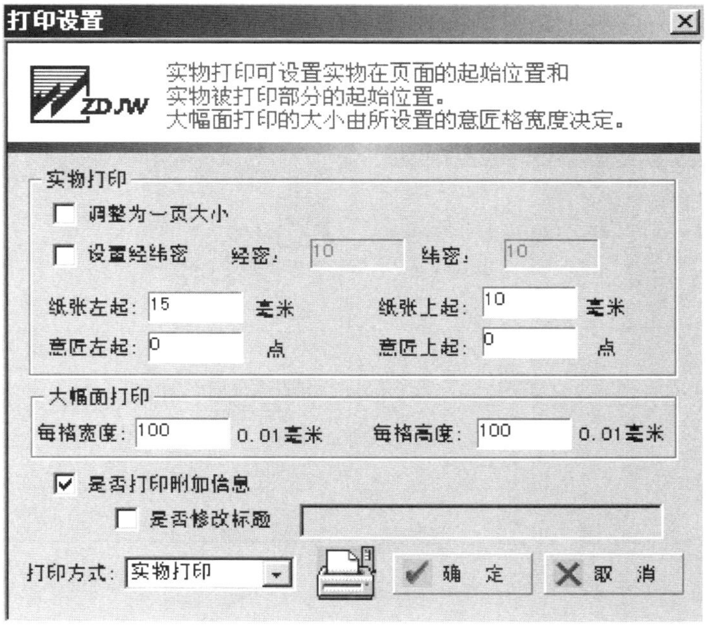

图 4-27　“打印设置”对话框

(3) 同时可以设置各个复选框及指定内容。

“多个文件打印” 可以同时打印多个意匠文件，每个意匠文件的大小和在纸张上的位置都可以自由设置。

最近打开的意匠文件和扫描原稿文件。

“退出” 退出应用程序。

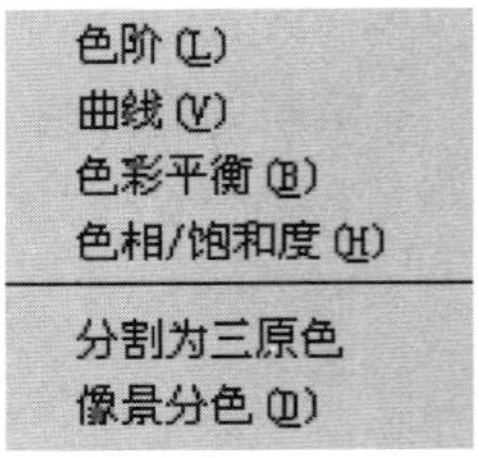

图 4-28 “调整”菜单

(二)“调整”菜单

1. 色阶(图 4-29)

2. 曲线(图 4-30)

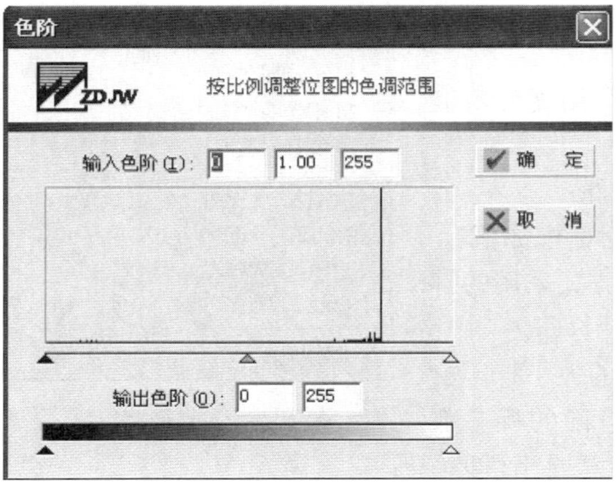

图 4-29 色阶调整对话框

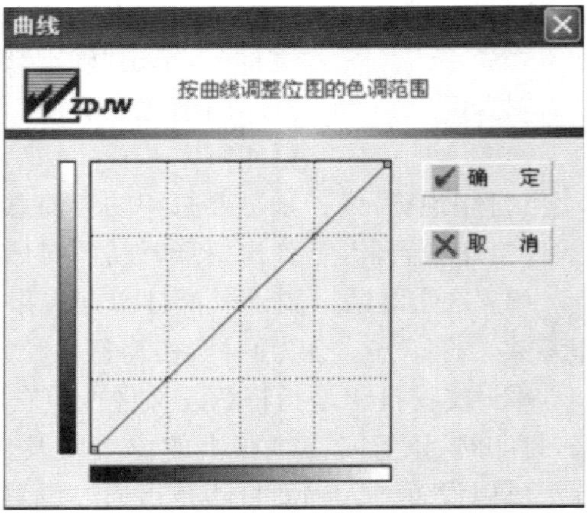

图 4-30 曲线调整对话框

3. 色彩平衡(图 4-31)

4. 色相/饱和度(图 4-32)

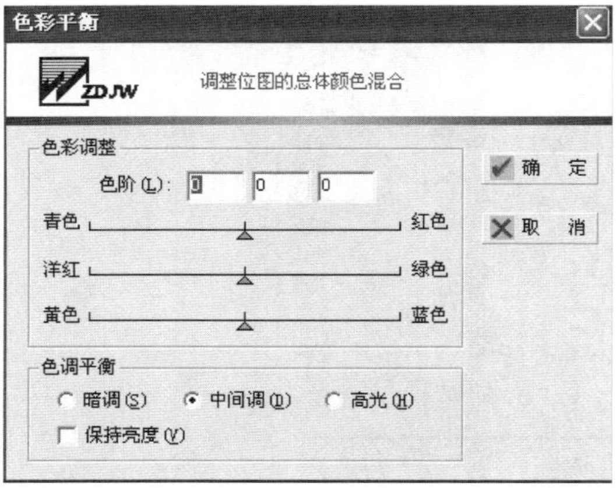

图 4-31 色彩调整对话框

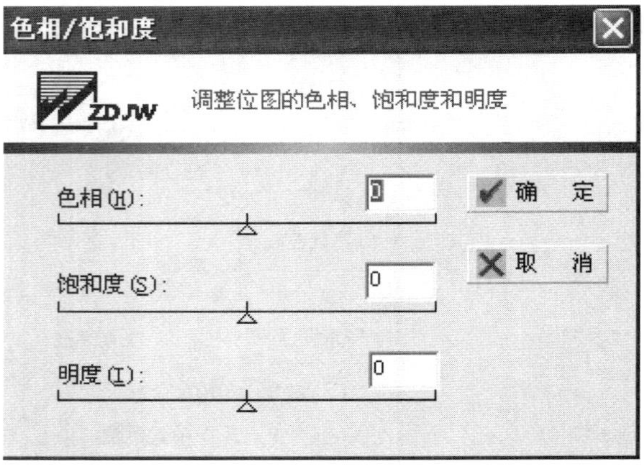

图 4-32 色相/饱和度调整对话框

5. 分割为三原色

像景分色见图 4-33。

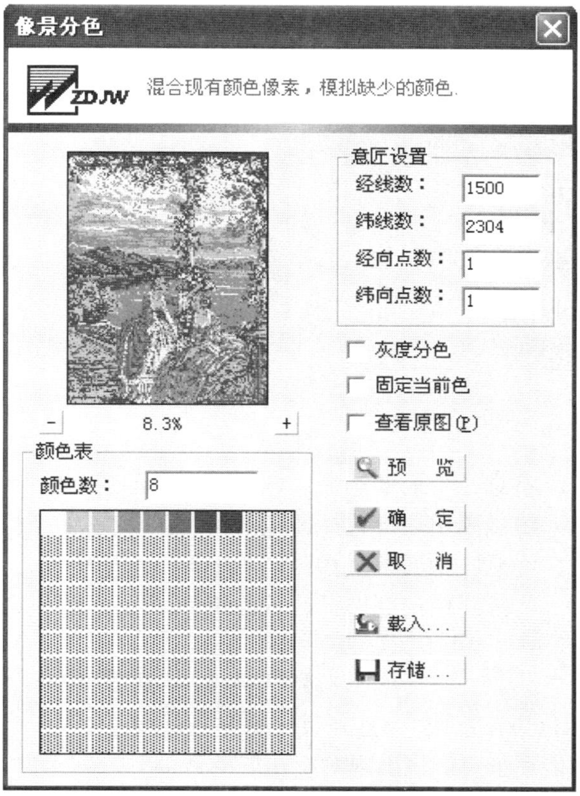

图 4-33 像景分色对话框

(三)"查看"菜单

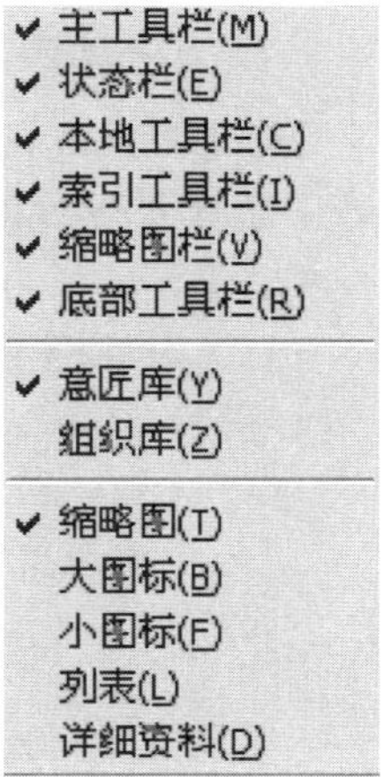

"主工具栏" 隐藏或显示主工具栏(界面左上方的工具栏)
"状态栏" 隐藏或显示下方状态栏
"本地工具栏" 隐藏或显示本地工具栏(界面左边的操作工具栏)
"索引工具栏" 隐藏或显示索引工具栏(界面下方工具栏的右边部分)
"缩略图栏" 隐藏或显示缩略图栏(界面下方工具栏的左边部分)
"底部工具栏" 隐藏或显示底部工具栏(界面下方的整个工具栏)
"意匠库" 在索引工具栏显示意匠文件
"组织库" 在索引工具栏显示组织文件
"缩略图" 在索引工具栏显示文件缩略图
"大图标" 在索引工具栏显示文件大图标
"小图标" 在索引工具栏显示文件小图标
"列表" 在索引工具栏显示文件列表
"详细资料" 在索引工具栏显示文件详细资料

(四)"窗口"菜单

"层叠" 将当前打开窗口层叠起来
"平铺" 将当前打开窗口平铺

“排列图标”　　　将当前最小化窗口自动排列一下

当前打开的窗口

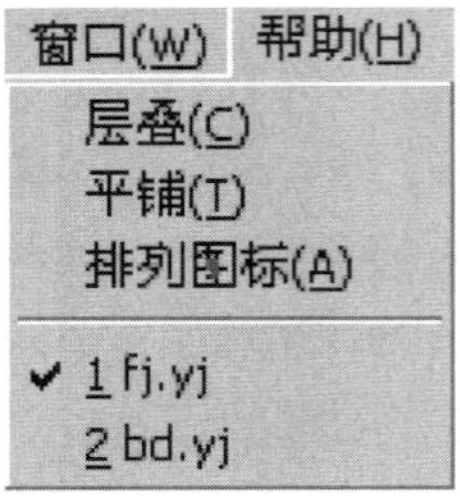

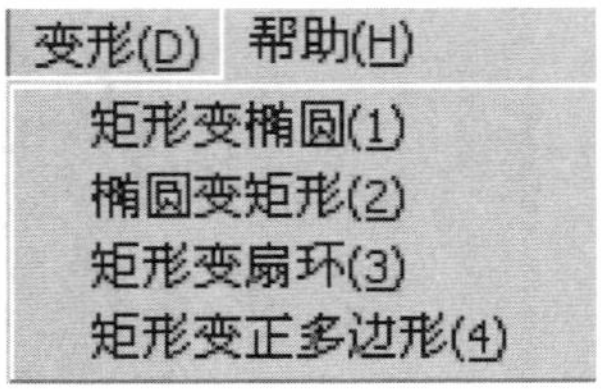

(五)“变形”菜单

“矩形变椭圆”　　　将意匠中局部选择区域的矩形图形变为椭圆

“椭圆变矩形”　　　将意匠中局部选择区域的椭圆图形变为矩形

“矩形变扇形”　　　将意匠中局部选择区域的矩形图形变为扇形

“矩形变正多边形”　将意匠中局部选择区域的矩形图形变为正多边形

(六)“帮助”菜单

“帮助主题”　　　　　　　　　　打开系统的在线帮助

“关于浙大经纬纹织 CAD 系统”　打开系统简介对话框

将鼠标移至各个功能后按 F1,就出现对应功能的帮助信息

三、工具栏功能介绍

(一)主工具栏

1. 打开  

(1) 点此按钮,弹出“打开文件”对话框,在文件类型组合框中选择文件类型,再在文件列表中选择要打开的文件,左键点击,再点打开按钮即可(按 Ctrl+O 键与按打开按钮功能一样)。

(2) 对话框下方为选中文件的缩略图(非本程序生成的意匠无缩略图)。

按钮旁边的下拉按钮点中,将弹出最近打开的文件列表菜单(如图 4-34 所示),点中菜单项,即可直接打开文件。

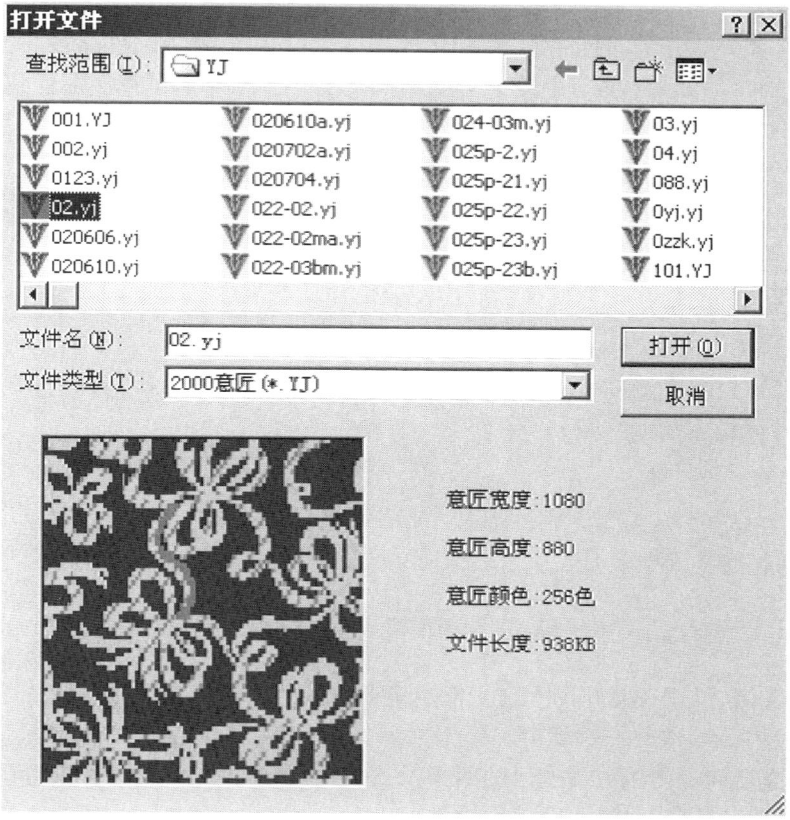

图 4-34　最近打开的文件列表

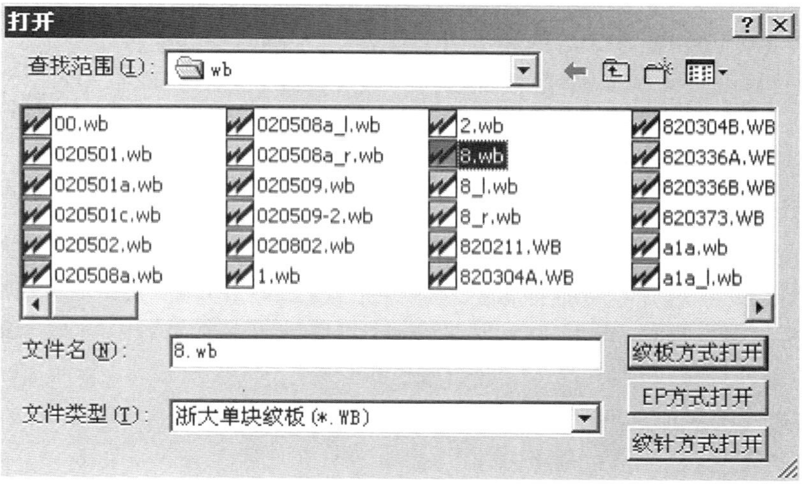

图 4-35　最近打开的纹板文件列表

2. 打开纹板

点此按钮,弹出如图 4-35 所示的对话框,操作与“打开”操作一样。

3. 保存

点此按钮，如果意匠是新创建的，将弹出标准存盘对话框，选择文件路径并输入文件名后，点“保存”按钮即可。如果意匠已保存过，再次保存，将不弹出对话框直接保存到原文件。意匠保存路径为：C:\ZDJW\YJ\。（按 Ctrl＋S 快捷键与按保存按钮功能一样）

4. 文件恢复

点此按钮后，在意匠上框定矩形选区，则从最后保存的文件中恢复选区位置的图像；在上方工具栏里设置使用选项，单击“全局恢复”将从文件中恢复整个意匠图；“其他文件恢复”可选择文件，即将所选的文件在恢复选区的对应位置出现。

5. 恢复

点此按钮，可以将在意匠上的修改，进行恢复，恢复步数在“系统参数设置”功能里设定（按 Ctrl＋Z 键与按此按钮功能一致）。

6. 重新执行

点此按钮，可以将恢复的步骤重做（按 Ctrl＋Y 键与按此按钮功能一致）。

7. 局部选择

（1）点此按钮，可以在意匠图上进行框定矩形选区的操作。点左键确定一个顶点，按住左键拖拽鼠标至结束点，放开左键即可。

（2）在上面复选框内填上需选区的四个顶点位置，单击“数字选区”可进行精确选区。

（3）单击“全部选定”可进入全范围操作。

（4）矩形选区后，鼠标在选区边缘可拉伸选区范围，不改变选区位图，在选区内可移动选区位图，选区外可重选矩形选区（原选区落下）；右键在选区外可移动位图，在选区内弹出如下菜单，可根据需要选择。

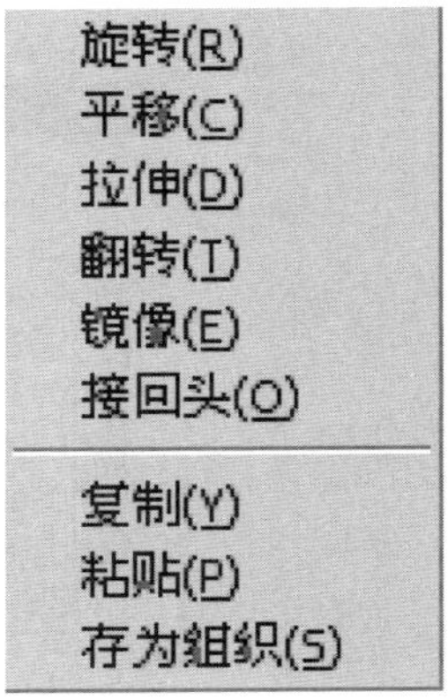

（5）矩形选区在特殊状态（如换色、包边等）下，在选区边缘可拉伸选区位图。

（6）如要去掉选区框，按 Esc 键即可。

8. 多边形选择

（1）点此按钮，可以在意匠图上进行框定多边形选区的操作。点左键确定多边形起点，放开左键拖拽鼠标至下一个顶点，点击右键，放开，再拖拽鼠标至下一顶点，点击右键，如此反复，直至画出所有顶点，在最后一个顶点处点左键结束。

（2）在多边形选区顶点可改变顶点位置，不改变选区位图，在选区内可移动选区位图，选区外可重选多边形选区（原选区落下）。

（3）其他操作同局部选择。

9. 意匠格

点下此按钮，可以在意匠图上显示意匠格，意匠格颜色可在右下方的特殊调色板中设定，意匠放大倍数小时（＜4），意匠格不显示，再次点此按钮，意匠格消失。

意匠格大小在“系统参数设置”功能里设定。

10. 缩放

(1) 在上方的辅助工具栏里设置使用选项，缩放时，在意匠上左键点击即可。

“只改变经线”：意匠沿 X 方向缩放，也可用键盘中间的 Insert 键（经向放大）、Delet 键（经向缩小）

“只改变纬线”：意匠沿 Y 方向缩放，也可用键盘中间的 Page Up 键（纬向放大）、Page Down 键（纬向缩小）

“同时改变经纬线”：意匠沿 XY 方向同时缩放，也可同时用键盘中间的 Insert 键＋Page Up 键（经纬向放大）、Delet 键＋Page Down 键（经纬向缩小）

“按比例缩放”：意匠按经纬密比例缩放，也可用右边小键盘上的“＋”键（按比例放大）、“－”键（按比例缩小）

(2) 如果要放大特定区域，选放大，再意匠上用左键点击并拖拽，框定放大区域即可。

(3) 整幅显示时，不能进行修图操作。

(4) Home 键（恢复 1∶1 比例，显示意匠左上角），End 键（Home 键前最后一次状况）；最大放大比例为 32，最小为 1。

11. 计算器

(二) 扫描工具栏

1. 切换

各工具栏之间的切换。

2. 扫描

(1) 单击该键，此时出现在屏幕上的是一幅上一次扫描后的图案，检查扫描设置。

(2) 单击“预览”，计算机开始预扫描，结束后屏幕上出现一幅图和一个闪烁的虚线框。

(3) 将光标移至虚线框边上，可拉动边框定取范围。若将光标移至虚线框内，光标变成✥时，可移动整个范围。也可自行设定扫描尺寸。

(4) 扫描范围定好后，单击“扫描”，开始扫描，稍后会出现“经纬密设置”对话框。

(5) 填入经纬密后点“确定”或直接点“取消”，就呈现一图形文件。

3. 放大缩小

(1) 单击该键，则进入放大缩小功能。

(2) 在位图上单击右键，即出现以下对话框。

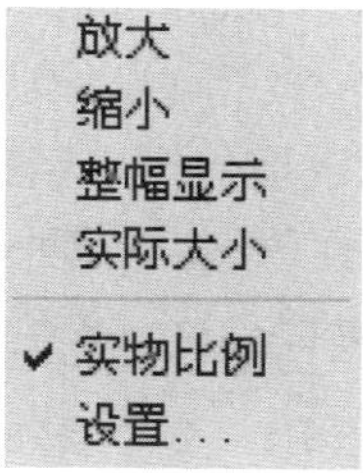

若需按比例缩放，在“实物比例”前打钩，再进入“设置”，进行经纬密设置，如下图 4-36：

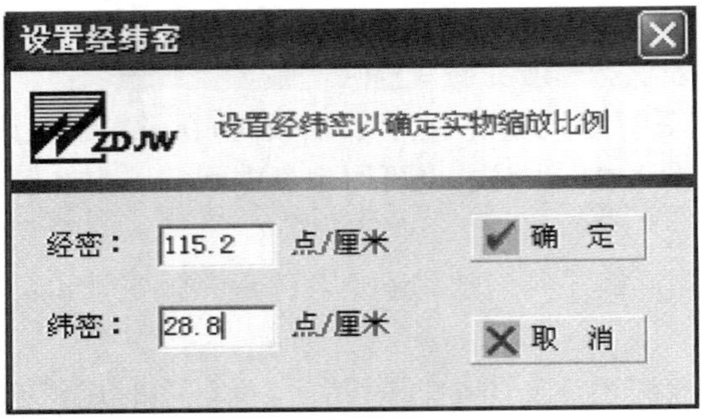

图 4-36　经纬密设置对话框

（3）在位图上单击左键（也可在按键盘上 lnsert 键或 Page Up 键），则位图被放大，如果在单击左键的同时按下了 Shift 键，（也可在按键盘上 Deiete 键或 Page Down 键）则位图被缩小。

在按键盘上按 Home 键，则位图被缩小至最小比例。

在按键盘上按 End 键，则位图恢复至按 Home 键前的大小。

（4）局部放大时，按下鼠标不放，可拉出一个虚线框，则放大虚线框内的范围到整个屏幕。

4. 亮度对比度调整

可移动亮度对比度的滚动条进行调节，直至图形清晰即可，见图 4-37。

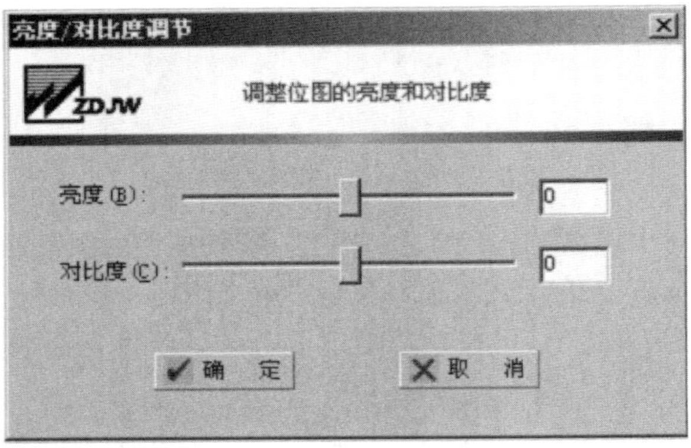

图 4-37　亮度对比度调整对话框

5. 裁剪

（1）单击该键，则可以裁剪位图；

（2）在位图上按住鼠标左键不放，移动鼠标，拉出裁剪框；

（3）按住鼠标，移动裁剪框周围的八个点，可以改变裁剪框的大小；

（4）在裁剪框内双击鼠标左键可以裁剪位图，或者在裁剪框内单击鼠标右键，将弹出一个菜单，单击“裁剪”将裁剪位图，单击“取消”将去掉裁剪框。

6. 校正裁剪

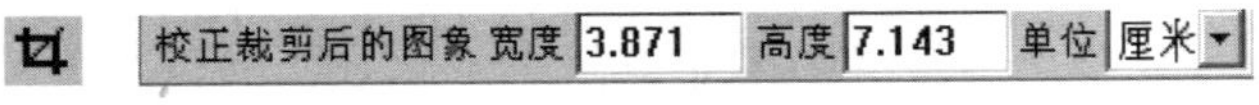

（1）单击该键，则可以校正裁剪位图；

（2）在位图上按住鼠标左键不放，移动鼠标，拉出裁剪框；

（3）按住鼠标，移动裁剪框周围的四个点，可以改变裁剪框的大小和形状；

（4）在裁剪框内双击鼠标左键可以校正裁剪位图，或者在裁剪框内单击鼠标右键，将弹出一个菜单，单击“裁剪”将校正裁剪位图，单击“取消”将去掉裁剪框。

7. 逆时针校正 

（1）扫描后，如果发现图稍右偏则单击该按钮，位图即逆时针校正一个微小角度，再单击再校正，一直到位图变正为止；

（2）偏差太大时建议重新扫描。

8. 顺时针校正 

（1）扫描后，如果发现图稍左偏则单击该按钮，位图即顺时针校正一个微小角度，再单击再校正，一直到位图变正为止；

（2）偏差太大时建议重新扫描。

9. 任意旋转校正 

（1）单击该按钮，屏幕正中会出现一个十字光标图，按住鼠标移动十字左右横线上两个点可以旋转十字；

（2）在十字中间的圆内按住鼠标不放，可以移动该十字；

（3）根据位图需要旋转的角度，反方向旋转十字，位置确定后双击十字中间的圆内，就可以旋转位图。

10. 扭曲校正 

（1）单击该按钮，屏幕正中会出现四分之一个十字，按住鼠标移动十字上的两个点可以改变水平和垂直方向的校正量；

（2）在十字中间的圆内按住鼠标不放，可以移动该十字；

（3）根据位图需要校正的偏移量，反方向移动十字的两根轴，位置确定后双击十字中间的圆内，可以校正位图。

11. 放入组版缓冲区 

将当前位图放入组版缓冲区，以待拼接。

12. 取出组版缓冲区 

将当前位图从组版缓冲区内取出。

13. 组版设置 

（1）单击该按钮，将弹出组版参数设置对话框，这个对话框主要用于选择组版的位图以及它们之间的基本位置，最多可选择 16 个位图；

（2）单击对话框中的小框，再单击“载入”按钮，将弹出打开文件对话框，可以选择组版位图，或者双击小框也可以选择位图见图 4-38；

（3）单击已经选择位图的小框，再单击“删除”按钮，可以删除选择的位图；

（4）单击选中一个小框后，按住 Ctrl 键不放，再单击另一个小框，可以同时选中两个小框，这时可以通过单击“交换”按钮，交换这两个小框所包含位图的位置；

（5）位图都选择完全后，可以单击“返回”按钮来结束组版参数设置，也可以单击“组版”按

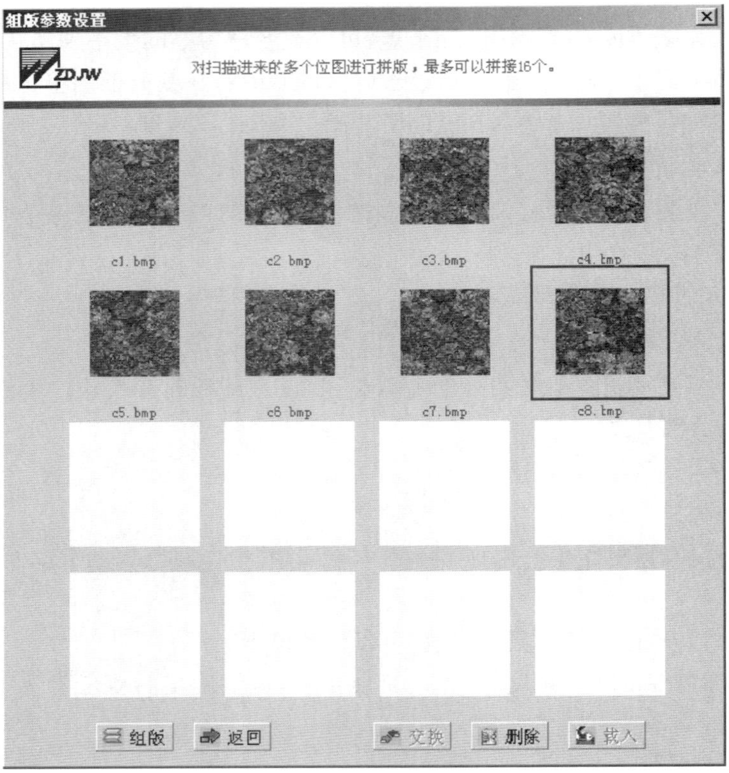

图 4-38　组版设置对话框

钮，进入组版窗口；

(6) 这儿需要注意的是，组版的所有位图必须具有相同的色彩模式。

14. 任意移动位图

(1) 当前窗口是组版窗口时，这个按钮才起作用；

(2) 单击该按钮，可以在每个位图上按住鼠标不放，左右上下任意移动位图。

15. 水平移动位图

(1) 当前窗口是组版窗口时，这个按钮才起作用；

(2) 单击该按钮，可以在每个位图上按住鼠标不放，水平移动位图。

16. 垂直移动位图

(1) 当前窗口是组版窗口时，这个按钮才起作用；

(2) 单击该按钮，可以在每个位图上按住鼠标不放，垂直移动位图。

17. 组版

(1) 当前窗口是组版窗口时，这个按钮才起作用；

(2) 单击该按钮将对组版窗口内的位图组版，并打开一个新的窗口，包含组完版的位图，而组版窗口还没有关闭；

(3) 关闭组版窗口时，会询问是否清空组版缓冲区，可以选择是或否。

18. 旋转拼版

（1）当前窗口是组版窗口时，这个按钮才起作用；

（2）这个功能只能拼接两个位图，这两个位图在水平方向或垂直方向是连续的，并会有重叠和扭曲，拼接将会去掉这些重叠和扭曲，将两个位图无缝拼接；

（3）单击该按钮，在前一个位图上某点按下鼠标，移动鼠标，在后一个位图的相同内容的相同点放开鼠标，这时这两个点之间就会有一条连线，重复以上工作。如果对刚才的连线不满意，可以再重复以上工作，但同时会去掉一根连线，使界面上保持只有两根连线。确定连线位置后，再单击“旋转拼版”按钮，完成拼版工作，并打开一个新窗口，包含拼完版的位图。

19. 新建

（1）必须在位图分色后，才使用这个功能，这个功能将由位图生成意匠文件。

（2）单击该按钮，弹出意匠设置对话框（图 4-39）。在这个对话框中，设置生成意匠文件的经线数、纬线数、织物经密、织物纬密、织机纬密、分色起始号。其中分色起始号指的是，位图生成意匠时分出的颜色在意匠调色板的起始位置。“增减”“缩放”“复制”在此时不起作用。

（3）单击对话框的“确定”按钮，将生成新的意匠文件。

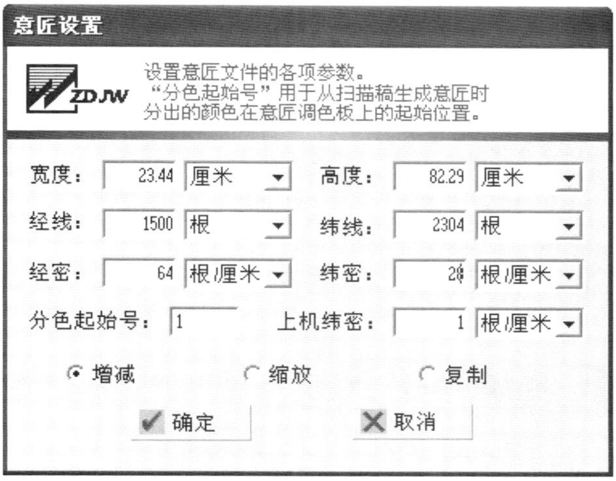

图 4-39　新建意匠对话框

20. 手工分色

（1）单击该按钮，可以开始手工取色；

（2）在位图的相应位置单击鼠标，则当前点的颜色将放入调色板，如果调色板中已经有该颜色，则不执行；

（3）在位图上按住鼠标不放，移动鼠标，再放开鼠标，则拉出的矩形框所包围的点的颜色经过平均运算得到的颜色加入调色板；

（4）调色板上的颜色点击右键可取消。

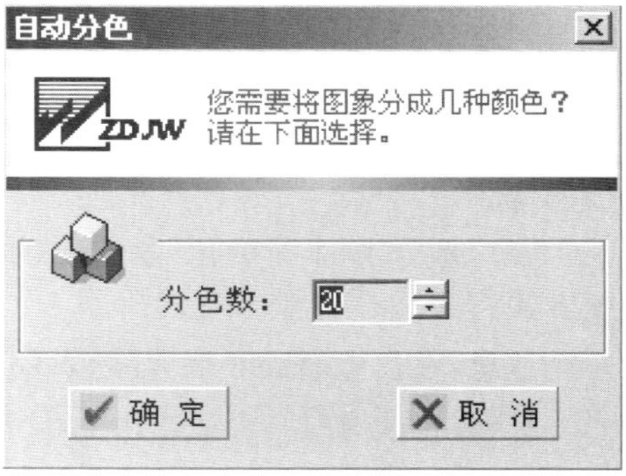

图 4-40　自动分色对话框

21. 自动分色

(1) 单击该按钮,弹出自动分色对话框(图 4-40);

(2) 在分色数一栏中,写入需要将位图分成的颜色数,再单击“确定”按钮,将得到相同颜色数的调色板。

22. 领带配色

安装了打印机驱动程序后,领带配色功能才能用,可看到配色效果。

(三) 绘图工具栏

1. 切换

各工具栏之间的切换。

2. 自由笔

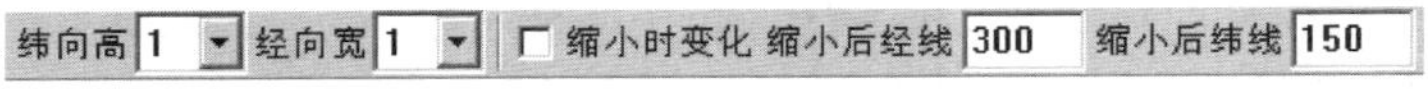

(1) 选色。

(2) 在画图工具栏里,单击该按钮,进入该功能。

(3) 在上方的辅助工具栏里选择使用选项,设置“纬向高”和“经向宽”可以改变线条的粗细;

(4) 画线时,按左键确定起点,按住左键拖拽鼠标,所画的线就是鼠标的轨迹,结束画线时,放开左键即可。

(5) 选中“缩小时变化”复选项,设置“缩小后经线”和“缩小后纬线”,则重设意匠缩小后原轮廓线有效。

注意:在设置时缩小后经线数(缩小后纬线数)必须是总的经线数(纬线数)的倍数。

3. 勾轮廓

(1) 选色。

(2) 在画图工具栏里,单击该按钮,进入该功能。

(3) 在上方的辅助工具栏里选择使用选项,设置“纬向高”和“经向宽”可以改变曲线的粗细。

(4) 每单击鼠标左键将会出现一个红色小方框,每三个方框就可连成一条线,结束画线时,按鼠标右键即可。

注:按住 Ctrl 键的同时,把光标移到红色小方框上按住鼠标左键拖动可以随意调整轮廓线的位置。

(5) 选中“缩小时变化”复选项,设置“缩小后经线”和“缩小后纬线”,则重设意匠缩小后原轮廓线有效。

注意:在设置时缩小后经线数(缩小后纬线数)必须是总的经线数(纬线数)的倍数。

4. 画直线

（1）选色。

（2）在画图工具栏里，单击该按钮，进入该功能。

（3）在上方的辅助工具栏里选择使用选项，设置“纬向高”和“经向宽”可以改变直线的粗细；选择“同中心”，直线是以第一次点下去的点为中心，向两个方向同时伸展；点中“经纬固定比例”复选项，再设置比例数，可以画固定方向的直线（前组合框为经，后为纬）；点中“画长线”复选项，画线时不必一直按着鼠标左键，只要在结束画线时，按下左键即可。

（4）画线时，点左键确定起始点（“同中心”时为中心点），按住左键拖拽鼠标至结束点，放开左键即可（“画长线”选项选中时，见（3））。

（5）画线时，按住 Ctrl 键，画线效果同点中“固定经纬比例”项，按住 Shift 键，画线效果同点中“同中心”。

（6）画垂直线时，经纬固定比例设置为 0∶1；画水平线时，经纬固定比例设置为 1∶0。

5. 画矩形 

（1）选色。

（2）在画图工具栏里，单击该按钮，进入该功能。

（3）在上方的辅助工具栏里选择使用选项，设置“纬向高”和“经向宽”可以改变所画空心矩形的边线粗细；点中“填充”复选项，则画实心矩形，点中“同中心”复选项，画的矩形是第一次左键点击点为中心的矩形；点中“实物正方”复选项，画的矩形为实物状态下的正方形；点中“经纬固定比例”复选项，再设置比例数，画的矩形为长宽固定比例的矩形。

（4）画矩形时，点左键确定一个顶点（“同中心”时为中心点），按住左键拖拽鼠标至结束点，放开左键即可。

（7）画矩形时，按住 Ctrl 键，画矩形效果同点中“固定经纬比例”项，按住 Shift 键，画矩形效果同点中“同中心”。

6. 画椭圆 

（1）选色。

（2）在画图工具栏里，单击该按钮，进入该功能。

（3）在上方的辅助工具栏里选择使用选项，设置“纬向高”和“经向宽”可以改变画空心椭圆的边线粗细；点中“填充”复选项，则画实心椭圆；点中“同中心”复选项，可在同一个中心画多个椭圆，若要画实心的同心圆，则需把圆心的颜色“保护”；点中“实物正圆”复选项，画的椭圆为实物状态下的正圆形；点中“经纬固定比例”复选项，再设置比例数，画的椭圆为长宽固定比例的椭圆。

（4）画椭圆时，要注意椭圆的起点为椭圆左边和上边二条切线的交点（“同中心”时为中心点），按住左键拖拽鼠标至结束点，放开左键即可。

（5）画椭圆时，按住 Ctrl 键，画椭圆效果同点中“固定经纬比例”项，按住 Shift 键，画椭圆效果同点中“同中心”。

7. 画正多边形

(1) 选色。

(2) 在画图工具栏里,单击该按钮,进入该功能。

(3) 在上方的辅助工具栏里选择使用选项,设置“纬向高”和“经向宽”可以改变画空心正多边形的边线粗细;设置“边数”可以改变正多边形的边数;选中“填充”复选项,则画实心正多边形;选中“特殊角度”复选项,画的正多边形保持有一边(星形为相邻顶点的连线)为垂直或水平;选中“实物正多边形”复选项,画的正多边形为实物状态下的正多边形;选中“星形”复选项,再设置“星角”,画的是顶点为“边数”设定值的星形,每个顶点上的角度为星角设定值。

(4) 画正多边形时,点左键确定正多边形的中心,按住左键拖拽鼠标至正多边形满足需要时,放开左键即可。

(5) 画正多边形时,按住 Ctrl 键,画正多边形效果同点中“实物正多边形”项,按住 Shift 键,画正多边形效果同点中“特殊角度”。

8. 画任意多边形

(1) 选色。

(2) 在画图工具栏里,单击该按钮,进入该功能。

(3) 在上方的辅助工具栏里选择使用选项,设置“纬向高”和“经向宽”可以改变画任意多边形的边线粗细;点中“闭合”复选项,画多边形结束时,若未闭合,程序将自动将多边形闭合;点中“填充”复选项,画的多边形为实心多边形。

(4) 画多边形时,点左键确定多边形起点,放开左键拖拽鼠标至下一个顶点,点击右键,放开,再拖拽鼠标至下一顶点,点击右键,如此反复,直至画出所有顶点,在最后一个顶点点左键结束多边形。

(5) 若多边形画时未选“填充”,画完后想填充,在辅助工具栏点中“填充”即可。

9. 橡皮筋

(1) 选色。

(2) 在画图工具栏里,单击该按钮,进入该功能。

(3) 在上方的辅助工具栏里选择使用选项,设置“纬向高”和“经向宽”可以改变线条的粗细。选择是否“闭合”“填充”。

(4) 用左键画二点成一直线,在直线上任一处拖拽鼠标可将直线变为曲线,可连续操作,若设置 “闭合”,点击右键即可。选中“填充”复选项,画曲线结束时,程序将自动闭合曲线,并将曲线内区域填充为前景色。

10. 画曲线

（1）选色。

（2）在画图工具栏里，单击该按钮，进入该功能。

（3）在上方的辅助工具栏里选择使用选项，设置“纬向高”和“经向宽”可以改变画曲线的粗细；点中“闭合”复选项，画曲线结束时，若未闭合，程序将自动将曲线闭合；点中“填充”复选项，画曲线结束时，程序将自动闭合曲线，并将曲线填充为前景色。

（4）画曲线时，点击左键确定起点，再点击确定一锚点，在终点处按住左键拖拽鼠标，调整控制手柄的方向，确定后放开；再点左键确定下一锚点，按住左键拖拽鼠标，使曲线符合要求，确定后放开。按住 Alt 键，左键点击这个锚点，去掉半边控制手柄；重复上一步骤，直至勾出所要求的曲线；点右键结束曲线操作。

（5）画曲线中，鼠标移至除第一和最后的锚点外的任何锚点，左键点击可以去除此锚点；鼠标移至曲线除锚点外的任何处，左键点击，可以增加一个锚点；按住 Ctrl 键，在锚点上点左键并拖拽，可以移动这个锚点附近的曲线；调整控制手柄时，按住 Shift 键，可以将控制手柄限制在 45 度整数倍的方向里。

11. 喷枪 

（1）选色。

（2）在画图工具栏里，单击该按钮，进入该功能。

（3）在上方的辅助工具栏里选择使用选项，设置“纬向高”和“经向宽”可以改变喷枪点的范围；“点数”是设定点的密度，“经向浮长”“纬向浮长”是设置允许连续的最大组织点。

（4）在意匠上左键连续点击就可。

12. 填充 

（1）选色。

（2）在画图工具栏里，单击该按钮，进入该功能。

（3）在上方的辅助工具栏里选择使用选项：

（a）选中“换色”单选项，填充时将选区内与鼠标点击处颜色相同的所有颜色块，换为前景色；

（b）选中“表面填充”单选项，填充时将与鼠标点击处颜色相同的相连闭合区域变为前景色；

（c）选中“边界填充”单选项，填充时，先用右键点中边界颜色，再点空格键变为“保护”状态，再在需填充区域内单击左键，程序将以此为中心，将所有颜色换为前景色，直至遇到边界颜色停止；

（d）选中“轮廓填充”单选项，填充时和自由笔操作相似，左键单击确定轮廓起始点，不按任何键拖拽鼠标勾勒轮廓，点左键，程序将封闭轮廓，并用前景色填充轮廓内部。

（4）除轮廓填充外，其他填充时，在需要填充的区域上左键点击即可（有选区时，操作局限于选区内，无选区时，进行全范围操作）。

13. 降噪(去杂点) 

(1) 在画图工具栏里，单击该按钮，进入该功能。

(2) 在上方的辅助工具栏里选择使用选项，设定“相邻点数”来确定需要去除杂点的大小；点中“所有杂点”复选项，在降噪处理过程中将去除所有大小符合相邻点数的杂点，不论颜色。

(3) 降噪处理时，左键点击需去除的杂色点(要处理的区域内)即可(有选区时，操作局限于选区内，无选区时，进行全范围操作)。

14. 包边 

(1) 选色。

(2) 在上方的辅助工具栏里选择使用选项，点中“上边”、“下边”、“左边”、“右边”复选项，包边时将对指定方向进行包边；点中“向内”、“向外”单选项，包边时将按指定项进行处理；设定“经向针数”和“纬向针数”可以改变包边的宽度和高度；“圆滑搭针”复选项是全范围向外包边时设置的，选中时，包边将在角点处进行特殊处理，使过渡尽量圆滑。(注：圆滑搭针”时不能“向内”包边)

(3) 包边时，左键点击需包边的颜色块即可(有选区时，操作局限于选区内，无选区时，进行全范围操作)。

15. 勾边 

在上方的辅助工具栏里选择使用选项，设定“经向针数”和“纬向针数”，可以改变勾边的宽度和高度；设定“经向循环偏移”和“纬向循环偏移”，可以改变勾边的起始位置；点中“平纹”复选项，设定“单起”或“双起”单选项，勾边将按平纹规律进行勾边。

16. 平移拷贝 

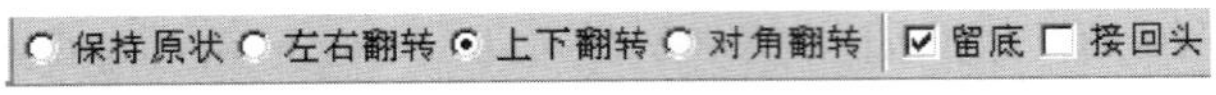

(1) 在上方的辅助工具栏里选择使用选项，程序将按选择项决定拷贝时图象的翻转方向；点中“留底”复选项，平移拷贝后原选区图象不变，不选，拷贝后，原选区填充背景色；点中“接回头”复选项，拷贝时图象在意匠四边时自动接回头处理。

(2) 拷贝时，右键在选区内点击，放开，拖拽鼠标至要拷贝位置，左键点击，重复上一步骤，结束时右键点击(最后一拷贝位置)即可(无选区时，此按钮无效)。

17. 旋转 

(1) 在上方的辅助工具栏里选择使用选项，在“旋转中心”后的五个单选项中任选一个，决

定旋转的中心点，五个选项分别代表选区的左上角、右上角、左下角、右下角、中心，自选的旋转中心；点中“实物旋转”复选项，旋转后，保持旋转图象实物状态下不变形(经密和纬密要设置正确)；设置“间隔角度”(角度为正顺时针转，角度为负逆时针转)和“旋转次数”，再点中“旋转”，程序把选区图象按间隔角度旋转多次。

(2) 旋转时，在选区内点击，按住左键拖拽鼠标使图象旋转，至合适位置放开左键即可。

18. 翻转

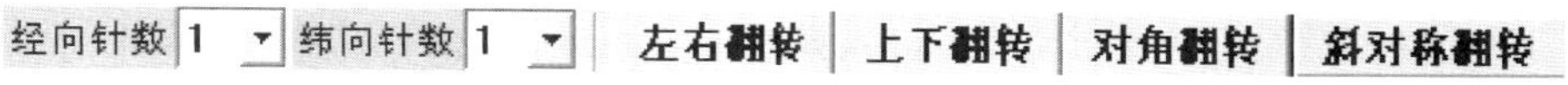

(1) 用左键框取范围后，单击该键，进入该功能，一般经向针数和纬向针数都为 1，直接点击“左右翻转”“上下翻转”或“对角翻转”，就可以直接翻转选区内的图案。(多边形选区也适用)

(2) 如设置了经向针数和纬向针数，则可以进行指定针数的成组翻转。

(3) 有选区时，操作局限于选区内，无选区时，进行全范围操作。

(4) “斜对称翻转”选区必须经纬线相等，否则此按钮无效。

19. 镜像

(1) 在上方的辅助工具栏里选择使用选项，设定“左右镜像”“上下镜像”单选项，确定镜像方向。

(2) 镜像时，左键点击需镜像的区域即可(有选区时，操作局限于选区内，无选区时，进行全范围操作，选区为多边形时，此按钮无效)。

20. 接回头

(1) 在上方的辅助工具栏里选择使用选项，点中“上下固定”单选项，接回头时将按上下中心线进行接回头；点中“左右固定”单选项，接回头时将按左右中心线进行接回头；点中“上下任意”单选项，接回头时将按点击点为上下分界线进行接回头；点中“左右任意”单选项，接回头时将按点击点为左右分界线进行接回头；点中“四方接回头”单选项，接回头时将左右上下同时接回头；点中“跳接”单选项，接回头时将按跳接顺序接回头。

(2) 接回头时，左键点击需接回头的区域即可(有选区时，操作局限于选区内，无选区时，进行全范围操作，选区为多边形时，此按钮无效)。

21. 翻转接回头

(1) 在上方的辅助工具栏里选择使用选项，点中“上下”单选项，再选择“翻转位置”复选项，接回头时，左键点击“翻转接回头”，则图象以“翻转位置”为中心轴进行上下翻转，同时左右固定接回头。

(2) 在上方的辅助工具栏里选择使用选项，点中“左右”单选项，再选择“翻转位置”复选项，接回头时，左键点击“翻转接回头”，则图象以“翻转位置”为中心轴进行左右翻转，同时上下固定接回头。

(3) 在上方的辅助工具栏里选择“上下”或“左右”单选项,直接用左键点击需翻转接回头的区域,(有选区时,操作局限于选区内,无选区时,进行全范围操作,选区为多边形时,此按钮无效)则图象以鼠标点击位置为中心轴进行上下(左右)翻转,同时左右(上下)固定接回头。

22. 居中 

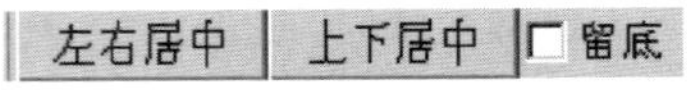

(1) 用左键框取范围后,单击该键,进入该功能,点击“左右居中”或“上下居中”,就可直接把选区内的图案居中;选中“留底”复选项,居中时原选区内图案将保留,不选时,居中后原选区填充背景色。

(2) 无选区或选区为多边形时,此按钮无效。

23. 平铺 

(1) 在上方的辅助工具栏里选择使用选项,点中“左上角起点”或“当前点起点”单选项,确定平铺起点;点中“自定义范围”复选项,平铺前要先设定好范围;点中“参考组织”复选项,再选定组织,平铺将按此组织规律平铺选区内图案。

(2) 平铺时,先选择要平铺的图案或组织,再左键点击需平铺的区域或颜色即可(无选区或选区为多边形时,此按钮无效)。

24. 连续拷贝 

(1) 在上方的辅助工具栏里选择使用选项,程序将按选择项决定拷贝时图象的翻转方向。

(2) 经偏、纬偏设置拷贝时图像的偏移。(不需偏移时,设置经偏 0、纬偏 0,但不能空白)

(3) 拷贝时,先选择要拷贝的图案或组织,再按小键盘上的 1,2,3,4,6,7,8,9 键,决定拷贝的位置(此时 NumLock 键应按下),拷贝中可以更改拷贝的翻转方向,但对已拷贝的无效(无选区或选区为多边形时,此按钮无效)。

(4) 如设置“左边”“右边”“上边”“下边”参数后,点中“拷贝”即可在指定范围内连续拷贝。

25. 顺序排列 

(1) 在上方的辅助工具栏里选择使用选项,设置“数量”将决定排列上的图象个数;选择“水平”“垂直”“切向”“法向”单选项,将决定排列时的图象方向;点中“直线”单选项,并设置“经向”和“纬向”,排列将按经纬向固定间隔数(“经向”和“纬向”的值)确定的直线排列;点中圆弧,并设置“半径”和“起点”“终点”,排列将按起点角度和终点角度及半径决定的圆弧排列。

(2) 排列时,先选择要排列的图象,直线在起点处,圆弧在圆心处左键点击即可(无选区时,此按钮无效)。

26. 图案 

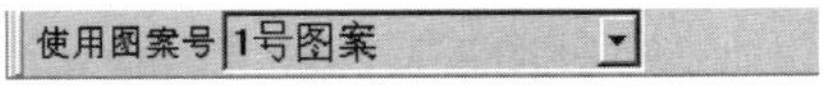

在画图工具栏里，单击该按钮，进入该功能(图 4-41)。

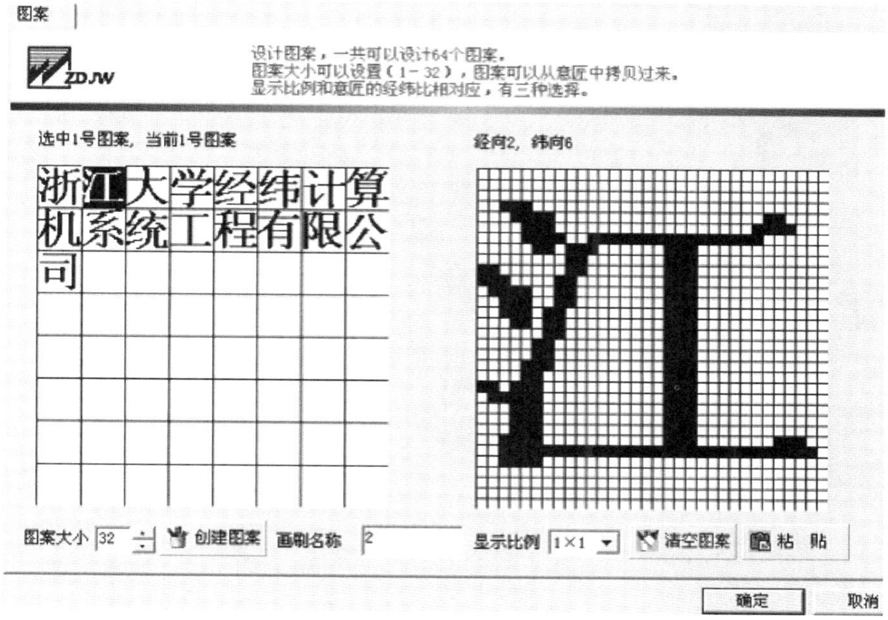

图 4-41　图案功能对话框

(1) 对话框左边的 64 个小方格表示系统共有个 64 个图案，分别为 0～63 号图案，单击某一小方格，即选中该画刷。

(2) 对话框右边显示的是当前选中画刷的内容。

(3) 设定图案大小，单击"创建图案"按钮，系统将重新创建选中画刷，画刷名称可以改变。

(4) 显示比例表示选中画刷以不同的经纬比进行显示，有 1×1，1×2，1×4 三种。

(5) 单击"清空图案"按钮，将清空选中的内容。单击"粘贴"按钮，将把从意匠文件拷贝到系统剪贴板的内容粘贴到选中画刷里。

(6) 单击"确定"按钮，将保存对画刷的所有修改，单击"取消"按钮将不保存。

(7) 在上方的辅助工具栏里选择使用选项，设置使用的图案号。

(8) 铺设图案时，在需铺的位置，左键单击即可。

27. 字体 

(1) 选色(文字颜色自动被设定为透明色)。

(2) 单击该按钮，进入该功能。

系统字体："选定字体"中，设定字体、字形和大小各参数；也可设置"经向平均宽度"和"纬向高"按"设定"确定输出字体的大小。

自定字体：

(a) 单击"读取字体"按钮，将弹出文件对话框，选择合适的字体文件，单击"打开"，就可以读取该字体(图 4-42)。

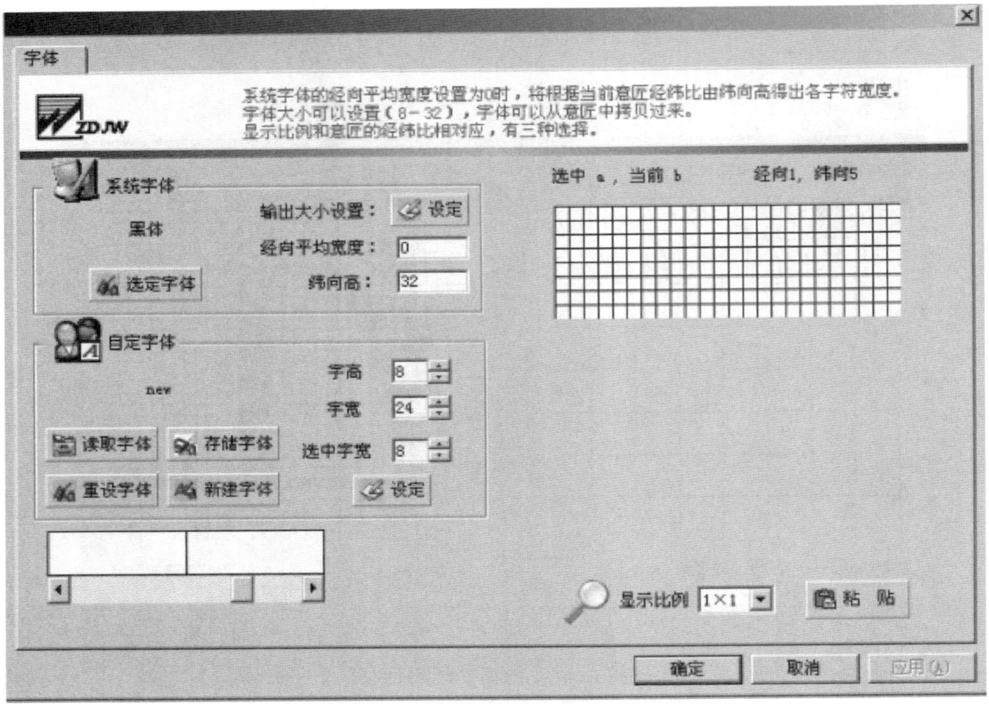

图 4-42 字体功能对话框

(b) 单击“存储字体”按钮，将弹出文件对话框，输入需要保存的字体的字体文件名，单击“存储”。

(c) 单击“重设字体”按钮，将把当前字体高度和宽度改为用户所设置的。

(d) 单击“新建字体”按钮，将按照当前设置的字体高度和宽度创建新的字体，字体文件名缺省设为 new。

(e) 单击“设定”按钮，将改变当前打开字体中选中字符在输出时的字宽。

(f) 对话框左下角显示的是字体包括的 128 个字符(可以用滚动条改变当前显示的几个字符)，单击某一方块，将选中该方块对应的字符。对话框左边显示的是当前选中字符的内容，可以在此修改字符。

(g) 显示比例表示选中字符以不同的经纬比进行显示，有 1×1、1×2、1×4 三种。

(h) 单击“粘贴”按钮，将把从意匠文件拷贝到系统剪贴板的内容粘贴到选中字符里。

(i) 对字体修改好后，必须单击“存储字体”保存刚才的修改。

(3) 在上方的辅助工具栏里选择使用选项，点中“系统字体”，设定为系统字体；点中“自定字体”，文字将使用在该功能里自定义的字体；设定“经向间距”和“纬向间距”，将改变字与字之间的间隔；选择“左对齐”，“右对齐”或“居中”单选项，将确定行与行间的对齐模式；选中“字体旋转”，设置 “曲线”或“圆弧”，将改变字体的排列格式。

(4) 输入文字前，在需要输入文字处左键点击，然后输入文字即可。通过切换输入法，可以打中英文字体。

(四) 工艺工具栏 

1. 切换 

各工具栏之间的切换。

2. 重设意匠 (图 4-43)

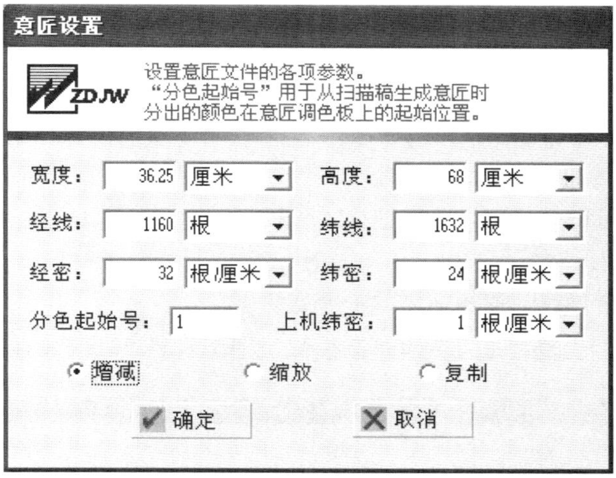

图 4-43 重设意匠对话框

按下“重设意匠”按钮，会弹出“意匠设置”对话框；改变“经线数”和“纬线数”会改变意匠的大小；改变“织物经密”和“织物纬密”，会改变各绘图工具的实物绘制状况（如实物正方，实物正圆等）；改变“织物纬密”和“织机纬密”，会改变投梭中第一梭的停撬状态；点中单选“增减”时，只是增减经纬线，增加时加的是背景色；点中单选“缩放”时，将按比例缩放原图；点中单选项“复制”时，增加经纬线时将原意匠图外的图形也复制到重设后的意匠中。

3. 经纬互换 

(1) 单击“经纬互换”按钮，进入该功能后，直接点击“顺时针旋转”或“逆时针旋转”，就可直接进行经纬互换。

(2) 注意：经纬互换时，经纬密也同时互换，这时如果要恢复互换操作，要重设意匠的经纬密；或直接与原来相反方向进行经纬互换。

4. 投梭 

(1) 在调色板上选择投梭颜色号；1＃色代表第一梭，2＃色代表第二梭，3＃色代表第三梭，……依次类推。

(2) 在上方的辅助工具栏里选择使用选项，设置“停撬起点”和“停撬终点”，“纬密”为织物纬密，点击“停撬”，程序将自动添加第一梭的停撬信息，(与此相关的织机纬密要设置正确)可多次分段设置停撬；点中“花梭凑双”复选项，程序将自动为花梭进行凑双处理；点中“选色修改投梭信息”复选项，允许在调色板选择已投梭颜色修改投梭信息，否则，只能以每梭自身颜色修改自身投梭信息。

(3) 清空投梭信息，可选 0 号色在投梭区外，意匠任意处左键点击即可；修改投梭信息，可在投梭区内，左键点击并拖拽鼠标，将增加投梭段，右键点击并拖拽鼠标，将减少投梭段。

(4) 投梭结束时，再点此按钮，投梭被自动保存。

5. 设置辅助针

(1) 点此按钮，将在意匠的右边出现两块区域，第一块是投梭针区域，第二块是选纬针区域，在这两块区域内画出投梭规律和选纬规律信息即可，(画投梭针还是选纬针根据所选样卡决定)结束时，再点此按钮，就可以保存信息。

(2) 在选纬框内可做投梭规律，再进入“投梭”，在选纬框内任一处点击一下，就可将此投梭规律复制到投梭区内。

6. 配置(包括图案、字体、组织的新建和合成)

图案对话框同绘图工具栏 26，字体对话框同绘图工具栏 27，组织对话框见图 4-44。

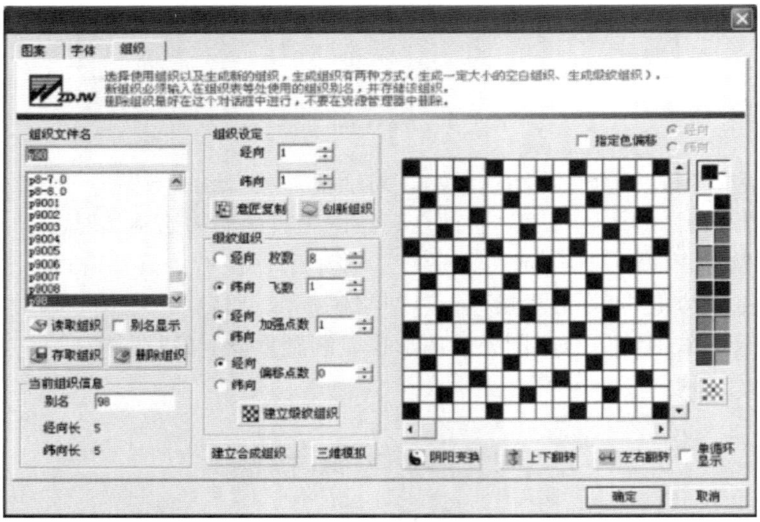

图 4-44 配置功能对话框

(1) 对话框左边的列表显示所有的组织文件，正常显示的是组织的文件名，如果选中下面“别名显示”，则列表中显示的是组织的别名；在列表框中单击某文件(或者在“组织文件名”中输入文件名，再单击“读取组织”按钮)将读取该组织；单击“存取组织”按钮，将保存该组织文件名，(组织的文件名、别名最好不要超过 8 个字节)；单击“删除组织”按钮，将删除该组织。

(2) “当前组织信息”一栏显示的是当前选中组织的别名和组织的经向长和纬向长，组织的“别名”是在所做组织用字母或符号命名时必须要存的信息。

(3) “组织设定”一栏中，输入经向和纬向的大小，然后单击“创新组织”按钮，将按设定大

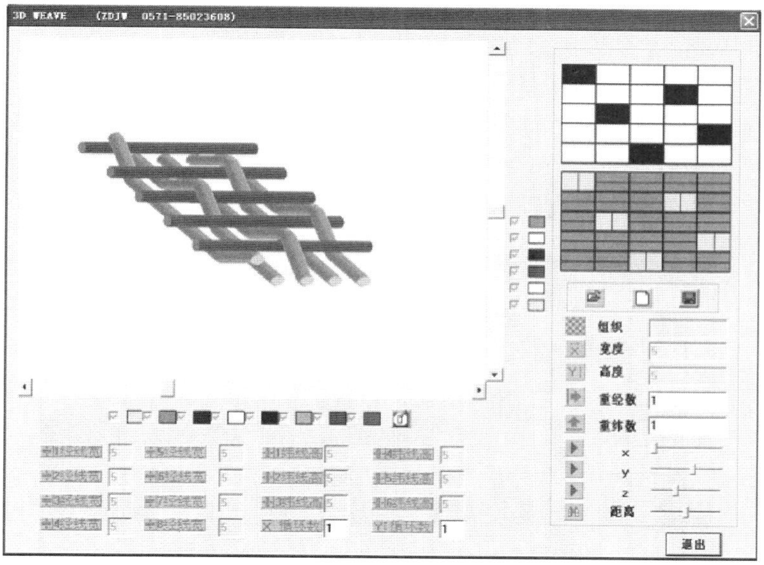

图 4-45 组织三维模拟对话框

小创建空白组织，再手工设置组织点；单击“意匠复制”按钮，可将意匠文件上所做的组织复制到组织库里来。(注意底色纬点必须是 1 号色)。

(4) “缎纹组织”一栏用于生成飞数为常数的缎纹、斜纹、平纹组织及其加强组织。输入“枚数”和“飞数”以及飞数的经纬向，再输入“加强点数”及其经纬向，单击“建立缎纹组织”按钮，将自动生成所需要的组织(图 4-45)。

(5) 对话框右边显示的为当前显示组织的内容，红框内为一个组织循环。在右边的调色板上单击，可以选择当前画笔颜色，背景色缺省为白色。当鼠标移动到某点时，绘图区上方将显示该点的经向和纬向数，以及该点的颜色号。

(6) 单击“阴阳变换”按钮，将把组织中经点变成纬点、纬点变成经点。单击“上下翻转”按钮，将把组织按照纬向循环大小，把各纬上下翻转。单击“左右翻转”，将把组织按照经向循环大小，把各经左右翻转。

(7) 单击“建立合成组织”，将弹出“组织合成”对话框(图 4-46)。

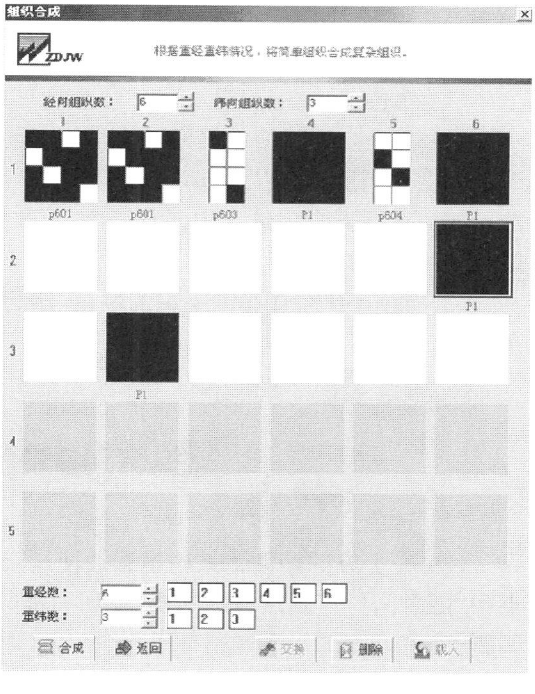

图 4-46 “组织合成”对话框

该对话框用于将几个简单组织合成复杂组织(重经、重纬、双层)。

首先选择经向和纬向需要的组织个数，经向最多可有 6 个组织，纬向最多有 5 个组织，设定了组织个数后，双击各白框（或者单击选中白框，然后单击“载入”按钮）选择各组织。如果对应为全沉组织，可以不选。单击已经选择组织的框，单击“删除”按钮，可以删除所选组织。选中一个框后，按住 Ctrl 键，再单击另一框，可以选中两个组织框，单击“交换”按钮，可以交换这两个组织的位置。还需要设置重经和重纬数（最大均为 10），选择各经和各纬的组织根数（经向 1-6，纬向 1-5），设置完成后，单击“合成”按钮，将合成复杂组织（图 4-47）。

上对话框几个简单组织合成后的复杂组织如下：6 经 3 纬（24＊12）。

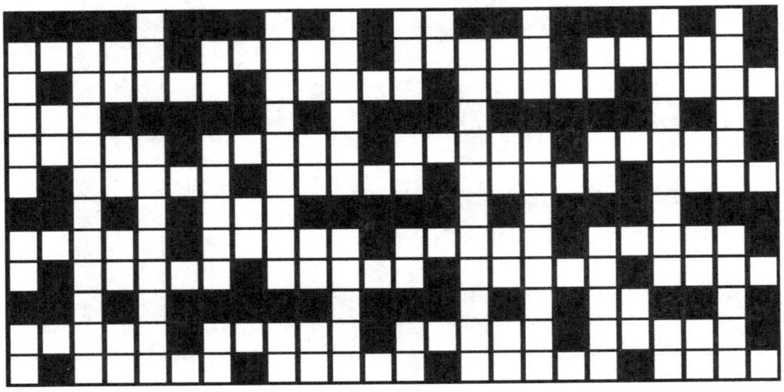

图 4-47 复杂组织合成示例

7. 铺组织 

（1）选色。

（2）在上方的辅助工具栏里选择使用选项，设置“经向内”和“纬向内”，将改变铺组织时的缩进宽度和高度；设置“经向浮长”和“纬向浮长”，铺组织时此参数范围内将不会铺上组织点；选择“起点”后五个单选项中任意一个，将改变铺组织的起点；设置“参考组织”，可以改变铺组织时所用的组织。

（3）铺组织时，在要铺组织的颜色（指定区域内）上左键单击即可（有选区时，操作局限于选区内，无选区时，进行全范围操作）。

8. 间丝 

（1）选色。

（2）在上方的辅助工具栏里选择使用选项，点中“单起”或“双起”单选项，确定平纹种类；点中“随意间丝”“画点”或“画线”单选项，确定间丝的类型，设定“排笔距”，将改变间丝点间的间距。

（3）画随意间丝时，左键在起始点点击，按住左键拖拽鼠标（此时“单起”“双起”不起作用）；画点时，间丝点将随鼠标轨迹，按“单起”或“双起”规律铺设；画线时，间丝点将分布在起始点和结束点的连线上按“单起”或“双起”规律铺设，结束时放开左键即可（此时“排笔距”不起作用）。

9. 影光 

(1) 选色。

(2) 在上方的辅助工具栏里选择使用选项，设置“参考组织”将选定影光的基本组织；

选择“经加强”“纬加强”或“同时加强”，以确定影光加强的方向；

选择“手绘”或“自动”；

“手绘”：设置“经向宽”和“纬向高”，将改变所画影光的范围；

设置“加强点数”将改变影光的加强组织；

“自动”：设置加强点数“最小”值和“最大值”，画影光时用鼠标左键在所需和颜色上沿影光方向拉一条直线即可。

(3) “手绘”画影光时，在起始点处左键点击，按住鼠标左键拖拽，至结束点处放开鼠标即可。

(4) 按住 Ctrl 键可反向加点(从经效应加强到纬效应)，加点的颜色为背景色。

10．泥地 

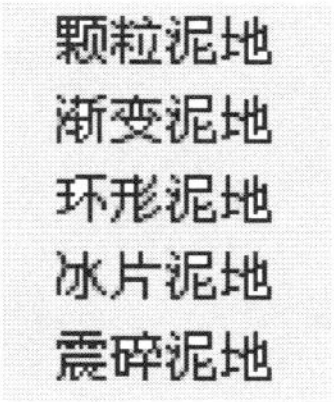

(1) 选色，点此按钮，出现对话框。

(2) 点击“颗粒泥地”后，在所需的颜色上点击左键即出现图 4-48 所示对话框。

点击“渐变泥地”后，在所需的颜色上用左键沿泥地渐变方向拉一条直线，即出现图 4-49 所示对话框：

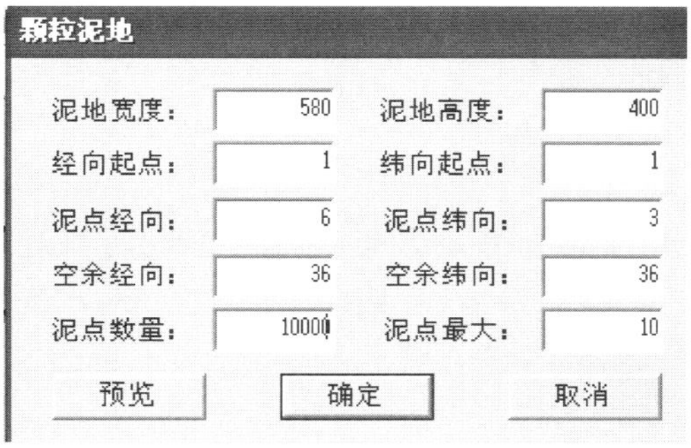

图 4-48　“颗粒泥地”对话框

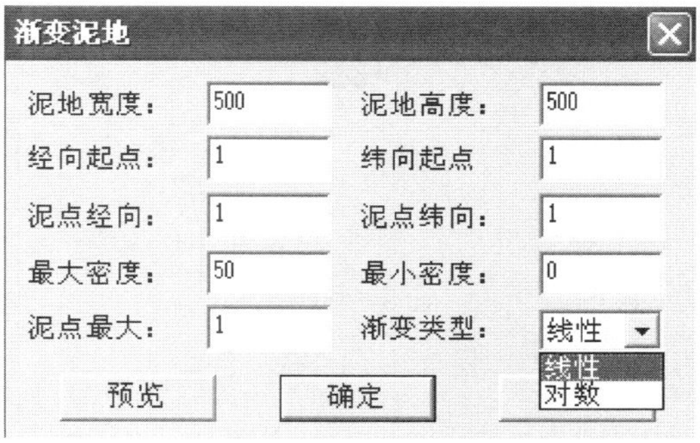

图 4-49　“渐变泥地”对话框

点击“环形泥地”后，在所需的颜色上点击左键即出现图 4-50 所示对话框：

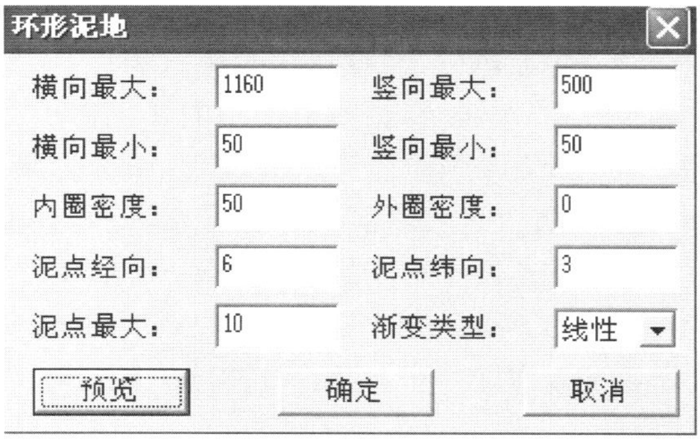

图 4-50　“环形泥地”对话框

点击“冰片泥地”后，在所需的颜色上点击左键即出现图 4-51 所示对话框：

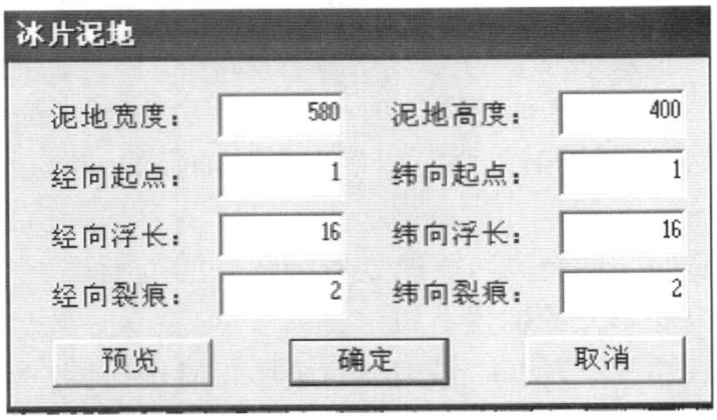

图 4-51 “冰片泥地”对话框

点击“震碎泥地”后，在所需的颜色上点击左键即出现图 4-52 所示对话框：

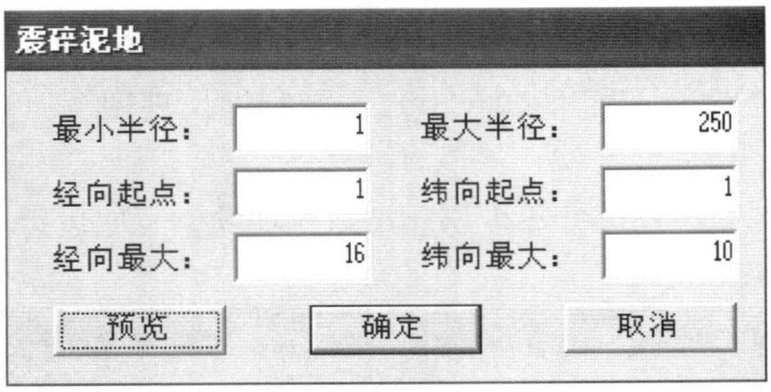

图 4-52 “震碎泥地”对话框

(3) 设置好所用泥地对话框中的各选项，可先“预览”泥地的效果，效果不理想可修改所选参数，满意后再点“确定”即可。

11. 组织配置表和组织表 

A. 组织配置表

(1) 对话框弹出时缺省读取当前意匠文件的组织配置表(图 4-53)。

(2) 配置表的 Y 方向为所有的颜色号(除了 0 号色)，如果意匠中使用了某颜色，在该颜色前将增加一个颜色标记；X 方向为梭数，在每个对应框中填入对应颜色在对应梭数中所使用的组织文件名或组织别名，在右下角显示的为当前对应的组织图。

(3) 单击“切换颜色显示顺序”按钮，将把所有使用的颜色显示在最前面，再单击该按钮，则按正常顺序显示。单击“清空设置”按钮，将把所有填写的组织清除为全沉组织。单击“存入意匠”，将设置的内容存入当前意匠文件。在颜色号数处双击，则对应的颜色在意匠图上闪烁显示。单击“闪烁 0 号色”，将会在意匠上将 0 号色闪烁显示。

(4) 对话框左边的列表显示了所有的组织配置表文件，单击列表中某一文件(或者在“组织配置名称”一栏中输入组织配置表文件名，然后单击“读配置表”按钮)，读取该组织配置表内容，显示在右边。单击“存配置表”按钮，把设置的内容存入“组织配置名称”一栏中显示的组织配置表文件中。

图 4-53　组织配置表对话框

B. 组织表

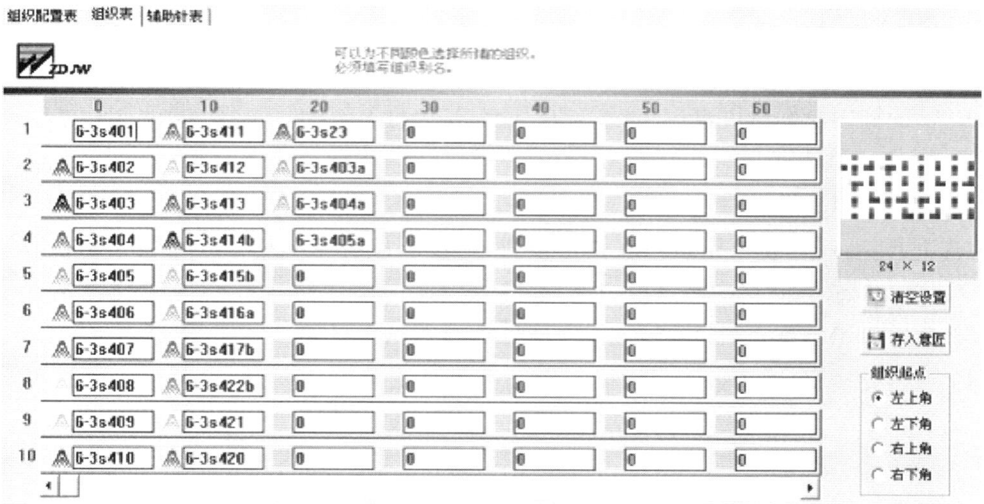

图 4-54　组织表对话框

(1) 点取“组织表”对话框时，缺省读取当前意匠文件的组织表(图 4-54)。

(2) 组织表中包括了 1～254 号颜色，意匠中使用过的颜色前面都增加了一个颜色标记。各颜色对应框内填入此颜色需铺组织的组织文件名或组织别名。

(3) 单击“清空设置”按钮，将把所有填写的组织清除为全沉组织。单击“存入意匠”，将把设置的内容存入当前意匠文件中。

(4) 在各颜色块上铺组织时，还需要考虑组织起点问题，在此处还可以设置这个起点(有左上角、左下角、右上角、右下角四种情况)。

C. 辅助针表

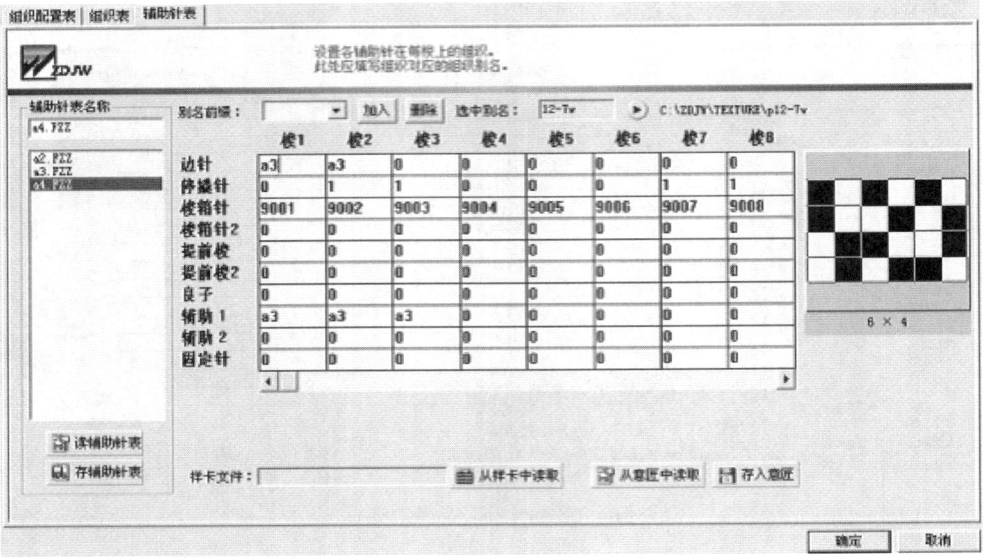

图 4-55　辅助针表对话框

(1) 点取“辅助针表”对话框时，缺省读取当前意匠文件的辅助针表(图 4-55)。

(2) 辅助针表可选择“从样卡中读取”或从左边的“辅助针表名称”栏内读取。

(3) 辅助针表填好后可直接“存入意匠”或在左边打上辅助针表名称，点击左下方的“存辅助针表”，以便日后读取。

12. 显示组织

单击此按钮，程序将根据组织表内的设置，将组织以特定颜色 255 号色显示在意匠图上(255 号色可在特殊调色板上改变颜色)，而组织点实际上没有铺上去，只是显示看看。

13. 背景组织

(1) 单击此按钮，弹出如下对话框

图 4-56　背景组织对话框

(2) 选择所需的组织文件名，单击“确定”后，即可把背景组织在意匠图上以小黑点的形式显示出来(必须将意匠比放大至 4 以上)。如要退出，再单击此按钮即可。

14. 显示浮长

（1）在上方的辅助工具栏里选择使用选项，选择“经向浮长”或“纬向浮长”测纬浮长或经浮长；设置“最小长度”和“最大长度”，可以改变显示浮长的范围。

（2）显示浮长时，左键单击要显示浮长的颜色即可。选择没用过的颜色，点“换色”便可将符合所设定范围的浮长换成当前色，而原来的颜色则表示浮长过长，可进行修改浮长。

15. 高亮显示 

（1）在调色板上选择显示高亮反衬的深色背景色，在右下角特殊调色板中设置高亮色（浅色）。

（2）点此按钮，即可以高亮显示指定前景色。

16. 四边形校正 

（1）单击此按钮，弹出如下对话框

首先，点击并拖拽出大致的需要改变的矩形框；点击四个顶点，并拖拽到需要的位置，形成要校正的任意四边形；这时，对话框内自动显示经起等四项参数，即包围四边形的最小矩形范围，如果您需要改变这个范围，那么重设这些参数，CAD 将进行相应的缩放。

（2）点击校正按钮，则将任意四边形校正成矩形。

17. 增减经纬线 

（1）单击此按钮，弹出如下对话框

（2）先选择“添加”或“删除”单选项，框定要改变的范围，放开左键即设定好增减的参数，再点击“变经线”“变纬线”或“变经纬”就可。

（3）“经起”“经向宽”“纬起”“纬向高”可数字设定增减区域的参数，再点击“变经线”“变纬线”或“变经纬”就可。

18. 抽取 

（1）单击此按钮，弹出如下对话框

在上方的辅助工具栏里选择使用选项，设置“经起”“经向宽”和“针数”“间距”“起点”，可以改变经向抽取的循环起点、抽取范围、抽取针数、抽取间距和抽取起点；设置“纬起”“纬向间距”和“针数”“起点”，可以改变纬向抽取的循环起点、抽取范围、抽取针数、抽取间距和抽取起点。

（2）参数设置好后，点击“抽取”即可。

19. 毛巾加针 

（1）单击此按钮，弹出如下对话框

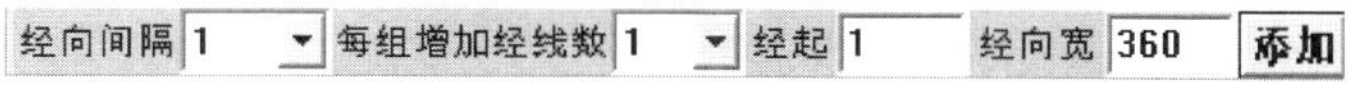

(2) 在上方的辅助工具栏里选择使用选项，设置“经向间隔”，可以改变加针的间隔；设置“每组增加经线数”，可以改变加针的数量；“经起”“经向宽”可以设定要加针的起点和范围。

(3) 加针时，设定好各参数，点“添加”就可。

20. 扩针

(1) 单击此按钮，弹出如下对话框

(2) 选择经向或纬向单选项，用于设置在哪个方向上进行扩针。

(3) 设置范围参数，您也可以在意匠上点击拖拽，框定出需要改变的范围(四项参数将随之改变)；设置扩针的范围不得超过意匠范围。

(4) 点击“扩针”按钮即可将意匠的某段扩展为原来的整数倍。

注意：如果您已经做好了投梭，又在这里改变了纬线数，那么您需要重新设置投梭信息

21. 毛圈校正

(1) 单击此按钮，弹出如下对话框：

(2) 在上方的辅助工具栏里选择使用选项，如上所示为：左上方组织为反起毛圈。

(3) 单击“单针校正”或“双针校正”即可。

(4) 毛巾三针(含三针以上)校正功能：

意匠图画好，先进行三针勾边，铺好组织，再打上组织配置，然后进入毛圈校正功能，选择校正针数，点击“校正”即可。

22. 分段纬密

(1) 单击此按钮，弹出如下对话框(图 4-57)：

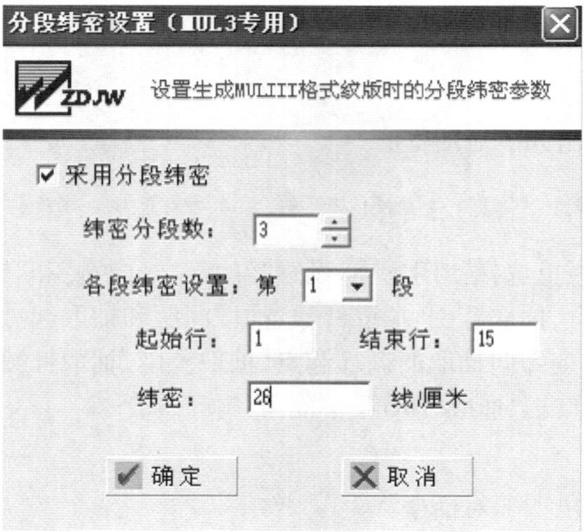

图 4-57 分段纬密对话框

(五) 纹板工具栏 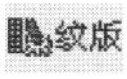

1. 切换 

各工具栏之间的切换

2. 生成纹板 

(1) 单击该按钮,弹出纹板生成对话框(图 4-58)。

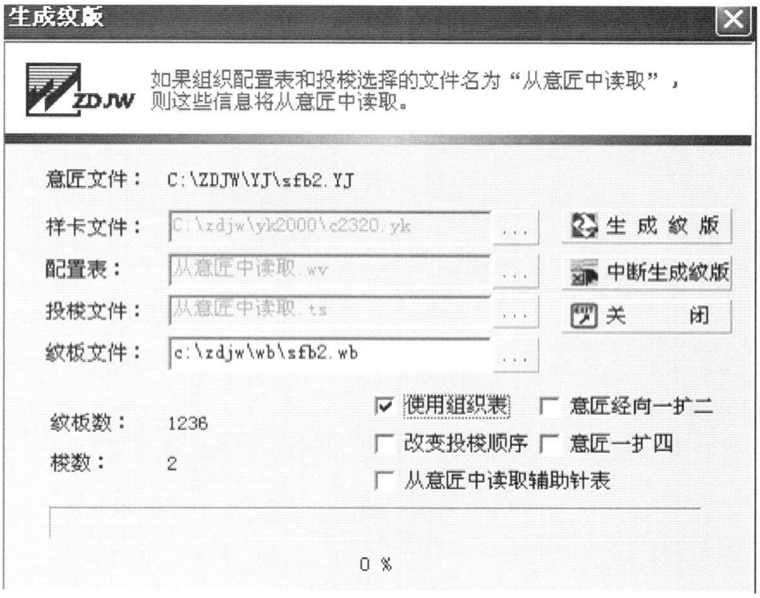

图 4-58 生成纹板对话框

(2) 意匠文件为当前意匠文件,选择合适的样卡文件、配置表信息、投梭信息、生成的纹板目录和文件名。如果要用组织表信息,还可复选使用组织表。对于配置表信息、投梭信息既可以选择从意匠文件中读取,也可以选择合适的文件来读取。纹板数和梭数是自动显示的,也可根据特定用途复选“意匠经向一扩二”和“改变投梭顺序”“意匠一扩四”“从意匠中读取辅助针”复选框。

(3) “改变投梭顺序”复选项,用于 1×2、1×3、1×4 梭箱……可将原甲乙甲乙走梭,改为甲乙乙甲走梭;甲乙丙甲乙丙走梭,改为甲乙乙丙丙甲走梭……

(4) 选择“意匠经向一扩二”复选项,则在生成纹板时,每条经线后插入一条和它完全相同的经线。注意:样卡文件的纹针数应该不小于总的意匠经线数。

(5) 选择“意匠一扩四”复选项,则在生成纹板时,上半部同经向一扩二复选项,下半部将上半部进行镜像。注意:样卡文件的纹针数应该不小于总的意匠经线数。

(6) 选择“从意匠中读取辅助针”复选项,则在生成纹板时,样卡中的辅助针信息从存入意匠中的配置表中读取。

(7) 数都设置完成后,单击“生成纹板”按钮就可以从选择的意匠文件生成纹板文件。在生成纹板过程中，单击“中断生成纹板”按钮可以中断生成纹板的过程。单击“关闭”按钮可以关闭该对话框。

3. 打开纹板

(1) 单击该按钮，弹出打开纹板对话框(图 4-59)。

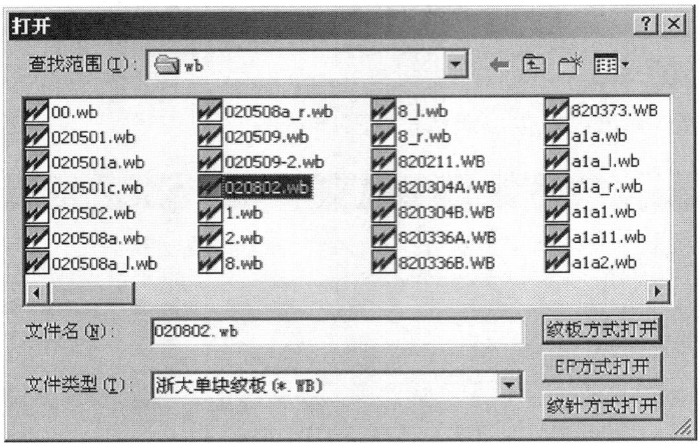

图 4-59 打开纹板对话框

(2) 因为纹板有不同的类型，并且不同类型的纹板文件存在不同的目录下。所以在文件类型中选择不同的类型时，系统会自动打开对应的目录，单击要打开的文件。

(3) 纹板文件打开方式有三种，单击不同方式的打开按钮，就可打开选中的纹板文件。

4. 保存

单击该按钮，可以保存当前纹板文件或意匠文件。

5. 检查纹板

(1) 选择电子纹板样卡生成的是电子纹板，选单块纹板样卡生成的是单块纹板。

(2) 单击该按钮，即出现当前意匠文件对应的电子纹板或单块纹板，可移动滚动条翻看。

(3) 单击屏幕右上角“×”即可关闭检查纹板对话框。

6. 按 EP 方式检查纹板

(1) 单击该按钮，则对于单块纹板也以电子纹板方式显示。

(2) 对于电子纹板，则和“检查纹板”按钮情况相同。

7. 检查纹针

单击该按钮，则取出单块纹板或电子纹板的纹针部分，以电子纹板的方式显示。

8. 分梭纹板检查

(1) 生成 ep 纹板后，如果要分梭检查时，单击该按钮，弹出分梭检查对话框(图 4-60)。

(2) 选择需显示第几梭，单击“确定”，屏幕显示的即为第几梭的 ep 纹板。

图 4-60 分梭纹板检查对话框

10. 加底梭

(1) 分梭纹板检查花梭时，单击该按钮，即把底梭组织以小黑点的形式铺上，以便查看花梭和底梭组织的配合情况。

(2) 再单击该按钮，即退出该功能。

11. 修改纹板

(1) ep 生成后，单击该按钮，可同修改意匠图一样对 ep 进行修改，只需修改一个循环图形。

(2) 单击屏幕右上角"×"关闭对话框。

(3) 注意：在修改一个 ep 的同时，不要修改另一个 ep。

12. 纹板重设确认

(1) "修改纹板"操作完成后，单击该按钮，则完成几个图案的复制。

(2) 单击"存储纹板"按钮，将修改好的 ep 保存到硬盘。

13. 纹板转意匠

(1) 单击该按钮，弹出纹板转意匠对话框(图 4-61)。

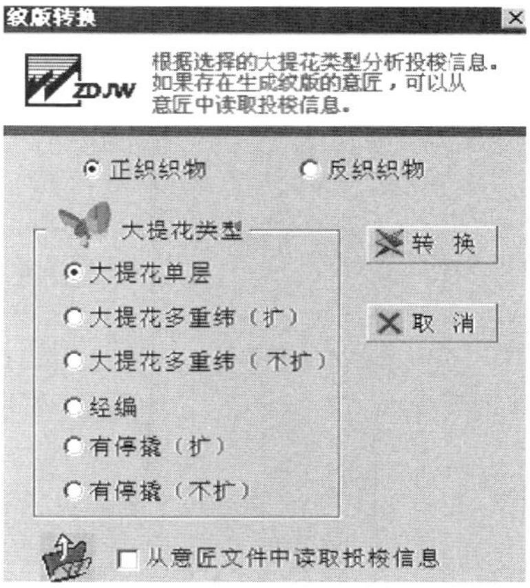

图 4-61　纹板转意匠对话框

(2) 因为转换时要用到投梭信息，所以当该纹板文件存在对应的意匠文件(纹板文件是从单击"检查纹板""按 ep 方式检查纹板"等按钮打开)时，可以选中"从意匠文件中读取投梭信息"复选框；如果没有从意匠文件中读取投梭信息，或者没有对应意匠文件时，选择正确的大提花类型和正反织，系统将自动分析投梭信息。

(3) 单击"转换"按钮，自动生成转换后的意匠文件。

14. 样卡设置

(1) 单击该按钮，弹出样卡设置对话框，该对话框包括三部分。

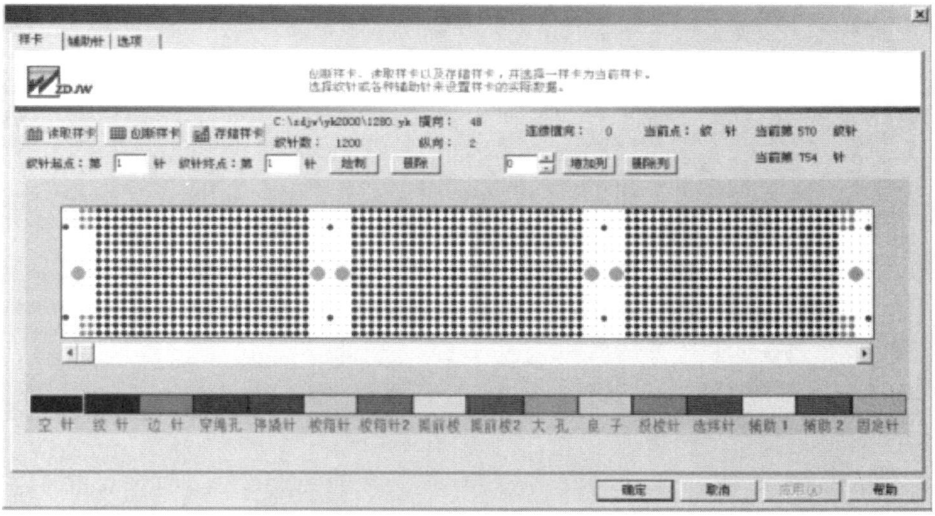

图 4-62　样卡设置对话框

（2）第一部分为设置样卡的实际数据（图 4-62）。单击“读取样卡”按钮，选择符合机台装造的已存在 c:\zdjw\yk2000 目录下的样卡；单击“创新样卡”可创建新样卡，输入相应的样卡宽度、高度，单击“确定”，即会出现一张空白样卡，根据机台实际情况，单击各类型针对应的色块，就可以在样卡数据区画上纹针、梭箱针、停撬针、边针……，若有画错可用空针修改；单击“存储样卡”，将做好的新样卡取一个文件名“ *. yk”，保存在 c:\zdjw\yk2000 目录下。

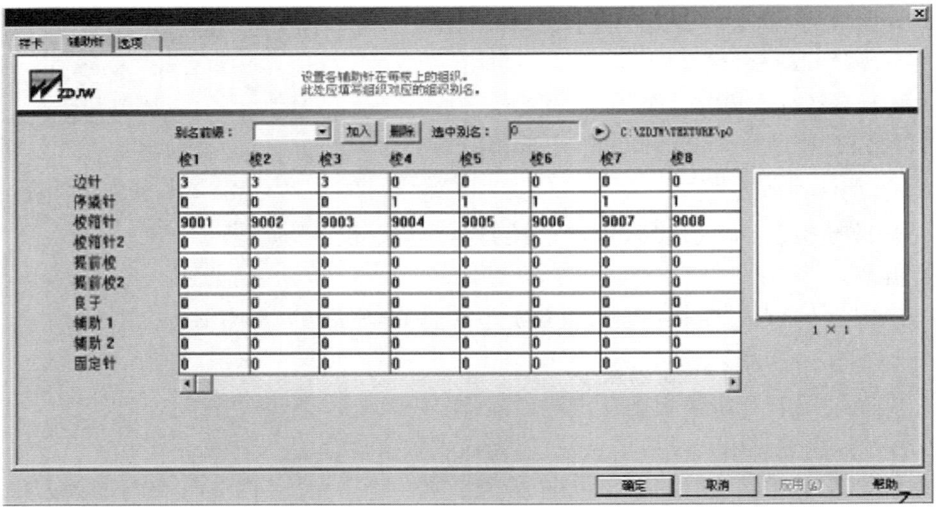

图 4-63　辅助针组织设置对话框

（3）第二部分为设置辅助针在各梭所采用的组织（图 4-63）。单击“辅助针”，出现一张表格，将在组织库里做好的各种辅助针组织，用组织文件名或组织别名输入，输完点“确定”既可。

（4）第三部分为设置样卡的各种参数（图 4-64）。单击“选项”，出现样卡参数设置对话框。根据不同机台类型和方式正确选择各种参数，输完点“确定”按钮即可。

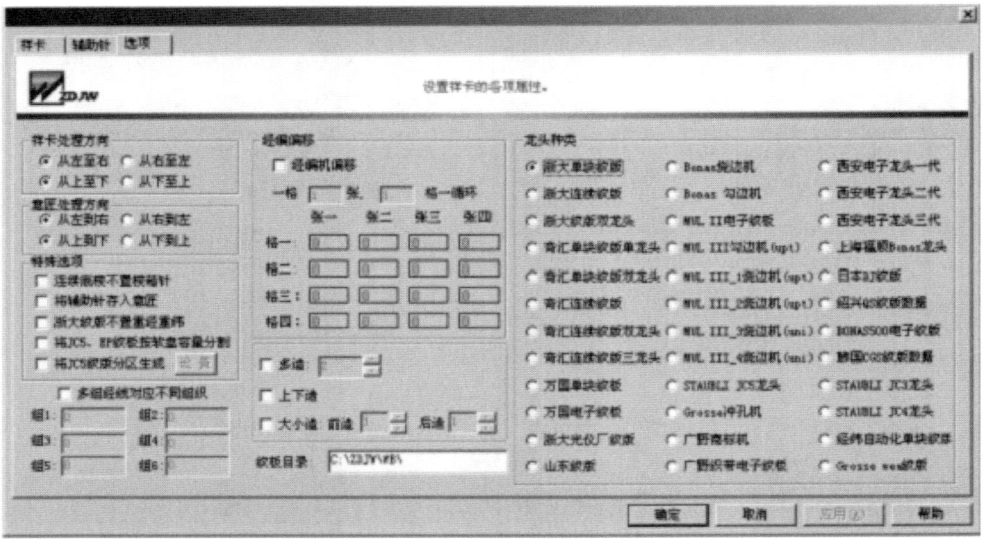

图 4-64　样卡参数设置对话框

经编机可进行经编偏移设置。

大提花可选择“多造”“上下造”“大小造”“双龙头”“多组织线对应不同组织”等。

纹板目录最好和样卡类型相对应。

对于“多造”“大小造”“双龙头”“多组织线对应不同组织”的图案，在做配置表时，以投三梭为例时，A1、A2、A3 为前造(或第 1 组经线)组织，B1、B2、B3 为后造(或第 2 组经线)组织。

（六）其他工具栏 其他

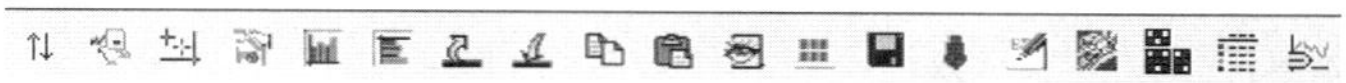

1. 切换

各工具栏之间的切换。

2. 系统参数设置

(1) 单击该按钮，弹出系统参数设置对话框(图 4-65)。

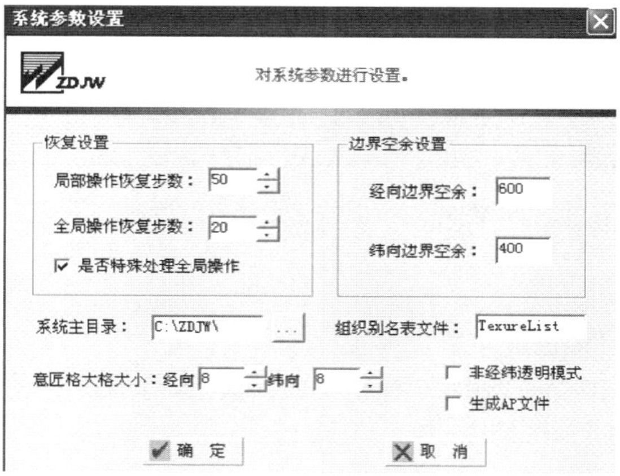

图 4-65 系统参数设置对话框

(2) 分别输入局部操作恢复步数和全局操作恢复步数；如果没有选中“是否特殊处理全局操作”，则全局操作也属于局部操作，某些改变经纬线数的操作除外，所以还需设置全局操作恢复步数。

(3) 其他设置中“经向边界空余”不能小于 48；“系统主目录”不鼓励改变，如果改变了，必须确保该目录下需要的文件和目录都不少；“意匠格大格大小”设置，可以改变意匠格显示时大格里的小格数。

3. 光标

点此按钮，会弹出上方这个菜单。选默认光标，光标形状为一支笔；选箭头光标，光标形状为普通箭头形状，用于需精确定位时；选十字光标，光标为小十字；选大十字光标，光标为全屏的十字型，用于有位置比较时，仅在框定选区时有效。

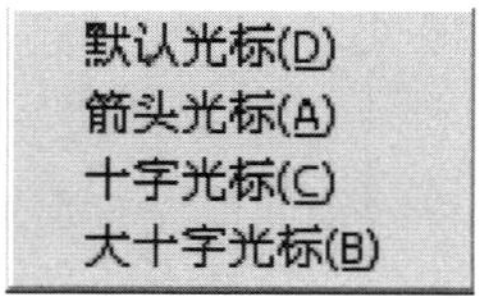

4. 系统目录检查

(1) 单击该按钮，弹出系统目录检查对话框(图 4-66)。

(2) 选中一个龙头类型,单击“纹板目录检查”按钮,将检查该龙头类型对应的纹板文件目录是否存在。

(3) 单击“基本目录检查”按钮,将检查系统正常运行所需要的目录是否存在。

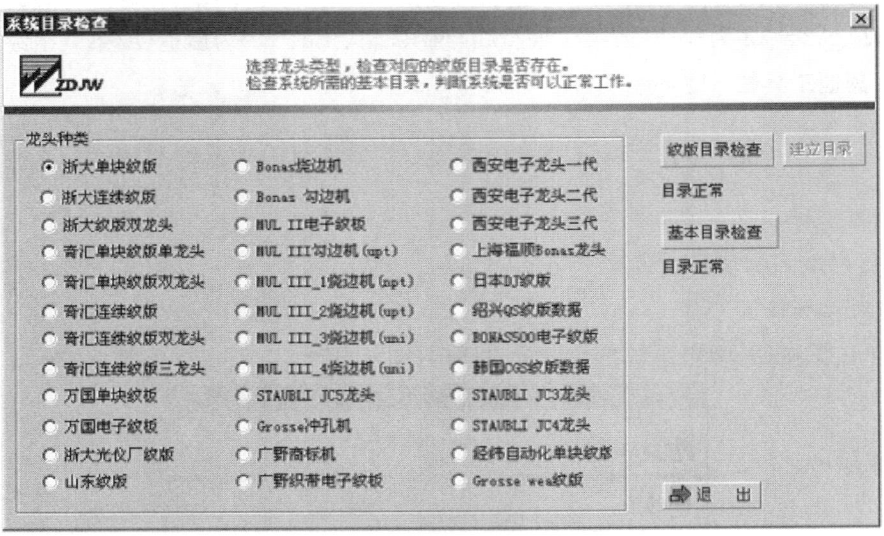

图 4-66　系统目录检查对话框

5. 经浮率显示

(1) 当前意匠文件必须已经生成过纹板。

(2) 单击该按钮,既出现一条由 20 横格组成的横条,每小格表示 5%,黑格表示经浮率,红格表示纬浮率。

6. 纬浮率显示

(1) 当前意匠文件必须已经生成过纹板。

(2) 单击该按钮,出现一个对话框,选择梭号,点“确定”即出现一条 20 纵格组成的直条,每小格表示 5%,黑格表示纬浮率,红格表示经浮率。

7. 提取

(1) 已经存在局部选区。

(2) 单击该按钮,将所定义范围内的局部意匠提取到另一窗口,再进行修改(注意不要存图)。

8. 复位

由“提取”功能提出的意匠修改完后,单击该按钮,即可把修改好的小块意匠图复位到原处。

9. 复制

(1) 意匠存在局部选区。

(2) 单击该按钮,即可以把选区内的局部意匠保存在系统剪贴板内。

10. 粘贴

(1) 单击该按钮,将把系统剪贴板内的内容粘贴到当前意匠。

(2) 如果当前没有选区存在，将以意匠的左上角作为粘贴的起点；如果有选区存在，将以选区的左上角作为粘贴的起点。

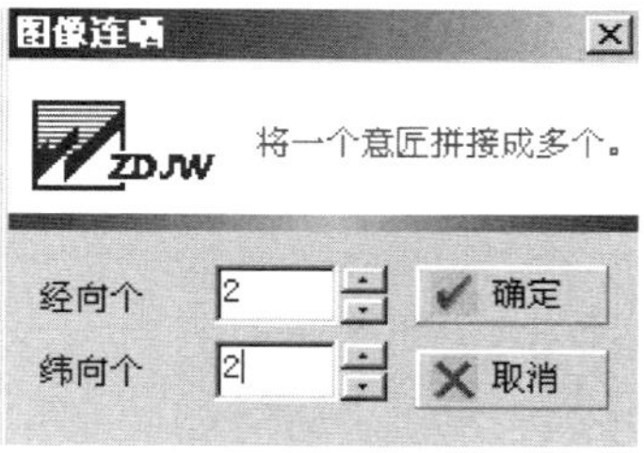

图 4-67　意匠连晒对话框

11. 模拟显示

(1) 单击该按钮，即会出现当前意匠的一幅 2 500 * 4 500 左右的整体效果图。

(2) 再单击该按钮，即恢复成原图。

(3) 在模拟显示时，不要对当前意匠图进行任何修改操作。

12. 意匠连晒

(1) 单击该按钮，出现意匠连晒对话框(图 4-67)。

(2) 选择经向和纬向的连晒个数，单击"确定"即可。

13. 另存为

(1) 单击该按钮，出现"是否保存组织表内容"对话框。

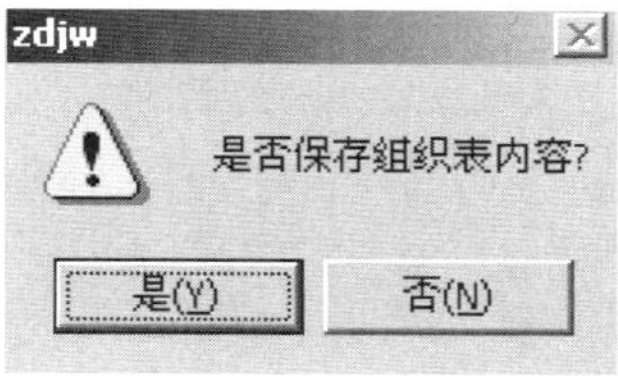

(2) 根据需要选择"是"或"否"后，出现"另存为"对话框(图 4-68)。

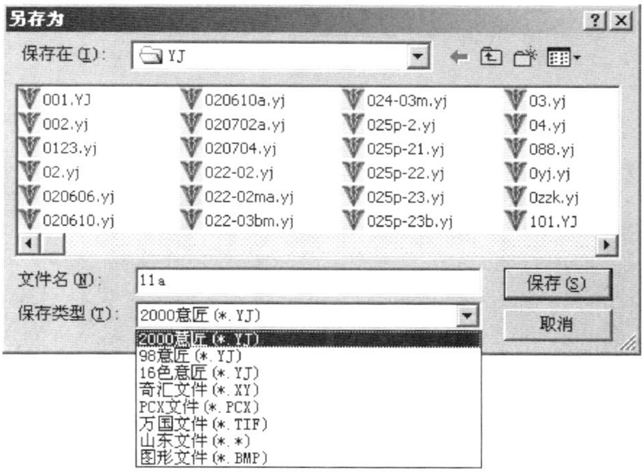

图 4-68　另存意匠文件对话框

(3) 选择保存路径和保存类型，输入文件名后，单击"保存"即可。

14. 领带样板

(1) 选择需打印的领带图象文件，单击该按钮，出现图 4-69，输入相应的参数和信息，点"确定"，出现图 4-70(1)。

(2) 再进入扫描工具栏"领带配色"，进行配色，如图 4-70(2)。

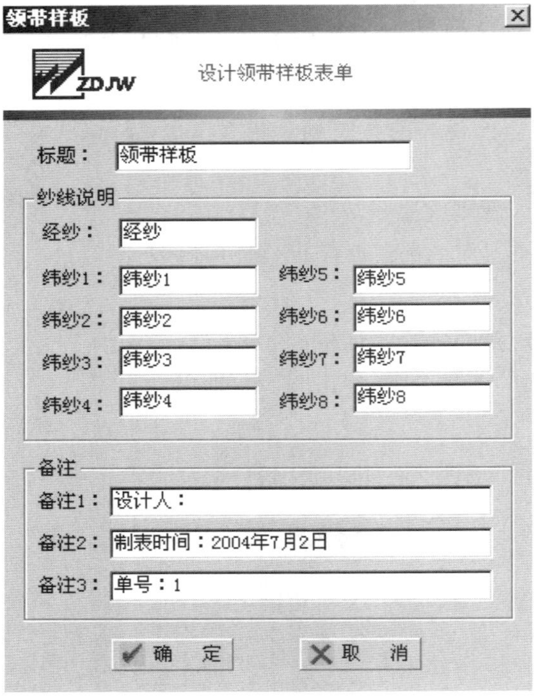

图 4-69 领带样板设计对话框

（3）然后打印。

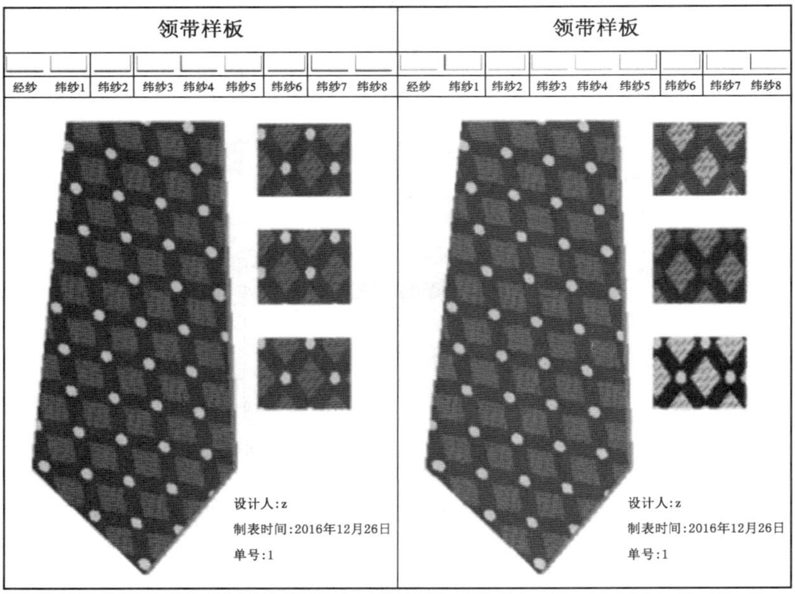

(1) (2)

图 4-70 领带设计示例

15. 加入意匠库

(1) 单击该按钮，弹出“文件相关信息”对话框(图 4-71)，将每个花型的相关信息输入保存，以便查寻管理。

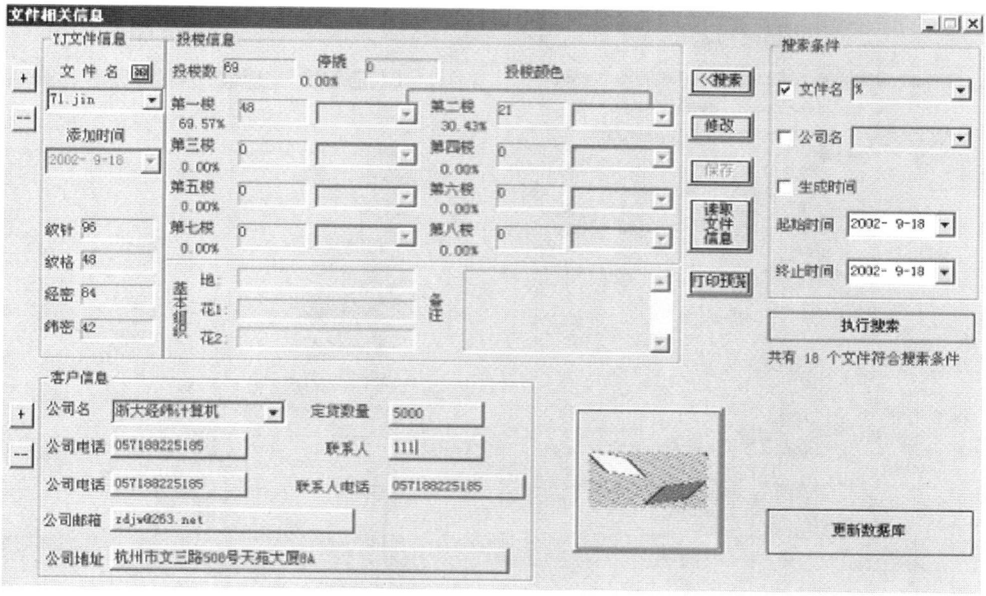

图 4-71 “文件相关信息”对话框

(2) 在“＋”“—”处可选择添加、删除文件名和公司名，选定文件名和公司名后，YJ 文件信息、客户信息(如无可创建)和投梭信息程序自动填写；根据需要可手工修改填写相关信息，改好后单击“保存”即可。

(3) 右边的“搜索条件”栏，可根据文件名、公司名、生成时间搜索所需文件。

(4) 单击“打印预览”，出现“打印预览”对话框(图 4-72)，检查无误后，就可单击“打印”把意匠和客户的相关信息打印出来。

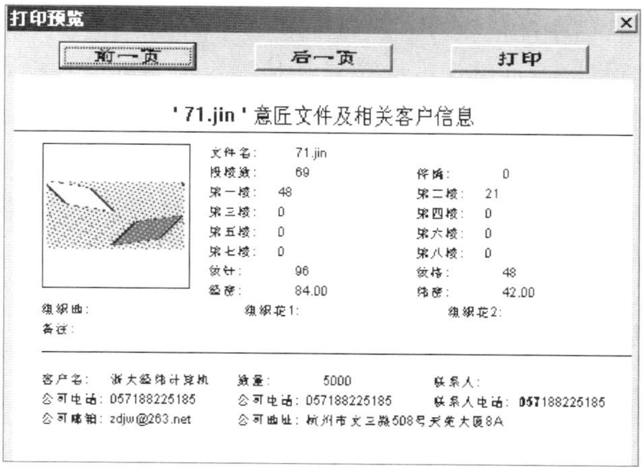

图 4-72 “打印预览”对话框

16. 模拟

(1) 单击该按钮，可以出现“装饰布模拟”窗口(图 4-73)，但是要求预先做好的步骤有：选择样卡、投梭、组织配置，如果从纹板模拟还需要生成纹板。

装饰布模拟窗口

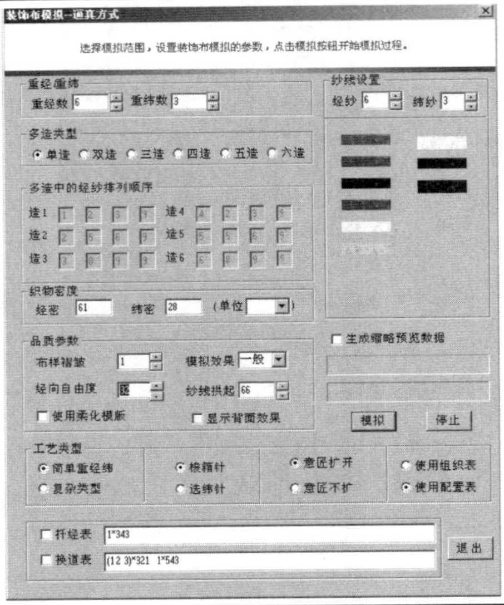

纱线库窗口

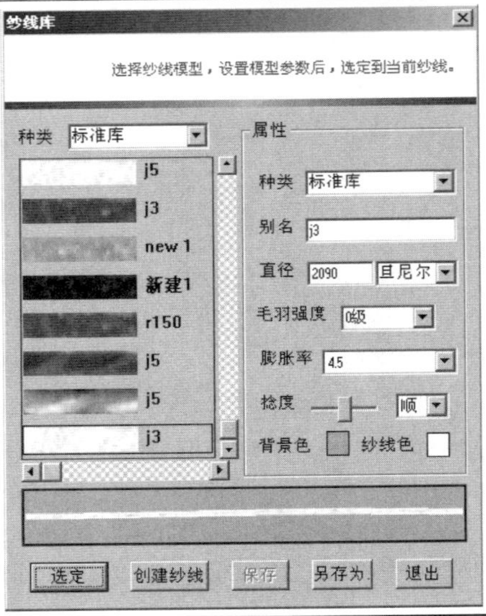

图 4-73 模拟功能窗口

“装饰布模拟”面板左上的重经重纬数指布样中的经循环数和纬循环数，在复杂类型中指基础组织中的经纬循环数，而不包含抛花加入的纱线。经纱数指实际使用中纱线数目，比如 6 重经 3 重纬的布样，在实际中加入换道，而有 8 根经线。经线排列为(1, 2, 3, 5, 6, 8, 1, 2, 3, 6, 8)。纬纱数类之。

多造类型：当制织重经、双层或多层织物时，具有两组或者两组以上的经丝，各组经丝须由不同的纹针管理，此时在目板纵向亦要分成相应的区域称为分造。经线的排列顺序会自动给出，除非特殊要求需要自己手动输入。

工艺类型：在图样设计中，通常把从头到尾都是固定根数纱线在循环称为简单重经重纬，而把在循环中有插入特殊纱线的做法称为抛花工艺。程序中把简单重经重纬称为简单类型，采用了抛花工艺称为复杂类型。简单类型可以省却一些参数设置，可以一梭到底投梭，而程序会自动设置梭子序号。复杂类型则必须通过某种形式设置梭子序号，有投梭规律、选纬针信息、牵经换道表等来设置。

牵经换道表：在使用了牵经换道，或者投梭规律中不能正确反映纬线序号的时候需要输入牵经换道表，该选项具有最高优先级。表达式规则如下：

(a) 有效字符数字“(”“)”“{”“}”“[”“]”“ * ”

(b) 表达式单元用空格或者其他非有效字符隔开。

(c) 紧跟着“ * ”号的数字可以是多位，其余数字为 1 位，也就是说纱线根数不得超过 10。

(d) 表达式支持无穷锲套。

合法的表达式:(1 2 3 * 3) * 200　1 * 2　((3 4 6) * 2　7) * 200

缩略预览图:选中“生成缩略图预览数据”复选框可以为当然模拟的效果图生成一个全息影像,在该缩略图上配色的速度要大大的快于重新模拟。配色完毕后点击确定即可把配色信息保存。重新模拟原图即可以得到配色后的效果。配色过程在首次模拟完成后或者在模拟效果图上右键菜单中的“配色”按钮可以调用。

(2) 纱线库

纱线一般用扫描图生成,单击“装饰布模拟”面板上的纱线,会出现“纱线库”窗口。单击“创建纱线”按钮将出现“创建纱线”操作窗口。操作步骤为打开位图文件/从扫描仪获取图象→自动提取纱线/手动提取纱线→利用“扩大选取”和“减小选取”按钮提取合适的纱线边界→保存退出。

注意:为保证纱线的质量,要求扫描仪的分辨率不得小于 300dpi。Windows 自带的绘图程序打开过的位图文件将丢失原有分辨率信息。对扫描图的预处理应该使用 photoshop。

纱线的编辑在“纱线库”操作界面上进行。首次打开该窗口默认选定的将是上下文环境中相关的纱线。比如,在“装饰布模拟”窗口中单击纱线后“纱线库”中选定的是被单击的纱线,或者创新纱线后保存的纱线。可编辑项目包含别名、直径、捻度、捻向、毛羽强度、纱线膨胀率、背景色、纱线颜色。不再需要的纱线可以通过右键菜单删除按钮删除。

纱线选定操作可以用双击相应的纱线或者单击选定按钮来完成。“装饰布模拟”和“纱线库”操作界面分别有选定状态(纱线外加黑色边框表示选定),表示当前选择了哪根纱线。

17. 素织物

(1) 先在意匠图上画好素织物一个组织循环,如图 4-74 所示。

(2) 点击该按钮,弹出如下对话框:点击“照图穿”按钮,自动根据图形生成省综片穿法,点击“查看”显示穿综图(图 4-75)。

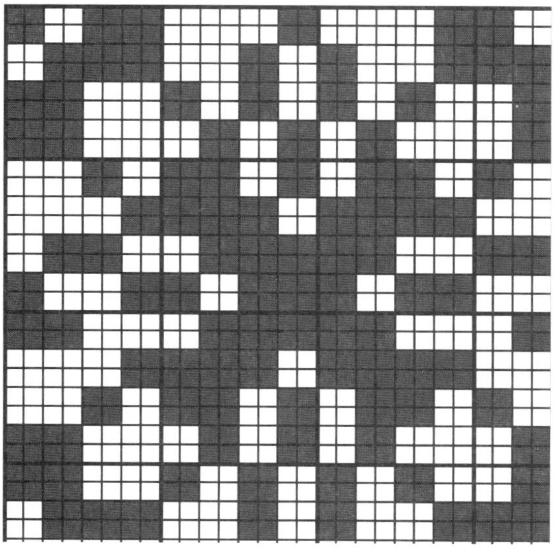

图 4-74　组织循环示例

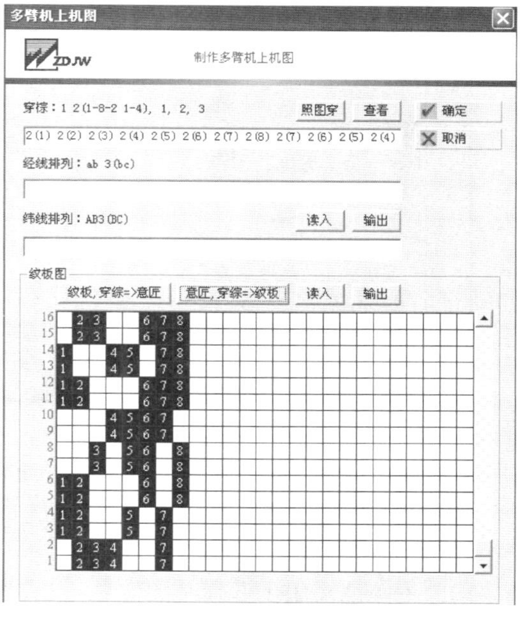

图 4-75　多臂上机图对话框

(3) 点击“意匠,穿综=>纹板”生成纹板图(图 4-76)。

(4) 可直接输出电子多臂格式。

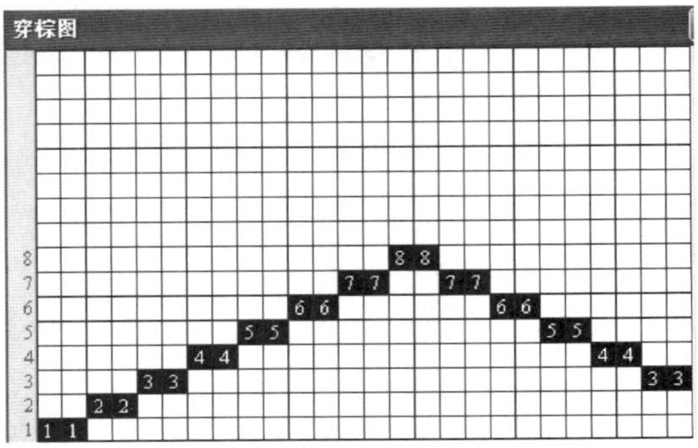

图 4-76 穿综图示例

18. 颜色统计 

打开意匠图,单击该按钮,弹出如下颜色统计表(图 4-77)。

19. 纬纱统计 

打开意匠图,单击该按钮,弹出如下纬纱统计表(图 4-78)。

图 4-77 颜色统计表

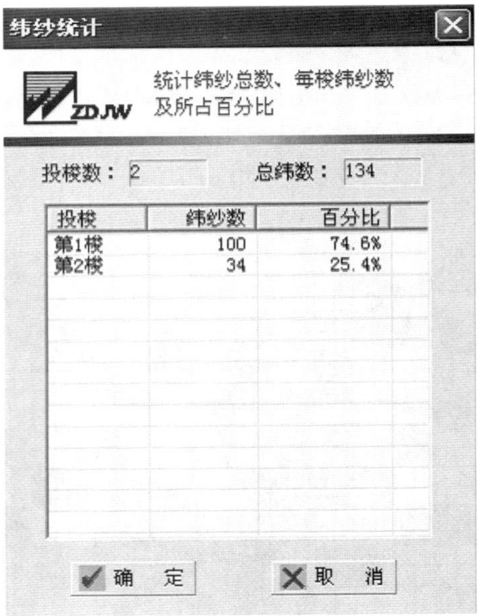

图 4-78 纬纱统计表

(七) 调色板

1. 主调色板

(1) 主调色板用于选择画图颜色,设置底色,改变颜色的状态等(图 4-79)。选择画图颜色,在调色板所需颜色上左键点击即可(在右键无特定操作时,在意匠上所需的颜色上右键单

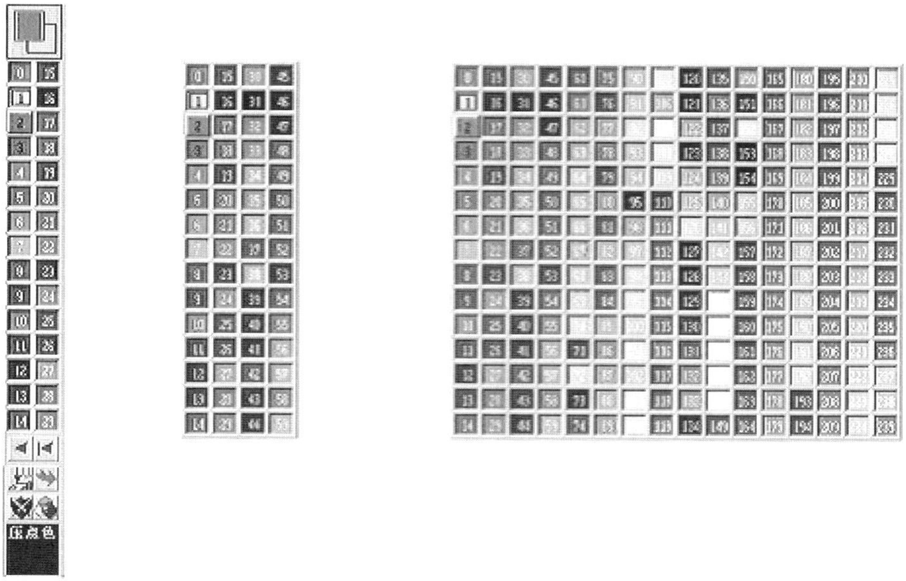

图 4-79　调色板

击也可）；设置底色背景色，按住 Ctrl 键的同时在调色板的颜色上右键点击即可；改变颜色状态，按住 Ctrl 键，左键点击调色板上相应颜色，第一次颜色变为保护状态（即此颜色不会被别的颜色覆盖），第二次颜色变为选区保留颜色（即与此颜色在同一选区内的其他非选区保留颜色变为透明），第三次颜色变为同时保护与透明，第四次恢复正常状态。保护、透明和复位也可由下方的调色板对应属性控制按钮控制。

（2）主调色板有三种状态，最小状态，双倍状态和最大状态（状态由主调色板下方的调色板属性按钮控制）；主调色板上的颜色用数字表明颜色号，颜色号为白，则此颜色未被使用，颜色号为黑，则此颜色已被使用（页边上使用的颜色不计）；主调色板可按颜色号经向排序，也可按使用颜色号经向排序，排序由主调色板下方的调色板属性控制按钮控制。

（3）在主调色板上相应颜色上单击右键，会弹出下面的菜单：

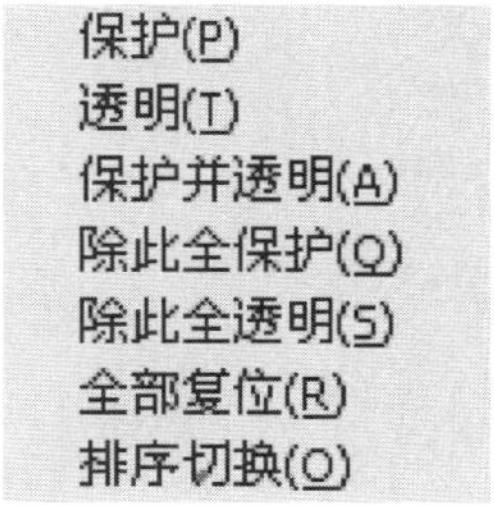

点中各菜单项即可选择相应功能。

2. 换色区

（1）换色区是主调色板上方的一块区域，前方颜色表示前景色，后方颜色表示背景色；主调色板上选中前景色和背景色会显示在这两块显示板上（图 4-80）。

（2）换色时，点中主调色板上相应颜色（换前景色点左键，换背景色按住 Ctrl 键点右键），再在换色区相应的显示板上左键点击，会弹出下面的颜色对话框，选择需要的颜色，再点“换色”按钮即可。也可把常用的颜色添加到自定义颜色栏里，这样创建空白意匠时，前面几个颜色号里的颜色就是自定义颜色栏里的颜色。

3. 属性按钮区

（1）双倍展开按钮◀，位于主调色板下方第一行左方，点此按钮，主调色板展开成双倍状态，再点恢复最小状态。

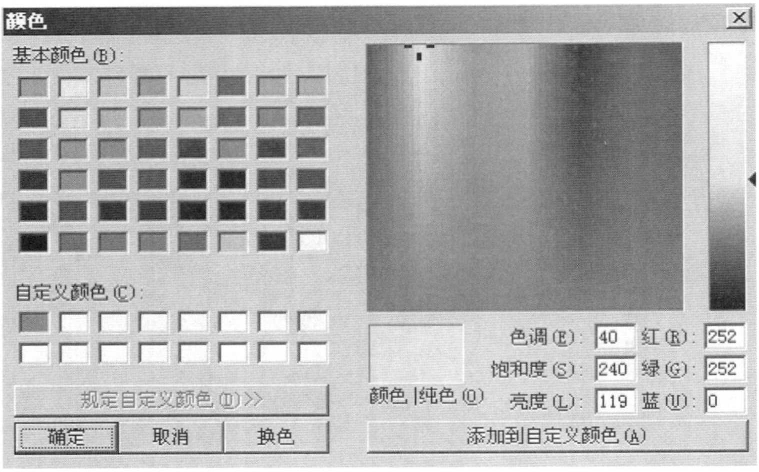

图 4-80　自定义颜色换色区

(2) 完全展开按钮，位于主调色板下方第一行右方，点此按钮，主调色板展开成最大状态，再点恢复原状。

(3) 颜色排序按钮，位于主调色板下方第二行左方，点此按钮，主调色板上的颜色按是否使用排序，再点恢复按颜色号排序。

(4) 属性复位按钮，位于主调色板下方第二行右方，点此按钮，主调色板上所有颜色属性变为正常，此按钮只在有颜色不是正常状态，才有效。

(5) 颜色保护按钮，位于主调色板下方第三行左方，点此按钮，前景色变为保护颜色。

(6) 颜色选区保留按钮，位于主调色板下方第三行右方，点此按钮，前景色变为选区保留颜色。

4. 特殊调色板

(1) 特殊调色板位于整个调色板区的最下方，有缩小状态和展开状态；缩小状态只显示一种颜色，展开状态显示 4 种颜色。

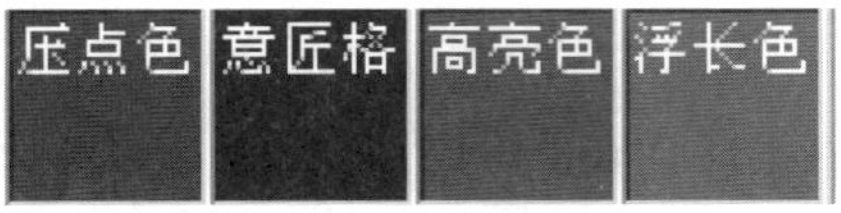

(2) 右键点击，展开或缩小特殊调色板，左键双击改变颜色。

5. 底部工具栏

(1) 在系统主界面的下方还包括两个工具栏，一个是“缩略图”工具栏，一个是“索引”工具栏。

(2) 在“缩略图”工具栏中显示的是当前意匠文件的缩略图。在缩略图中还显示一个红框，这个红框表示在框中的部分为当前意匠在屏幕上所显示的部分。可以通过移动这个红框来改变当前意匠在屏幕上显示的部分。

(3) “索引”工具栏显示意匠基本目录下(缺省为 C:\zdjw\yj\)所有意匠文件(或所有组织

文件)。在该工具栏里单击鼠标右键，将弹出如下菜单：

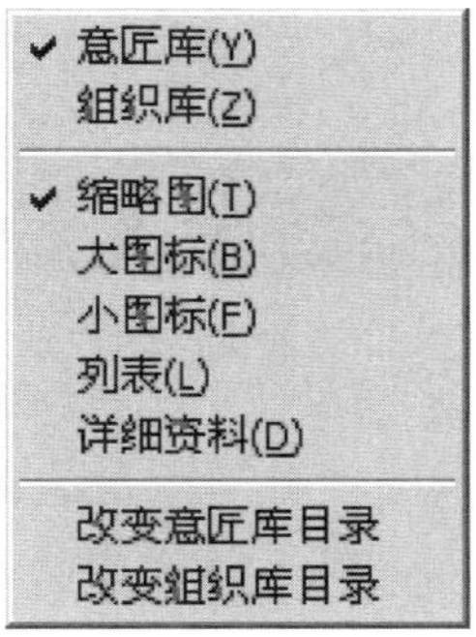

该菜单功能和主菜单中相应部分功能相同。当“索引”工具栏显示意匠文件时，单击某文件将选中该文件，再单击选中的文件(或直接双击某文件)将打开该意匠文件。当“索引”工具栏中显示组织文件时，单击某文件将选中该组织，再单击选中的组织文件(或直接双击某组织文件)将把该组织文件设置为当前组织文件。“改变意匠库目录”和“改变组织库目录”，可改变索引栏里意匠和组织的显示目录。

思考与练习

1. 简述纹织 CAD 在品种设计中的优点。

2. 纹织 CAD 的规格输入包括哪些内容？

3. 简述织物组织计算机重新分类的必要性和基本法则。举例说明规则组织、准规则组织和非规则组织的定义。

4. 简述建立组织库文件的方法及注意的问题。

5. 简述纹板文件的意义及形成方法。

6. 给出机织物组织图、穿综图和纹板图的数学描述。说明穿综阵的特点。

7. 参照规则组织的数学模型，写出$\frac{5}{3}$纬面缎纹的组织参数及组织赋值的算法及程序。

8. 运用 Kronecker 积的概念，设置合适阶数的全“1”阵为被叉积元，使$\frac{1}{2}\nearrow$斜纹和$\frac{1}{3}\nwarrow$斜纹组织阵变成相同的行列数。然后按 $1+1=1$，$1+0=1$，而 $0+0=0$ 的法则进行叠加。

9. 纹织 CAD 的图像编辑和工艺设计有哪些功能？

10. 纹织 CAD 系统有哪些绘图操作功能？这些绘图操作功能各有什么作用？

第五章 纹织物CAD设计实例

第一节 单层纹织物CAD设计

单层纹织物由一组经纱和一组纬纱交织而成，织纹色彩变化单一，但织物经纬向紧度均匀，布面平整，光泽柔和，是结构最简单的提花装饰织物产品。组织配置分为花地两组，常采用正反配置，地组织以平纹、斜纹、缎纹为主，花组织以不同浮长的组织通过反衬地组织来表现织纹效果，花地组织数在10种以下，织物正反面组织呈经纬互补效应。

一、单层纹织物分类

1. 平纹地单层纹织物

以平纹为地组织，配以缎纹或其他组织显示花纹，平纹组织的地部平挺紧密，花纹易突出。

2. 斜纹地单层纹织物

以斜纹组织为地组织，配以其他组织显示花纹，斜纹组织的地部由于斜线影响，花纹轮廓不太清晰，故较少采用。

3. 缎纹地单层纹织物

以缎纹组织（常用五枚或八枚）为地组织，配以其他组织显示花纹，缎纹组织的地部光滑平整，花纹较明显。

此外，也有一些采用变化组织或联合组织作为地组织的。

二、单层纹织物的组织结构与显色特点

单层织物组织结构虽然简单，但通过组织配合和色彩搭配，依然可以织造出多色彩的织物。

图5-1通过地、花组织采用互反组织，经密大于纬密，地组织的经组织点很好地遮盖了纬组织点；同时通过改变纬向投纬颜色，达到布面多色彩效果。布面只能隐约看到纬纱的色彩。

图5-2为通过经密大于纬密的配置、周期地改变投纬顺序、不同的组织搭配，达到纱线颜色互相遮盖，而获得不同色彩的目的。

图5-2中织物经纱为金黄色涤纶网络丝；纬纱为涤纶空气变形丝，纬纱投纬顺序为：红→灰→蓝依次循环。

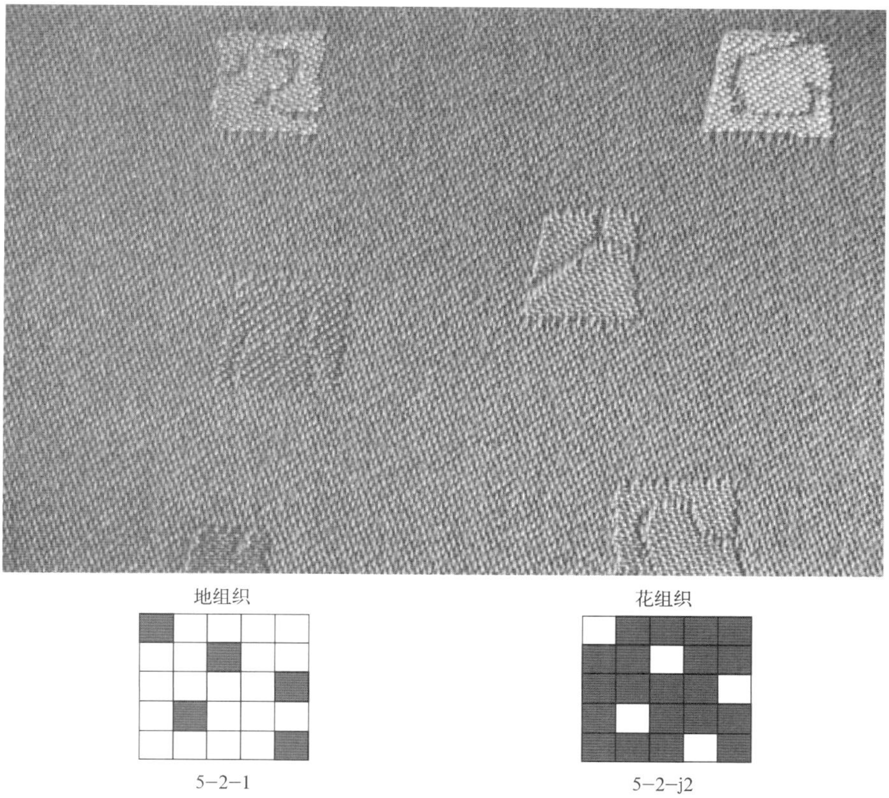

图 5-1　组织结构与显色示例 1

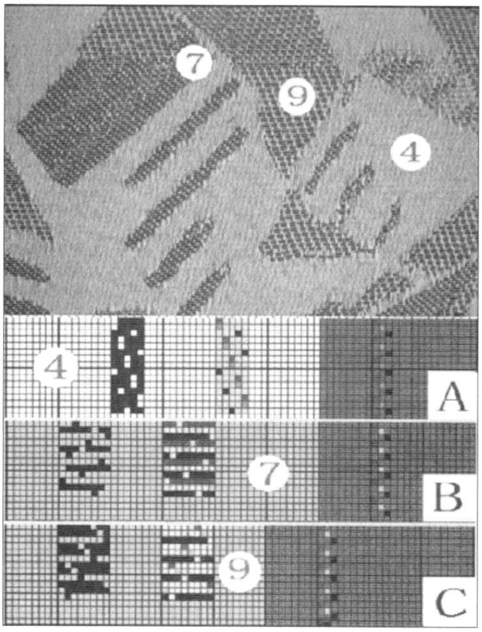

图 5-2　组织结构与显色示例 2

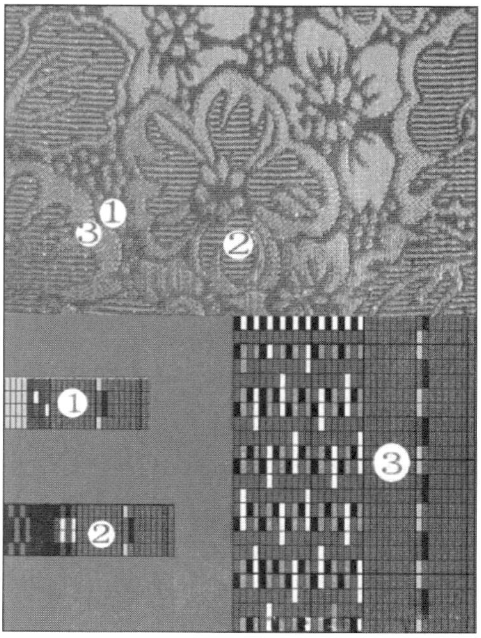

图 5-3　组织结构与显色示例 3

4 号色为地组织：采用变化经面组织，经纱很好地遮盖了纬纱，布面呈经纱金黄色。其组织图、显色图及投纬顺序见 A 部分所示。

7 号色通过红色和蓝色的纬浮线，很好地遮盖了经纱颜色，布面呈红蓝色泽。其组织图、显色图及投纬顺序见 B 部分所示。

9 号色只有蓝纬纱显色，无法全部遮盖经纱，布面呈蓝色和经纱金黄色。其组织图、显色图及投纬顺序见 C 部分所示。

图 5-3 中织物，经纱为黑色金黄色 1∶1 排列，纬纱为单一颜色红色涤纶低弹丝。显色方式主要是通过组织变化，达到纱线互相遮盖，显现不同颜色的效果。

1 号色经向以显黑色为主，同时纬纱也部分参加显色，布面显黑色。

2 号色经向组织点采用经重平结构，虽然经纬组织点数相同，但由于织物经密大于纬密，布面呈金黄色和黑色相间的横纹效果。

3 号色金黄色经纱呈长浮线配置；纬向也呈长浮线配置，布面呈红色和金黄色。

三、单层纹织物设计要点及步骤

1. 单层纹织物设计步骤

(1) 品种规格设计：形成产品规格表。

(2) 纹样设计：形成纹样设计任务，确定纹样的大小、全幅花数和纹样的结构。

(3) 装造工艺设计：形成装造工艺单，并对装造工艺进行计算。

(4) 意匠设计：形成意匠图和纹板信息。

2. 单层纹织物的设计要点

当构成纹样的不同组织在结构上相差太大时，会产生织缩不一和紧度差异，增加织造难度，严重时会影响织物外观。所以在纹样的选择上要散点排列，力求布局均匀。单层纹织物在采用正反 4 枚、正反 5 枚、正反 8 枚等组织时，纹样排列较为自由。另外，在组织浮长的确定上，必须经纬兼顾，特别是在自由间丝点绘时，要掌握正反面浮长都不能过大的原则。

因为经纬纱既要织地又要织花，纹、地兼管，所以常采用经面和纬面组织作为花、地组织。如地组织是五枚纬面缎纹，花组织为五枚经面缎纹，或地部采用经面组织，花部采用纬面组织。这样织成的纹织物，花、地反差最大，花纹明显，有凹凸感，而且花、地组织松紧程度相似，没有织造问题。可以增加松紧程度相当的其他组织作辅助。

色织单层纹织物的经纬纱颜色可以相同，也可以不同。当经纬纱采用不同颜色时，经花和纬花会呈现两种色彩，但是平纹处则成为经纬混色，会产生闪色效应。对于某些彩条花纹的织物，经纬纱也可形成彩条排列。

单层纹织物的经纬原料可以相同，也可以不同。当原料不同时，应选用优质原料作经纱并显示织物的主要效应。

3. 单层纹织物装造与意匠特点

在单层纹织物意匠图上，每一个纵格代表一根纹针控制下的经纱，每一个横格代表一根纬纱的运动。单层纹织物一般都采用普通装造制织。但在纹针数不够时，传统机常采用单造多把吊装造，这时要首先考察多把吊的纹针与棒刀是否能配合，因为不是所有的组织都能在多把吊上织出；电子提花机没有多把吊，所以要纹针数较大的提花机才能织制。

四、单层纹织物 CAD 设计实例一——缎纹地的全棉大提花织物设计

(一) 产品规格设计(见表 5-1)

表 5-1 缎纹地的全棉提花织物主要规格

品名	缎纹地的全棉大提花织物
成品规格	外幅:146 cm　内幅:144 cm 经密:60 根/cm　纬密:48 根/cm 基本组织:地部为经面缎纹,花部为纬面缎纹
织造规格	筘外幅:164.5 cm　筘内幅:162.5 cm 筘号:270 筘/10 cm　每筘穿入:2 根 全幅织 6 花 总经纱数=8 640+边经 24×2 经纱:1/11.8 tex 丝光棉纱 纬纱:1/14.6 tex 丝光棉纱
织造机械	剑杆织机+1400 号提花机;普通装造
后处理工艺	棉织物坯布织后漂练(丝光)、定形

(二) 纹样设计

1. 纹样大小

全幅织六个花纹循环,每花的宽度$=\frac{内幅}{花数}=\frac{144}{6}$=24 cm,长度定为 20 cm。

2. 纹样结构

纹样取材于变形花卉,混满地布局。部分纹样见图 5-4。

图 5-4 单层大提花纹样(部分)

(三) 装造工艺设计

1. 确定装造类型和正反织

采用机械式提花机,单造单把吊(普通装造),正织。

2. 纹针数计算与纹板样卡设计

(1) 所需的纹针数=织物一个花纹循环的经数=织物的花纹宽度×成品经密$=\frac{内经纱数}{花数}=\frac{内幅\times经密}{花数}=\frac{144\times60}{6}$=1 440 针。1 440 针是 8 的倍数,所以不用修正。

(2) 纹板样卡设计:

采用 1400 号提花龙头,要用的纹针为 1 440 针;边针用 6 针(每个边针吊 8 根通丝,边组织为 2/2 的经重平组织)。具体的纹板样卡可利用纹织 CAD 进行设计,见图 5-5。

3. 通丝计算

通丝把数 = 纹针数 = 1 440 把,每把通丝数 = 花数 = 6 根;

一台织机通丝总根数 = 通丝把数 × 每把通丝数 = 1 440 × 6 = 8 640 根。

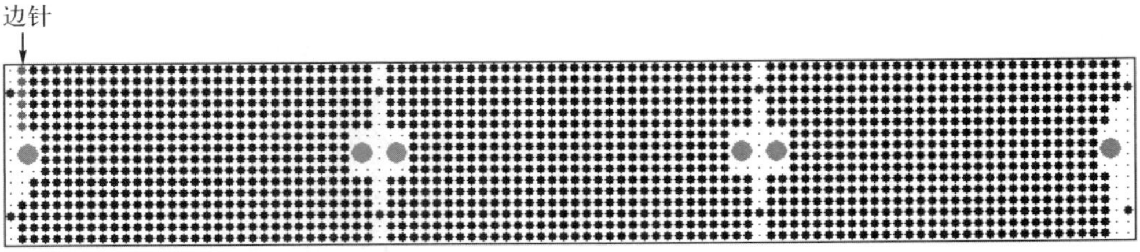

图 5-5　提花装饰布纹板样卡

4. 目板规划

所用目板的穿幅 = 筘内幅 + 2 cm = 162.5 + 2 = 164.5 cm;

初定列数 $=\dfrac{\text{内经纱数}}{\text{钢筘内幅}\times\text{目板行密}}=8\,640/(162.5\times3.2)=16.6$ 列，所用的实际列数应是筘穿入数及基础组织循环数 8 的倍数，且最好是纹针数的约数，所以取 24 列。

所用目板总行数 $=\dfrac{\text{内经纱数}}{\text{选用列数}}=\dfrac{8\,640}{24}=360$ 行;

每花实穿行数 $=\dfrac{\text{目板所用总行数}}{\text{花数}}=\dfrac{360}{6}=60$ 行,

每花目板实有行数＝每花幅宽×行密＝花幅×32 行/10cm＝(162.5/6)×3.2＝86.7 行，取 87 行。

余行＝87－60＝27 行，余行应在目板的花区内均匀空出。

5. 通丝穿目板

分 6 个花区，每个花区一顺穿，见图 5-6。

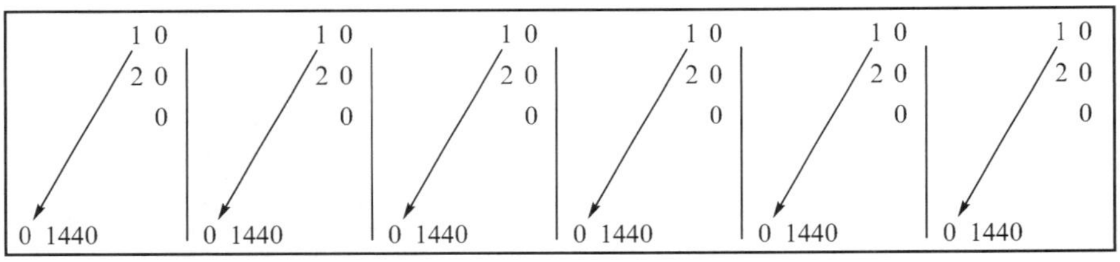

图 5-6　通丝穿目板示意图

（四）意匠设计

1. 规格参数的输入

在编辑意匠纹样时需要向纹织 CAD 系统输入一些参数：如织物的经密、纬密，一花内的经纱数和纬纱数。

织物的经密＝60 根/cm，织物的纬密＝48 根/cm;

一花内的经纱数＝1 440 根;

一花内的纬纱数＝纹样长×纬密＝20×48＝960 根（已是 8 的倍数，不用修正）。

这些数据以图 5-7 的形式输入纹织 CAD 系统，纹织 CAD 会自动形成:

意匠图规格 $=\dfrac{\text{织物经密}}{\text{织物纬密}}\times8=\dfrac{60}{48}\times8=10$（相当于八之十的意匠纸规格）;

意匠图的纵格数＝纹针数＝一花内的经纱数＝1 440 格；

意匠图的横格数＝一花内的纬纱数＝960 格

2. 意匠设色、勾边与修改

该织物地部为八枚经面缎纹组织，花部为八枚纬面缎纹组织，所以意匠用两种颜色表示两种组织：如用 1 号色表示八枚经面缎纹组织，2 号色表示八枚纬面缎组织。然后对意匠图进行接回头、去杂、勾边等处理。此织物地组织为缎纹，故花纹勾边可以采用自由勾边。若地组织采用平纹时，则花纹采用平纹勾边。

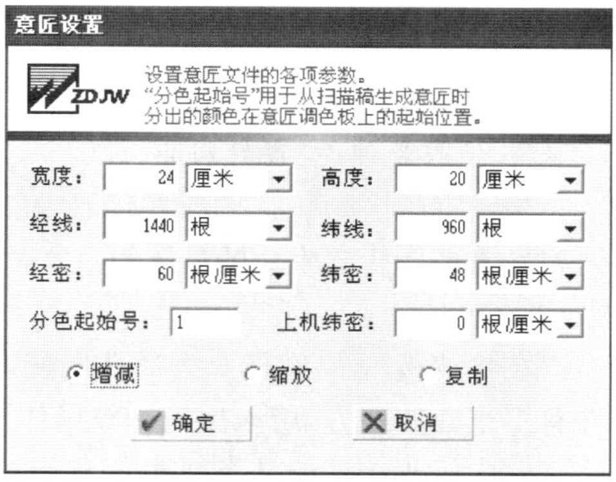

图 5-7　意匠参数

3. 织物组织设置

可以在纹织 CAD 中设置该织物的二种组织（见图 5-8），并将其分别起名为 8-3w、8-5j 后存入组织库之中。

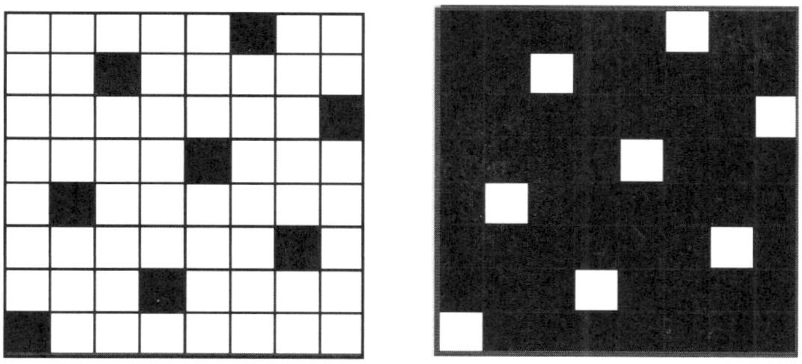

（1）名为 8-3w　　（2）名为 8-5j

图 5-8　织物组织图

4. 生成、保存投梭

生成该织物的投梭文件。由于该织物只有一纬，所以只需要生成一梭从头至尾长织就可以了，保存投梭时也只需要选择保存一梭就可以了。

5. 组织表设置

根据织物的组织将前面步骤中所做的每一种组织分别填入组织表中，由于只有一纬，所以只需要在两种颜色对应的组织表中填入一纬就可以了。最后填好的组织表如图 5-9 所示。在填组织表时一定要注意将织物意匠图中的颜色与其组织正确的对应，不可以将某种组织填入与其不相对应的颜色之中。由组织表可以看出意匠图中的 1 号色所代表组织为组织库的“8-3w”组织，2 号色所代表组织为组织库的“8-5j”组织。

	梭A1	梭B1	梭C1
1	8-5j	0	0
2	8-3w	0	0
3	0	0	0
4	0	0	0
5	0	0	0
6	0	0	0

图 5-9　组织表

6. 填辅助组织表

建立好样卡之后，就可以填辅助组织表了，在辅助组织表中对样卡中的辅助功能针进行必要的设定。打开样卡文件后，点击“辅助针”，出现图 5-10 对话框，则边组织的代号梭 1 所对应的格子内。该织物的边针组织为经重平组织，组织库里的代号为“58”，则把“58”填入就可以。由于该织物为一纬常织，所以辅助组织表也只用填一纬就可以了。

7. 纹板处理(生成纹板)

当做完以上的所有工作之后，就可以进行纹板处理了，纹板处理时可以根据提花龙头的具体型号来选择所要生成的具体织造文件类型。

8. 纹板检查

在将纹板(wb)文件拿去冲孔之前，还应该打开该纹板文件进行纹板的检查。如果纹板文件有不正确的地方，应该重新检查操作步骤，查出错误并修改之后重新处理。也可以直接在织造文件中修改纹针的升降规律。

生成的纹板文件片段见图 5-11。

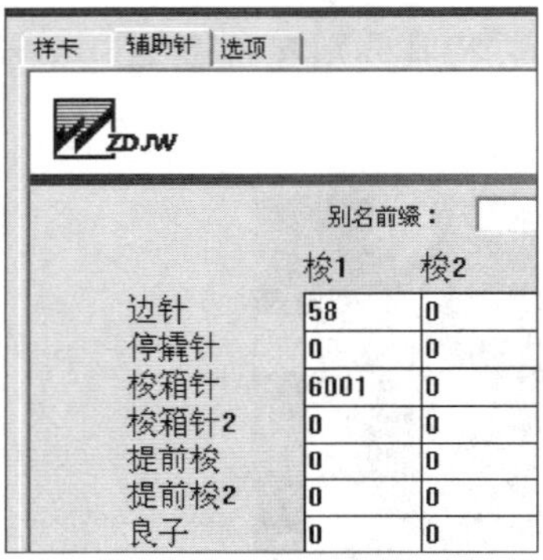

图 5-10　辅助针设置对话框

图 5-11　纹板文件片段

9. 织物模拟

打开装饰布模拟对话框，如图 5-12，进行纱线设置并模拟，模拟效果如图 5-13(1)所示。

图 5-12　装饰布模拟对话框

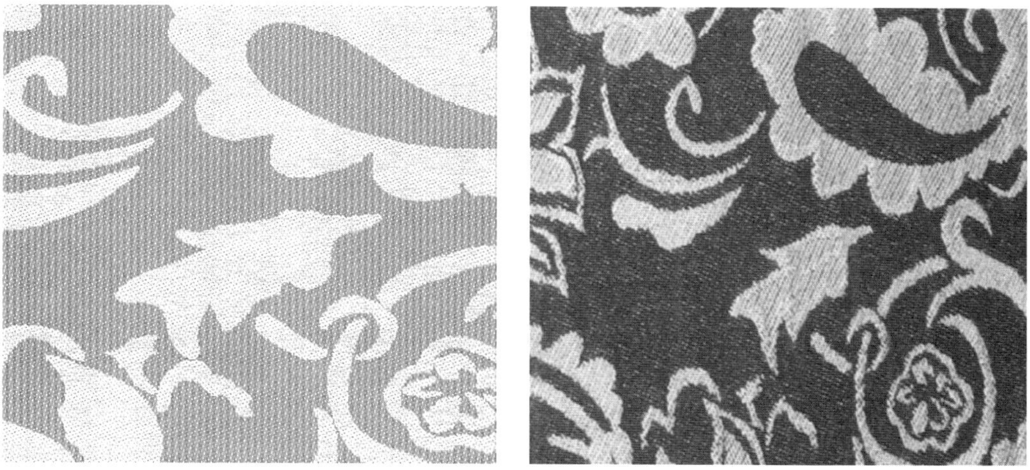

(1) 织物模拟效果图　　(2) 全棉提花布实样

图 5-13　模拟效果图与提花布实样

五、单层纹织物 CAD 设计实例二——独花纹样的大提花床品设计

床品大提花织物通常花型循环大、装饰性强、门幅宽，本例采用传统的独花型图案，图案布局为上下和左右全对称。经纬纱线采用新型纤维—竹纤维混纺纱在普通提花织机上织制而成。

1. 产品规格设计(见表 5-2)

表 5-2　独花纹样大提花织物产品规格

品名	独花纹样大提花织物
坯布规格	外幅:255.6 cm　内幅:253.6 cm 经密:34 根/cm　纬密:24 根/cm 基本组织:地部为 3/1 斜纹,花部组织:主花八枚纬缎
织造规格	筘外幅:264 cm　筘内幅:262 cm 总经纱数:8 160 根　边经 96 根 总纬纱数:5 760 根 经组合:18.4 tex×2 棉/竹/涤(60/30/10) 纬组合:18.4 tex×2 棉/竹/涤(60/30/10)
织造机械	剑杆织机+1 400 号提花机

2. 纹样和组织设计

该大提花床罩的图案选用传统的为了充分体现竹纤维的特性，织物的地部组织用 3/1 的斜纹，花部组织分别采用八枚的纬面缎纹(主花组织)、1/3 的斜纹(次花组织)、方平(暗花组织)这三种不同的组织，这样的组织配置使得织物纹部层次分明、立体感强。织物采用反织。

因为织物为独花，而且门幅较宽，受到普通提花织机纹针数限制，所以要采用双把吊的装造以减少织造所用的纹针数；但是如果单独采用双把吊织造，就不能在织物上形成斜纹组织和缎纹组织，双把吊装置只有与棒刀装置相结合使用，再通过纹针的运动规律和棒刀组织的相互配合，才可以在织物上形成上面的地组织和花组织。在织物采用反织的前提下，我们先选择一个合适的棒刀组织：1/3的斜纹组织，再确定主花、次花、暗花的纹针运动规律。棒刀针、纹针的具体配合关系见图5-14。

图5-14 棒刀针、纹针的具体配合关系

在图5-14中：

(1) 图为棒刀组织，由棒刀直接带织地部和素边；

(2) 图为主花的纹针运动规律；

(3) 图是主花的纹针运动规律[(2)图]按双把吊"1423"跨穿而成的间丝展开图；

(4) 图是由(1)图组织与(3)图组织叠加而成；

(5) 图为斜纹次花的纹针运动规律；

(6) 图为斜纹次花的纹针运动规律[(5)图]按双把吊"1423"跨穿而成的间丝展开图；

(7) 图是由(1)图组织与(6)图组织叠加而成；

(8) 图为方平暗花的纹针运动规律，由(8)图按双把吊"1423"跨穿展开为(9)图；

(9) 图也是由(1)图组织与(9)图组织叠加而成。[组织点重叠后，(10)图与(9)图相同]

3. 装造设计

(1) 织物采用反织。因纹针运动规律和棒刀组织的配合要求，采用双把吊，并以“1423”跨穿，用16片棒刀，用4针控制一片棒刀，共用64针棒刀针，在纹板的首尾两端各安排32针棒刀针。边针用6针，大边针4针形成2/2经重平边组织，小边针2针形成平纹边组织，这些边针安排在纹板的首端。1 400口提花机总纹针数为1 480针，减去上述所用的64针棒刀针和6针的边针，还有1 410针可用来织纹部，另外再考虑纹板的牢度和织纹部的纹针须是基础组织循环数的倍数等因素，就选用1 376针为织造纹部的纹针数。

纹部的经纱数＝纹部所用纹针数×双把吊×2(花纹左右对称)＝1 376×2×2＝5 504根。

素边的经纱数＝总经纱数—纹部经纱数—边纱＝8 160－5 504－96＝2 560根，素边由棒刀带织。

纹部的宽度＝5 504/34＝161.88，取162 cm；素边的宽度＝2 560/34＝75.29，取75 cm

纹部的长度＝纹部的宽度＝162 cm；

素边的长度＝素边的宽度＋卷边的长度＝75＋6＝81 cm。

选用目板的穿幅应大于布幅，目板选用列数＝棒刀片数＝16列。

目板实用行数＝总内经纱数/选用列数＝(8 160—96)/16＝504行，通丝穿目板为对称穿法。

纹部的通丝的把数＝纹针数＝1 376把，每把两根通丝(双把吊下吊法)。

(2) 棒刀针、棒刀、棒刀所控制的经纱、棒刀组织的对应关系见棒刀吊法示意表，见表5-3。

表5-3 棒刀吊法示意表

位置	棒刀针序号	棒刀顺序	经纱顺序	棒刀组织次序	位置	棒刀针序号	棒刀顺序	经纱顺序	棒刀组织次序
机前	1，17 9，25	1	1	1	机后	1，17 9，25	1	9	1
机前	2，18 10，26	2	4	4	机后	2，18 10，26	2	12	4
机前	3，19 11，27	3	2	2	机后	3，19 11，27	3	10	2
机前	4，20 12，28	4	3	3	机后	4，20 12，28	4	11	3
机前	5，21 13，29	5	5	5	机后	5，21 13，29	5	13	5
机前	6，22 14，30	6	8	8	机后	6，22 14，30	6	16	8
机前	7，23 15，31	7	6	6	机后	7，23 15，31	7	14	6
机前	8，24 16，32	8	7	7	机后	8，24 16，32	8	15	7

在上述表格中，棒刀针的序号是指提花机托针板上的棒刀针位置次序，这由纹板样卡设计

来确定；棒刀的次序是由布织的机前到机后排列；经纱的顺序是由提花机每行目孔下的经纱次序，这与双把吊的“1423”跨穿有关；棒刀组织的次序是指一个棒刀组织循环的纵格次序。

4. 意匠图的制作

意匠规格=(成品经密/成品纬密)×8=11，选八之十一规格；

意匠图纵格数=所需纹针数×2=2 752 格，一个纵格表示一根经纱；

意匠图横格数=纹样长度×成品纬密=162×24=3 888 格，所需纹板数=梭数=织物总长度(包括卷边长)×纬密=5 832 块。

意匠图的勾边用双针勾边法，用意匠图用三种颜色表示三种不同的组织(例如用红色表示主花组织，黄色表示次花组织，绿色表示暗花组织)。纹板轧法图如图 5-15。

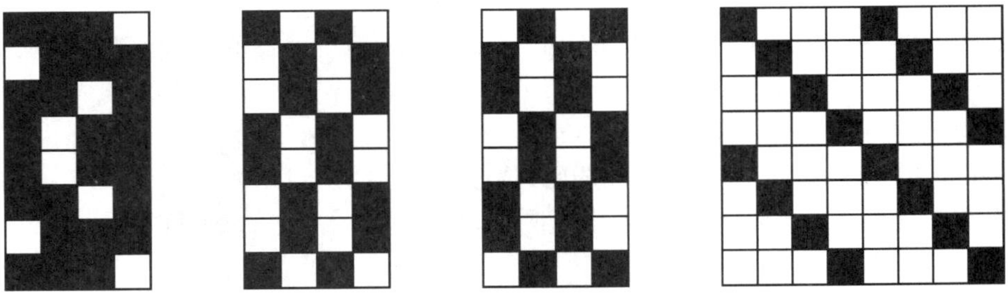

图 5-15 纹板轧法图

第二节 重纬纹织物CAD设计

重纬纹织物是纹织物中的一个大类，是指由两组或两组以上的纬纱与一组经纱重叠交织，纬重的结构越多，织物表面呈现出的层次和色彩的花纹就越丰富。有纬二重、纬三重、纬四重结构。重纬纹织物的品种和花色变化在纹织物中是最丰富的，它往往运用纬线原料和色彩的不同来表现优美的花纹。此外，纬纱的重叠结构，使织物的厚度增加，花纹部分有了背衬的纬线，能增加花纹牢度和立体感，这种组织特点使得重纬纹织物特别在装饰纹织物中得到广泛应用。

一、重纬纹织物分类

1. 按纬纱组数分类

按纬纱组数分为纬二重纹织物、纬三重纹织物、纬多重纹织物。

2. 按纬纱织入的方式分类

(1) 常抛织物

各组纬纱轮流按比例的投入，称为常抛织物。常抛织物当一组纬纱在正面起花时，不起花的纬线在背面与经线做有规律的接结。

(2) 抛梭纹织物

用一组彩色纬纱只在该色花纹部分织入，不起花部分沉在背部，称为抛梭纹织物。抛梭纹织物又分为抛道纹织物和抛梭修背织物。

抛道纹织物是指投入的某彩色纬纱不起花部分沉在背面与经纱作稀疏的接结，不构成长浮线，过了这段花纹区，此彩色纬纱不再投入。彩色纬纱的投入没有一定规律，投入的色纬、完全根据花纹需要而定。

抛梭修背织物同上面一样投入的彩色纬纱根据花纹而定，所不同的是彩色纬纱织入后，不起花部分沉在背面并不和内幅经线接结(需和边经交织)，形成的浮长线下机后沿花纹边缘修剪掉。为了使起花的彩色纬纱在修剪后不至脱落，在花纹的边缘应有平纹包边。

(3) 挖梭纹织物

挖梭纹织物是用特制的小梭子装上彩色纬纱，在全幅每一朵起花部位往复交织，它可在同一纬中的不同区域投入不同的彩色纬纱，从而在同一横向织出不同色彩的花纹，这种织花的四周光洁，没有彩色纬纱断头。这类挖梭工艺在我国流传了约两千多年。

3. 按地组织结构分类

重纬纹织物按地组织结构分，可分为一梭地上纹、组合地上纹、共口地上纹等。

(1) 一梭地上纹

由一组纬纱构成地部表组织，其余纬纱接结于背面。以纬二重组织为例，在地部，由甲纬与经纱构成表组织，乙纬沉背接结；在花部，乙纬起花时甲纬沉背接结，甲纬起花时乙纬沉背接结。此种结构，纹织物地部色彩较纯，质地厚实坚牢。为了使地部颜色更纯，选择与经纱颜色接近的纬纱作甲纬，而且乙纬的接结点要隐藏在甲纬之下。

(2) 组合地上纹

由两组纬纱构成地部表组织，各组纬纱接结于背面。以纬二重组织为例，织地部时，甲、乙两纬共同与经纱交织成一种组织，构成单层地组织；在花部，甲纬显花时，乙纬与经纱交织背衬在甲纬下，乙纬显花时，甲纬与经纱交织背衬在乙纬下。这种结构使织物花部质地较厚实，地部质地较薄软。

(3) 共口地上纹

由几组纬纱共织于一个梭口。以纬二重组织为例，在织物地部，甲、乙两纬织入同一梭口，组成单层组织；在花部，当甲纬起花时，乙纬仍与经纱交织背衬在甲纬下，当乙纬起花时，甲纬仍与经纱交织背衬在乙纬下，这种结构的织物手感较硬挺，质地结实。

纬三重纹织物也可按此分类，在一梭地上纹中，一色纬纱纹、地兼管，另两色纬纱专作起花之用，在地部则接结于背面，如织锦缎。在组合地上纹中，有二色纬纱纹、地兼管，一色纬纱在地部接结于背面，如古香缎。在共口地上纹中，则三色纬纱均纹、地兼管，在地部三根纬纱织入同一梭口。

二、重纬纹织物的组织结构与显色特点

重纬组织的特点是多组纬线在与同一组经线交织时，相邻的纬线有规律的发生重叠，所以从正面只能看到表层的纬线。在重纬纹织物里充分利用这一特点，以展现各色纬花为主，使重纬纹织物富丽多彩、色彩斑斓。

在多组纬纱重叠时，若要使色泽纯净，表组织往往采用缎纹起纬花。根据浮长长的色纱会浮在表层的原理，表纬的纬浮点必须将里纬的纬组织点遮盖住，这必须将里纬的短浮长配置在相邻表纬的两纬浮长之间，如图 5-16 所示。当表组织为平纹组织时，必须选择经面组织作为

里组织，当表组织为经面组织时，必须选择经浮长比表组织的经浮长更长的经面组织作为里组织，表纬的经组织点要和里纬的经点重叠，这样才能不"露底"。如果表里纬纱互不重叠，将得到闪色效应。

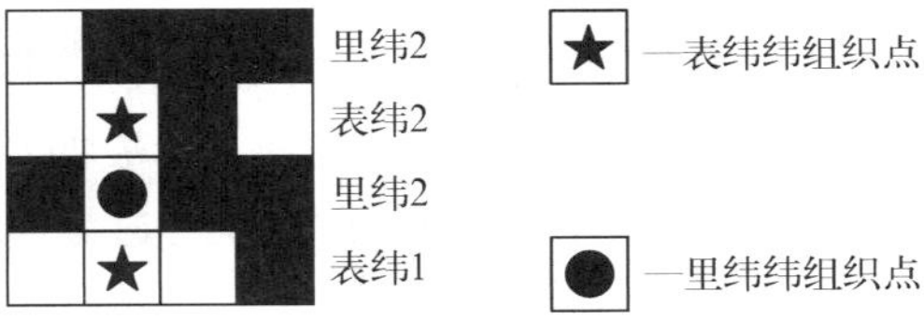

图5-16　重纬组织示例

如果纬二重织物正反面均显纬面效应，里组织必须是经面组织。如图5-17。表里纬排列比的选择，取决于纬线的特数、基础组织的特性、梭箱装置等。如：正反面组织相同时，里纬较粗时，可用2∶1；表里纬特数相同时，可用1∶1或2∶2。

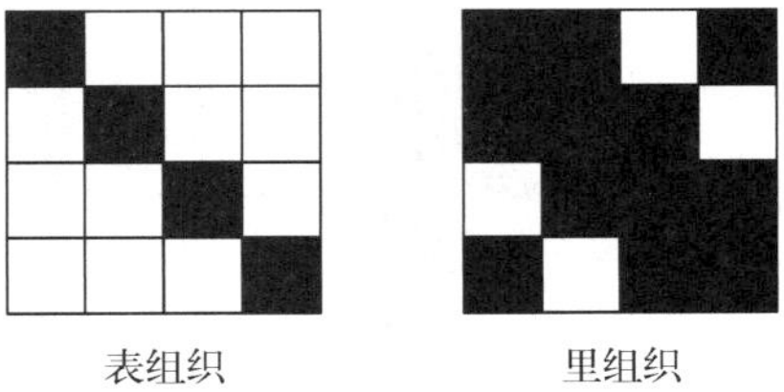

图5-17　纬二重表里组织示例

将纬二重组织的基础组织交错一纬，可将里纬变表纬、表纬变里纬。如图5-18，A部表纬显色、B部里纬显色。

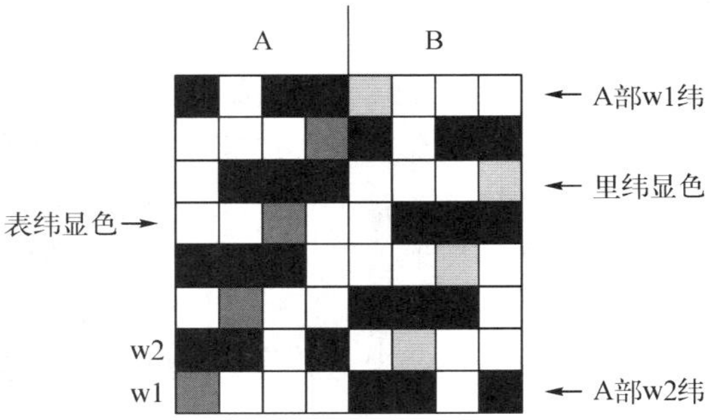

图5-18　纬二重显色示例

同一块织物，可以有多种的纬重组织，但习惯按最多的重数命名。如织锦缎，其地部为两重，花部大多为三重，则归属于纬三重纹织物。

三、重纬纹织物设计要点

1. 纹样和组织设计

重纬装饰纹织物的纹样常用的题材有花草、动物的变形图案和抽象的几何纹理图案。在纹样用色上，以一组经纱颜色与几组纬纱颜色的混合色为基准，配合组织结构的变化，确定所需使用的套色数。在纹样的排列布局上以满地、混满地和自由排列的花样为主，应避免出现连续的纵横条纹，及过碎、过细的花纹。

重纬纹织物主要是运用纬纱起花纹，要想使花地分明，地部一般以经面组织和平纹组织为主，经纱一般选用较细的纱线，这样可以使地部细腻紧密，更加衬托出纬花的效果，纬纱由于要用来显示花纹，一般选用条干均匀且色泽鲜艳的纱线。

当重纬织物的纬重数达到四纬以上时，通常另外选用一组接结经来固接在织物背面起背衬的纬纱，接结经一般选用坚牢而细的纱线，这样就能够使接结点不会漏色于织物的表面。

2. 抛梭的变化设计

重纬装饰纹织物通过纬纱的投梭的变化处理来表现织物织纹的变化层次和色彩丰富性，纬纱可以由抛梭的方式进行设计变化处理。纬纱的抛梭变化方式有常抛、换道、抛道三种。

常抛变化是通过纬纱的表里交换来实现纹织物表面的图案和色彩的变化。

换道变化是在现有的纬重结构基础上，根据品种设计的需要变化某一重纬纱（或纬纱颜色），但纹织物纬重数仍然不变。换道变化首先要根据纹织物的整体效果确定需要进行变化的纬重，还需编制明确的投梭表，用于投梭控制。

抛道变化与换道的区别在于织造时纹织物原有的纬重数是否增加，如果能使纹织物局部原有纬重数增加的变化形式称为“抛道”。如纬二重织物的抛道变化是在织物的局部增加一重纬，也就是局部变成了纬三重结构，抛道变化能使纹织物表面形成丰富的色彩效果。

纹织物的抛梭变化可在纹织 CAD 系统中完成，在抛道变化设计的选纬信号上要增加一个“停撬”信号，“停撬”表示在投入该纬时，织机的卷纬机构停止工作，纬密增加。

3. 重纬纹织物装造和意匠特点

重纬纹织物只有一组经纱，装造方式一般采用单造，但是有时为了织造方面，也可采用双造织造，前造控制织机上的奇数经纱，后造控制偶数经纱。在传统提花机中，当纹针数不足时采用单造多把吊织制。采用单造多把吊装造时，必须配以棒刀装置，使织物细致点，往往采用纹针控制花部，棒刀（良子）控制地部，为此设计时首先应考虑纹针与棒刀相配合的问题，一般由棒刀来控制地部组织，并由棒刀针与纹针相配合通过双把吊来形成花组织或间丝点。

重纬纹织物意匠处理现在都采用纹织 CAD 系统中，经过纹样输入、纹样修改，意匠处理后，再进行必要的意匠色勾边和间丝。重纬织物意匠图中的每一纵格根据织机的装造表示一根或多根经纱。如用普通装造织造时，重纬纹织物意匠图中一个纵格代表一根纹针及其所控制的一根或数根经纱，每一横格表示与纬重数相当的纬纱（如果在纹织 CAD 中按展开的做法做时，则每一横格只表示一根纬纱）。

在各类重纬纹织物的意匠图中，间丝点都为经间丝点，主要起着压纬浮长（即为“顾纬不顾经”）、增加纹织物的层次和装饰性的作用。

和重经纹织物相比，重纬纹织物纬密高，生产效率不如重经纹织物。但重纬纹织物改换花色与品种方便迅速，一般不用更改装造，故历来重纬纹织物品种繁多，能年年推陈出新。

四、重纬纹织物 CAD 设计实例——纬二重提花装饰布的设计

（一）织物主要规格

此纬二重大提花装饰布经纱用 11.1 tex（100 D）的涤纶网络丝，纬纱有两种颜色：红色

16.7 tex(150 D)有光黏胶长丝，白色 16.7 tex(150 D)有光黏胶长丝，表里纬 1∶1 排列。交替换道。采用剑杆织机织造，织物规格见表 5-4。

表 5-4 纬二重装饰布织物规格

成品规格	外幅:161.5 cm　　内幅:成品内幅 160 cm 织物全幅一共有 4 花 经密:64 根/cm　　纬密:24×2 根/cm 表纬:里纬=1∶1
上机规格	筘外幅:169.5 cm　　筘内幅:168 cm 筘号:152 齿/10 cm　　筘穿入:4 纹针数:2 560 针　　储纬器:4 内经纱数:10 240 根 经组合:涤纶网络丝　(白色) 纬组合:甲:红色有光黏胶长丝 　　　　乙:白色有光黏胶长丝
织造机械	剑杆织机 CX 2688 电子提花机;装造类型:单造单把吊

(二) 纹样设计

1. 纹样大小

全幅织 4 个花纹循环，每花的宽度$=\frac{内幅}{花数}=\frac{160}{4}=$40 cm，长度定为 44 cm。

2. 纹样结构

纹样可采用花卉或抽象几何形图案，以简洁块面和流畅的线条组成，线条不宜过细，花与地界限清晰，突出花部的层次感，同时要注意装饰织物图案的配套设计。图 5-19 为局部的纹样图。

(三) 组织设计

本织物为组合地上纹纬二重结构，地部组织 7/1 左斜(组织代号 7-1j)见图 5-20。

图 5-19　局部纹样图

图 5-20　地部组织

按重纬组织的表纬、里纬组织结构的配置关系，花部组织如下配置：

花组织 1:甲纬在表面起花，组织为 16 枚纬面缎纹组织，背衬乙纬，组织为 8 枚经面缎纹，见图 5-21。

花组织 2：乙纬在表面起花时，其组织为为 16 枚纬面缎纹组织，甲纬 8 枚经面缎纹背衬在下面。

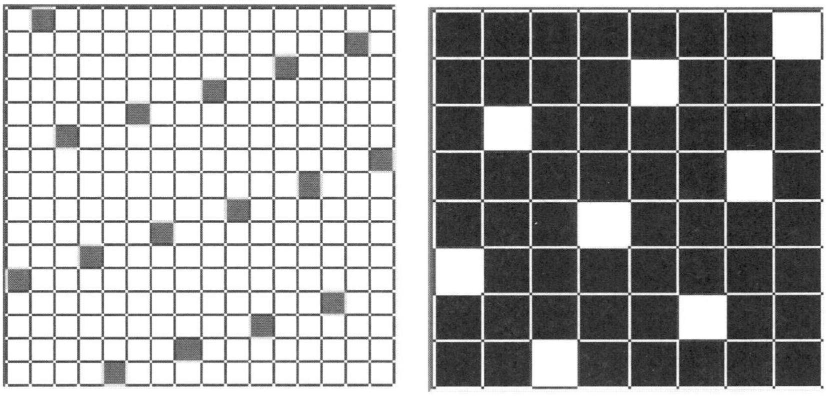

（1）16 枚纬面缎纹　　（2）8 枚经面缎纹

图 5-21　花部组织

花组织 3：甲纬起花，组织为 4 枚纬面斜纹，背衬乙纬，组织为 4 枚经面斜纹，见图 5-22。

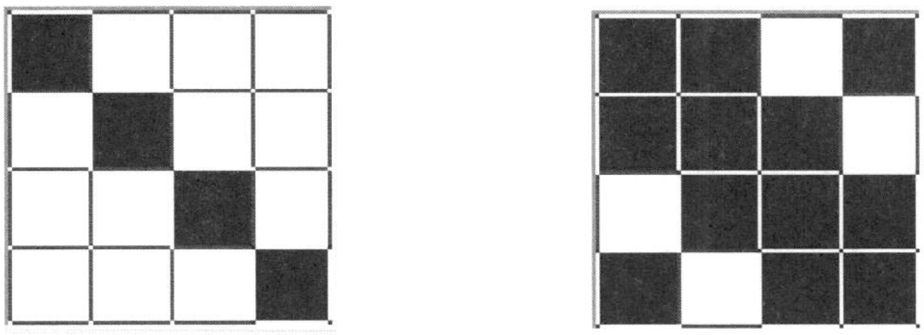

（1）16 枚纬面缎纹　　（2）4 枚经面斜纹

图 5-22　花部组织

边部组织：采用 2/2 经重平。

（四）装造工艺设计

采用 CX 2 688 针的电子提花机，单造单把吊（普通装造），正织。

1. 纹针数选用

所需的纹针数＝织物一个花纹循环的经数＝织物的花纹宽度×成品经密＝$\frac{\text{内经纱数}}{\text{花数}}$＝$\frac{\text{内幅}\times\text{经密}}{\text{花数}}$＝$\frac{160\times64}{4}$＝2 560 针。2 560 针是织物组织循环数的倍数，所以不用修正。

布边经纱数 64 根，每边 32 根，采用 64 针。

2. 纹板样卡设计

CX880 型 2 688 针电子提花机的纹针共有 16 列，168 行，要用的纹针为 2 560 针；边针用 48 针，梭箱针用 8 针。具体安排如下：

梭箱针：第 1 针～第 8 针（8 针）；

左边针：第 33 针～第 64 针（32 针）；

右边针：第 2 641 针～第 2 672 针（32 针）；

正身纹针：第 73 针～第 2 632 针（2 560 针）。纹板样卡见图 5-23。

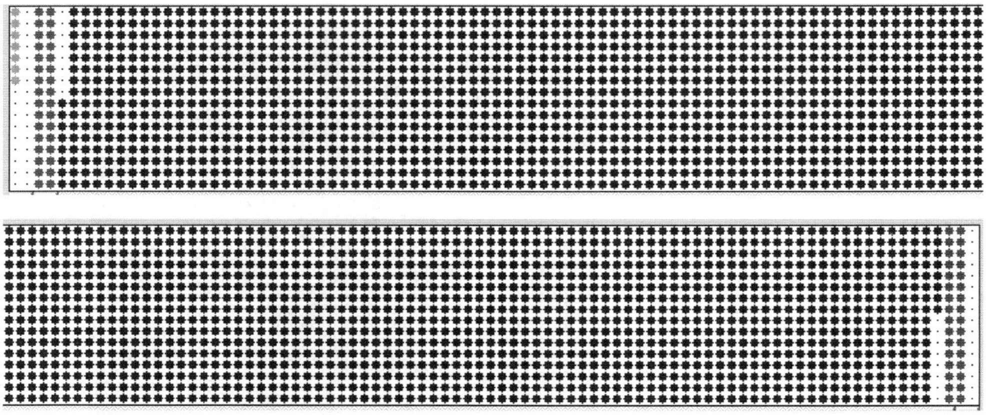

图 5-23　2 560 针的纹板样卡

3. 通丝计算

通丝把数＝纹针数＝2 560 把，每把通丝数＝花数＝4 根；

一台织机通丝总根数＝通丝把数×每把通丝数＝2 560×4＝10 240 根。

4. 目板规划

所用目板的穿幅＝筘内幅＋2 cm＝168＋2＝170 cm；

所用目板列数＝提花机本身所具有的纹针列数＝16 列；

所用目板总行数$=\frac{\text{内经纱数}}{\text{选用列数}}=\frac{10\,240}{16}=640$ 行；

每花实穿行数$=\frac{\text{目板所用总行数}}{\text{花数}}=\frac{640}{4}=160$，没有多余的行列数可供空余；

所用目板行密$=\frac{\text{目板所用总行数}}{\text{目板穿幅}}=\frac{640}{170}=3.8$ 行/cm。

5. 通丝目板穿法

正身经线采用横向一顺穿，顺序为从左到右，从后到前，如图 5-24 所示。

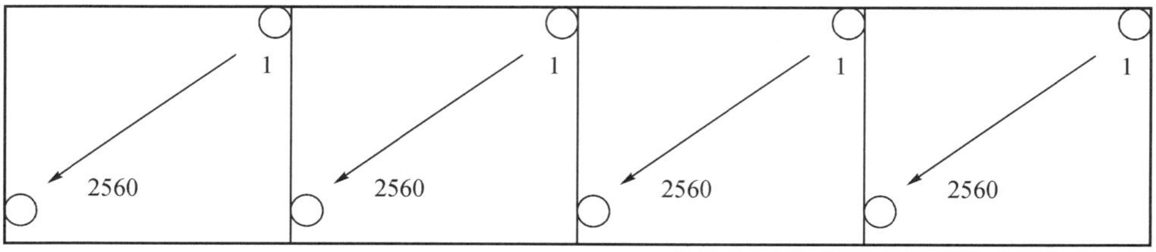

图 5-24　通丝穿目板示意图

（六）意匠设计

在纹织 CAD 系统中编辑意匠图时，对于重纬织物，有意匠不扩展和意匠扩展两种设计方式。

意匠不扩展的设计方式：意匠图的一个横格表示两根纬纱和两块纹板，投梭要投两梭，纬密输入表纬纬密。

意匠扩展的设计方式：意匠图先按照意匠不扩展的方式编辑好意匠图，在投梭之前，进行重设意匠，把意匠图的横格数进行“一扩二”，纬密输入总纬密。再进行投梭、组织表、样卡、辅助针表的设置等。

这两种方式最大的不同点在于投梭、组织表和辅助针表的设置，而样卡设置是一样的。

方法一：按照意匠不扩展的设计方式编辑意匠图

1. 规格参数输入

纵格数＝纹针数＝2 560 格，

横格数＝纹样长度×表纬密＝44×24＝1 056 格，因为各组织循环数为 4，8，16，不用修正。

经密＝64 根/cm，表纬纬密＝24 根/cm，意匠图的一横格代表甲、乙的两根纬纱。

在纹织 CAD 系统中通过意匠设置对话框（见图 5-25）输入，纹织 CAD 会自动形成意匠图规格和意匠图大小。

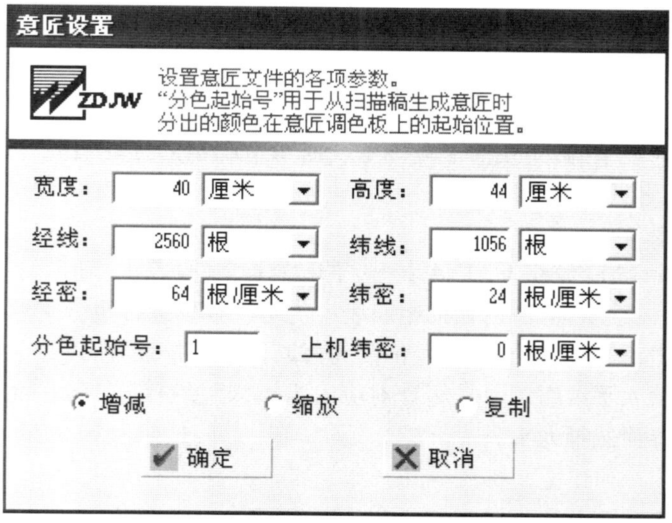

图 5-25 意匠设置对话框

2. 意匠图设色、修改与勾边

该织物共有 4 种组织，所以意匠色为 4 色，例如可用 1 号色、2 号色、3 号色表示起花组织，4 号色表示地部组织。并对意匠图进行接回头、去杂、勾边等处理。意匠图一个横格代表两根纬纱，勾边可以采用自由勾边。意匠图编辑好以后再保存到纹织 CAD 系统中。

3. 生成和保存投梭

该织物为两纬常织，所以只需要生成两梭投梭。投梭时，先选 1 号色投第 1 纬从头投至尾，再选 2 号色投第 2 纬从头投至尾。在两梭都投完之后，保存投梭。

4. 织物组织和组织表设置

在纹织 CAD 中进入“配置”对话框做出织物的地组织和花组织，并分别命名后存入组织库，见图 5-26。

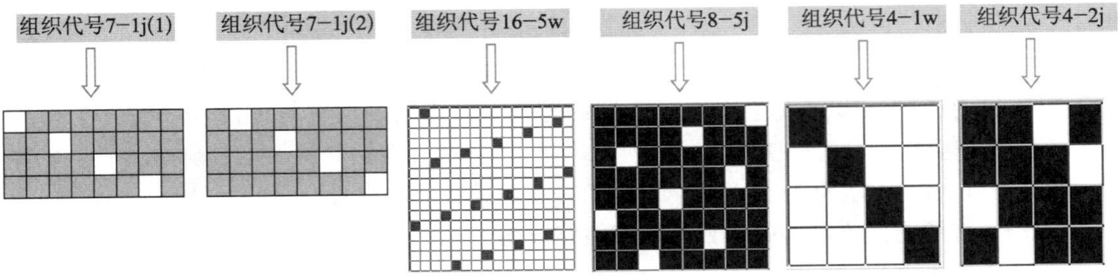

图 5-26　组织库

进入“组织表配置”对话框所做的每一种组织的代号分别填入组织表之中，生成投梭有两梭，所以在每种颜色后对应的组织框中，分别将每一种颜色所对应的表里两种组织代号分别填入第 1 梭（梭 A1）和第 2 梭（梭 A2）之中，最后填好的组织表如图 5-27 所示。

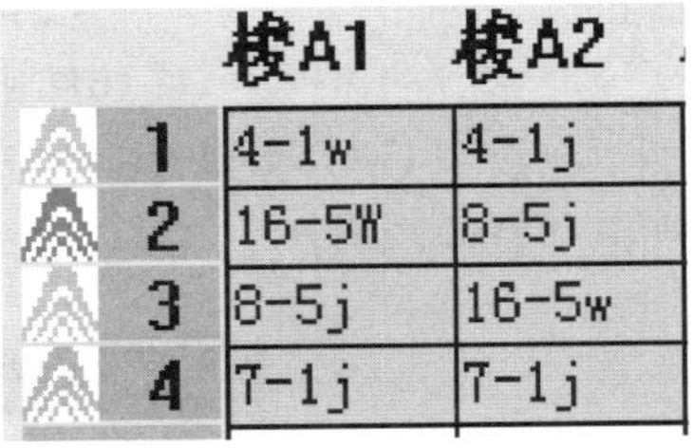

	梭A1	梭A2
1	4-1w	4-1j
2	16-5W	8-5j
3	8-5j	16-5w
4	7-1j	7-1j

图 5-27　组织表

5. 建样卡

在“样卡设置”对话框中建立样卡，方法与单层织物中样卡的建立方法是相同的，换言之也就是说样卡的建立与织物的组织是没有必然的联系的，建立样卡应该是根据织造织物的提花机龙头的规格以及纹针吊挂形式来建样卡，样卡见图 5-23。

6. 填辅助组织表

建立好样卡之后，再在纹织 CAD 系统中打开样卡文件，点击“辅助针”功能，设置辅助针表，由于该织物是纬二重织物，所以辅助组织表中的每一种辅助针也分别要填两梭的辅助针组织。尽管织物的边组织是 2/2 的经重平，但因为意匠图没有扩展，所以每一纬的辅助针设置的边针对应组织应该填入平纹组织。梭箱针对应组织填入组织代号 9001 和 9002。如图 5-28。设置后进入“选项”界面选择龙头种类。

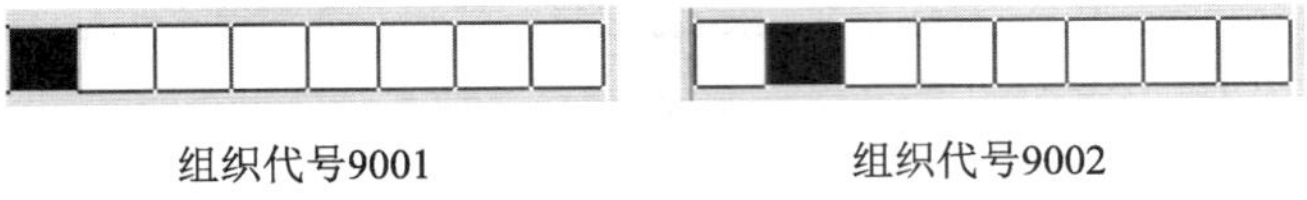

图 5-28　梭箱针组织

7. 生产纹板

进入纹织 CAD 系统的生成纹板功能，点击“生成纹板”后，系统自动形成纹板。

8. 纹板检查

在将纹板（wb）文件拿去冲孔之前，应该先检查纹板。

方法二：按照意匠扩展的设计方式编辑意匠图

先按不扩展做的方式进行规格参数输入，然后进行意匠图设色、修改与勾边，完成后进行意匠重设。

1. 重设意匠

打开“重设意匠”对话框(见图 5-29),将其中的表纬纬密和表纬纱数分别改为该织物的总纬密以及总纬纱数,此织物为纬二重的织物,且表里纬纱排列比为 1∶1,所以纬密和纬纱数都应该各增加一倍,也就是说将小样参数中的纬密改为 48,纬纱数改为 2 112。选“缩放”,然后“确定”。此时织物中的每一纵格还是表示一根经纱,而每一横格则只表示一根纬纱了。

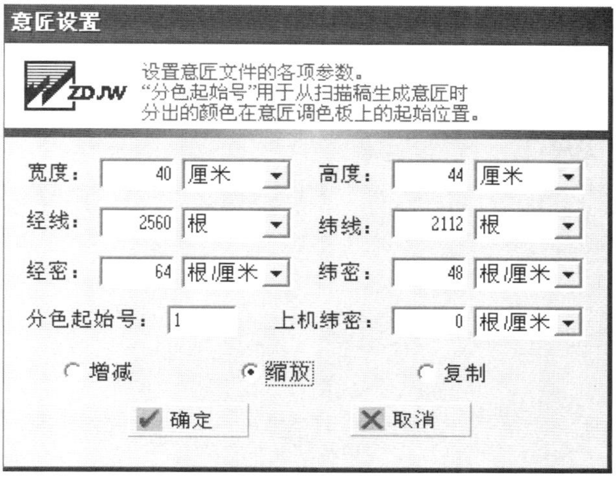

图 5-29　重设意匠对话框

2. 生成投梭

由于该织物为两梭常织,所以只需要生成两梭投梭,但做法不同于不扩展做法,先将“设置辅助针功能”打开,在选纬针区域内用 1 号色和 2 号色按 1∶1 做好投梭规律,然后打开投梭功能,用左键在选纬针区域内点击空白的位置就能复制到投梭区内。如图 5-30。

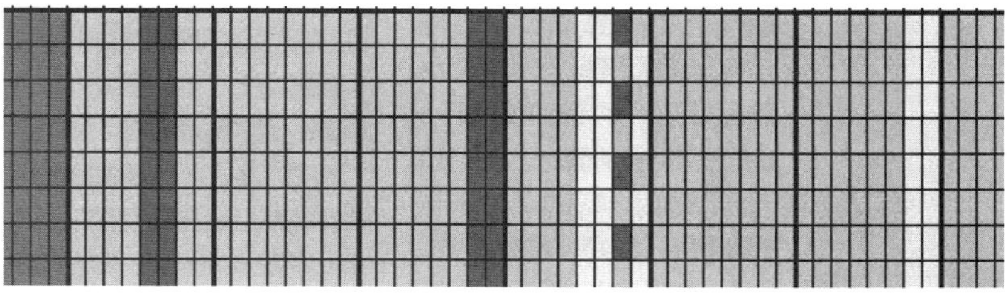

图 5-30　“设置辅助针功能”设置

或者投梭时先选中 1 号色投第 1 纬从头投至尾,再选择 2 号色投第 2 纬从头投至尾。但是在投完梭之后,必须对投梭进行修改之后再保存投梭,应该将投梭的第 1 横格中的第 2 纬去除,第 2 横格中的第 1 纬去除,后面依次循环。

3. 组织合成和组织表配置

按展开的设计方式编辑意匠图时,意匠图中的每一种颜色两梭对应的组织表均输入合成组织就可以了。此织物设计中,地部为单层,花部采用纬二重组织,打开“配置”功能对话框,点开“建立合成组织”功能,如图 5-31 所示。分别做出三个花型组织色块的合成组织(代号为“6-5”“6-6”“6-7”,对应意匠中的 1、2、3 号色),将这三个组织以组织代号(组织名)的形式分别存入组织库中，见图 5-32。

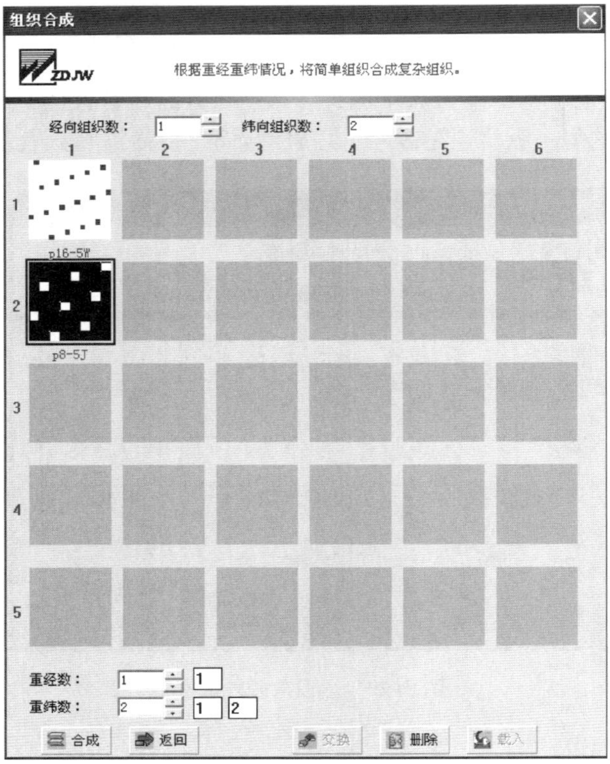

图 5-31 “建立合成组织”对话框

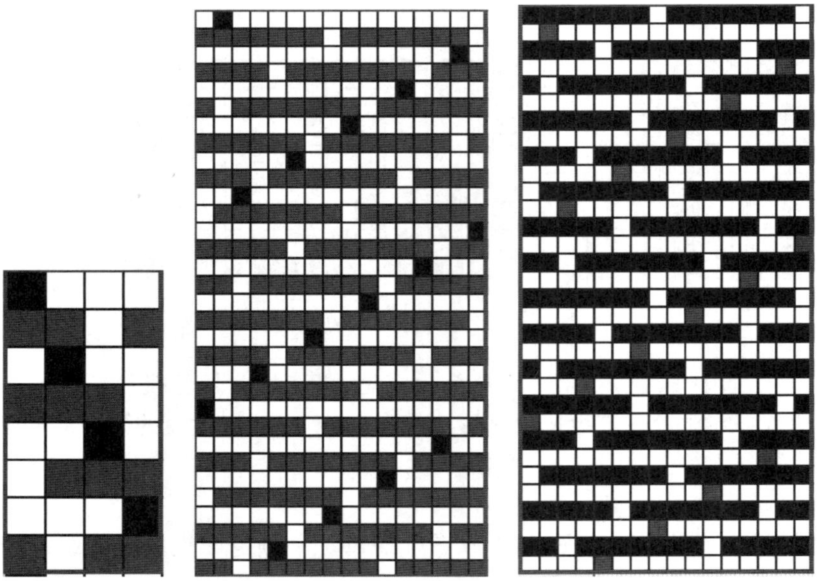

(1) 组织代号 6-5　(2) 组织代号 6—6　(3) 组织代号 6—7

图 5-32 意匠展开以后织物组织图

4. 组织表设置

该织物有两纬，且是按展开的做法来做的组织，最后的组织表中每一种颜色对应的组织都只有一个，意匠展开以后织物组织图，每种颜色的第 1 纬组织和第 2 纬组织都是相同的，最后做出的组织表如图 5-33。

	梭A1	梭B1	梭C1	梭D1
1	6-5	6-5	0	0
2	6-6	6-6	0	0
3	6-7	6-7	0	0
4	0	0	0	0
5	0	0	0	0
6	0	0	0	0
7	0	0	0	0

图 5-33　意匠展开后的组织表

5. 样卡设置

与意匠不展开的样卡设置相同。

6. 填辅助组织表

辅助组织表中梭箱针和停撬针的填法与不展开的做法相同，但是边针要稍做改动，由于已经将织物展开来做了，所以边针组织也需要做一个展开来的 2/2 经重平组织。

7. 生成纹板和检查纹板

与意匠不展开的样卡相同。生成的纹板文件片段如图 5-34。

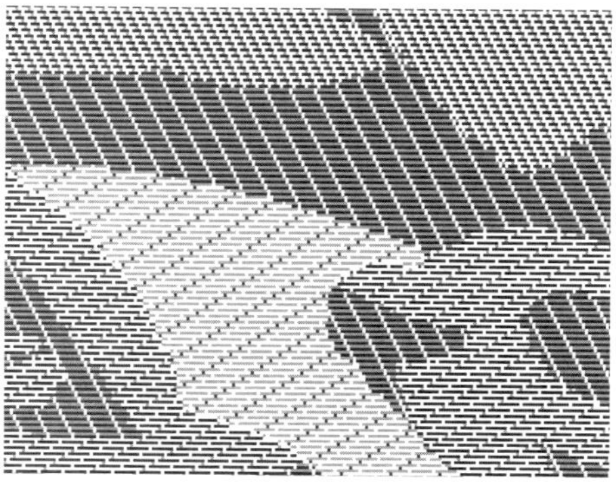

图 5-34　纹板文件片段

8. 织物模拟

打开装饰布模拟对话框，如图 5-35，进行纱线设置并模拟，模拟效果如图 5-35(1)所示。

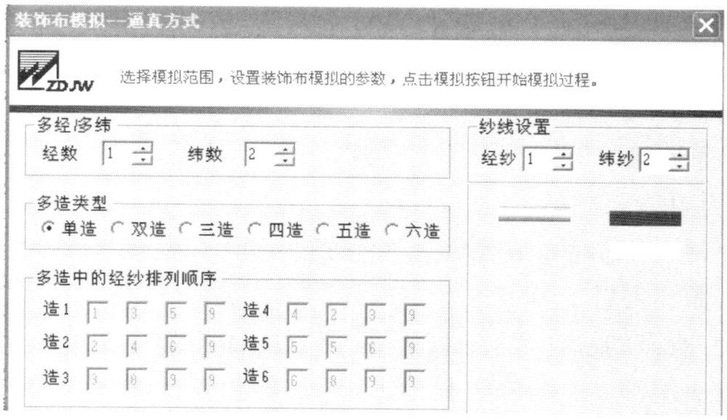

(1) 织物模拟效果图

(2) 纬二重装饰布实样

图 5-35　织物模拟

五、重纬纹织物CAD设计实例——纬三重提花装饰布的设计

(一) 织物主要规格设计

纬三重装饰纹织物，三种纬纱的排列比为1∶1∶1，经纱用16.7 tex(150 D)的低弹网络丝，纬纱用16.7 tex(150 D)的有光黏胶丝。织物全幅一共有4花，纹样幅宽为40 cm，纹样一个花回的高度为19 cm，通过纬纱换道后，织物表面有8种颜色。

表5-5 纬三重织物的规格表

品名	纬三重装饰布
成品规格	外幅:162 cm　　内幅:160 cm 经密:60根/cm　　纬密:53根/cm
上机规格	筘外幅:170 cm　　筘内幅:168 cm 全幅织的花数:8花 总经纱数:9 600根+48根×2 经组合:16.7 tex的低弹网络丝 纬组合:16.7 tex的有光黏胶丝(排列比1∶1∶1)

(二) 组织结构设计

织物采用棒刀针与主纹针相结合的通过反织来织造。织物正面的地部为甲纬和经纱交织成8枚的经面组织，乙纬和经纱交织成16枚的经面组织，丙纬纱和经纱也交织成16枚的经面组织，这些地部组织单独由棒刀针来控制；织物正面的花部分别由甲、乙、丙纬纱起纬花，当某纬起花时，另外两纬在织物的纬花部分也单独由棒刀针织造经面缎纹组织。在投梭时，甲纬纱和丙纬纱为常织，而乙纬纱要在织物的不同的色块位置配置分段换道。

(三) 装造与意匠计算

装造类型设计为单造双把吊。

所需的纹针数=纹样宽度×成品经密/把吊数=40×60/2=1 200针，共用48片棒刀，2针控制1片棒刀，共需棒刀针为96针。

意匠的纵格数=所需的纹针数=1 200格，意匠的横格数=纹样长度×成品纬密/重纬数=19×53/3=336格。

(四) 纹织CAD编辑意匠图和纹板文件

采用浙大经纬的纹织CAD软件进行意匠设计，步骤为纹样编辑→设色→修改意匠图→建立组织→生成投梭→确定组织配置表→设计样卡→生成纹板。

1. 规格参数的输入

在编辑纹样时需要向纹织CAD系统输入一些参数:纹样的宽度、高度，织物成品的经密、纬密，一花内的经纱数和纬纱数。

因为是双把吊，一根纹针控制二根经纱，故意匠经纱数按1/2经密计算；纬三重织物纬纱按1/3纬密计算。地组织为8枚背衬二个16枚组织，故单梭的纬纱要修正为16的倍数。具体的参数见图5-36。

2. 意匠设色和意匠图处理

织物表面共设8种颜色，其中的1号色表示地组织，2号色表示甲纬起纬花的组织，3号色

图 5-36　意匠参数

表示丙纬起纬花的组织，4～7 号色都表示乙纬（要分段换色）起纬花的组织，8 号色表示间丝点的颜色。

用自由勾边法把花纹轮廓曲线转变为组织点曲线。

用 CAD 系统的"随意间丝"功能点出活切间丝，间丝点在意匠图上自动铺好后，还要根据间丝点与棒刀的组织点的配合而进行人工修改。

3. 建立组织

织物正面的花部是纬起花，采用反织时，意匠图上点有纬间丝。

织物正面地部是经面组织，采用反织并有棒刀带织，棒刀组织采用有规律的纬面组织。甲、乙、丙三纬的棒刀针组织分别为 8 枚 5 飞、16 枚 5 飞、16 枚 5 飞（纬起点为 6）纬面组织，见图 5-37。把这三种组织的代号 P8-5W、P16-5W、P16-5W6 分别存入纹织 CAD 的组织库中。

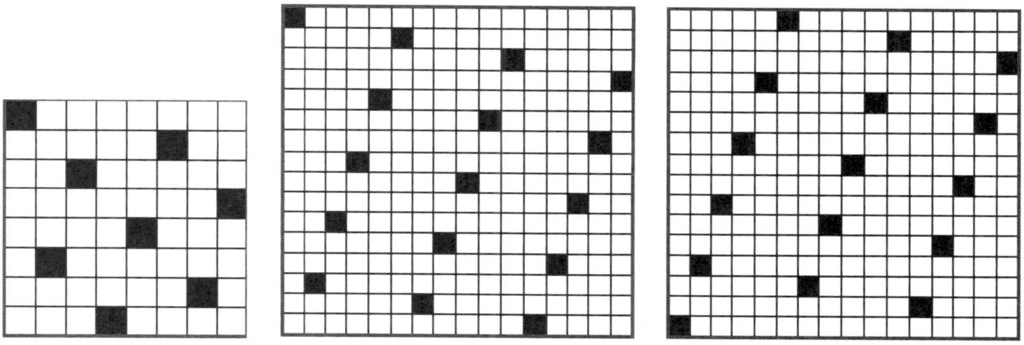

（1）P8-5W　　（2）P16-5W　　（3）P16-5W6

图 5-37　棒刀组织

4. 生成投梭文件

织物为纬三重织物，所以在纹织 CAD 中需要生成三梭投梭，投梭时先选中 1 号色投第 1 纬从头投至尾，再选择 2 号色投第 2 纬从头投至尾，再选择 3 号色投第 3 纬从头投至尾。在三梭都投完之后，保存所投梭位。2 号色纬在中间有换纱的情况，2 号纬换色之前只需要提前一纬轧换道针。

5. 组织配置表

织物的地部以及纬花部分的底组织都是由棒刀来提升的，织物又是反织，所以对照意匠图的颜色，在纹织 CAD 组织表中，地组织的颜色和花纬的颜色中织底组织的纬纱都是填"0"。而织物的花部为纬起花，反织时，对照意匠图的颜色，在纹织 CAD 组织表中，该种颜色对应起纬花的那一纬填"1"，见图 5-38。

	梭A1	梭A2	梭A3
1	0	0	0
2	0	0	1
3	0	1	0
4	0	0	1
5	1	0	0
6	0	0	1
7	0	0	1
8	0	0	0

2、4、6、7 号色为第二梭换道

图 5-38　组织配置表

6. 纹板样卡设计和生成纹板

在纹织CAD中，选择样卡的规格为98×16，其中边针用16针(形成平纹边)，配置在样卡的首尾两端；棒刀针用96针，配置在在样卡的前后两段(各48针)；控制内经纱的1 200根纹针在样卡的三段内均匀分布，见图5-39。

纹板样卡设计好以后，就可以进行纹板处理了。纹板处理需要根据提花织机龙头的型号来选择具体的织造文件的格式，纹板文件的后缀名选择为"WB"的文件类型来处理。

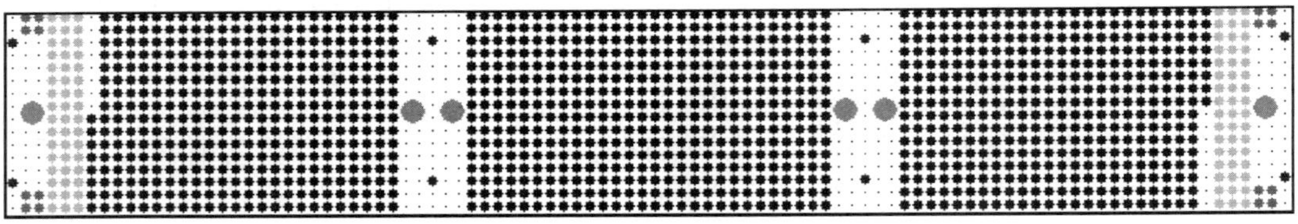

图5-39 纹板样卡

第三节 重经纹织物CAD设计

重经纹织物是由两组或两种及以上的经纱与一组纬纱交织重叠而成，织物以经花来表现织纹效果，纬纱只起到固结经纱的作用。通常，以一组经纱作为地经与纬纱形成地组织，其他组经纱起花纹，称为纹经。

一、重经纹织物的特点

重经纹织物通常通过变化经纱在织物中的浮长和经纱组合应用的方式，形成各种经纱混色的织纹效果。常用的设计方式是用两组经、三组经来构成经二重、经三重的组织结构，由于新型生产设备对生产过程中经纱张力的均匀度要求较高，所以高档提花装饰织物中的重经结构产品又以经二重结构为主，这种结构有利于开发具有双面装饰效果的装饰织物产品。根据花纹不同，纹经有的需整幅均匀排列，有的在整幅间断排列，局部呈现花纹。当纹经根数很少时，不一定要卷绕成经轴，可在织机后设置筒子架代替经轴，此法称挂经。纹经较多时，则需卷绕在单独的经轴上。

重经纹织物的纬密一般比经密要小，因此生产效率比重纬纹织物要高。但重经纹织物改换花色品种首先要更换经轴、装造，成本较大，所以它不像重纬纹织物那样品种繁多、花色变换迅速。

二、重经纹织物设计要点及步骤

1. 重经纹织物的纹样和组织结构特点

重经纹织物的纹样设计以简单的平面装饰图案为主，常用的题材有花草变形图案和几何纹理图案。在用色上，以各组经色的混合色为基准，纬纱色可以先不考虑，配合组织结构的变化，确定所需使用的套色数，如经二重提花装饰绸，基准色为经三色(甲经色、乙经色、甲乙经混合色)，若所配的基本组织是三种，则所需的套色数为9色，也就是该品种的纹样设计要用九套色来设计。在纹样的排列布局上以清地、混满地花样为主，纹样效果较单一，色彩偏重和谐的搭配。

重经纹织物的组织设计表现为地、花组织合一，地组织、花组织以各种形式的经面组织进行配置，少用纬面组织。经组数越多，组织变化数越多，织物表面的织纹与色彩效果也更丰富。另外，在组织配置前，应根据提花装饰织物的产品特点设定组织的最大经浮长。如两组经纱二重组织结构的双面提花装饰织物设计，根据产品特点，设定最大经浮长为 8 枚组织，当织物表组织是 8 枚经面组织时，对应的里组织应配置为 8 枚纬面组织，表里组织符合重经组织的配合要求。

重经纹织物的纹经组织结构有两种：在质地较厚实或花纹排列较密时，纹经在不起花时沉在背面与纬线接结，不影响织物外观；在比较轻薄透明的织物中，由于地组织无法掩盖背面的纹经，只能将纹经沿花纹四周剪去，但这时在花纹周围需用平纹包边，使剪断后的纹经也能牢固接结。

2. 重经纹织物装造与意匠特点

重经纹织物有两组或两组以上的经纱重叠在织物内，它们的组织和原料性质不同，因此在传统装造时，常采用前后分区（造）装造。

重经纹织物的前后分区形式，与纹、地经纱的排列比有关。当两组经纱的排列比为 1∶1 时，采用纹针数相等的双造；当排列比为 2∶1 时，则采用大小造装造。

在某些地组织比较简单，且地经不起花纹的纹织物中，地经可以用前综来管理，以节省纹针数，此时可用单造织制。

重经纹织物当各组经纱的织缩率不同时，需设两个或两个以上的经轴。上机时，张力控制要求不严的一组经纱用消极式送经（一般为上轴），而张力控制要求较严的一组经纱用积极式送经（一般为下轴）。在分造时，亦要考虑原料的性质及提综次数，主要以减少断头率、提高产品质量为原则，把提升次数多、易断的一组经纱穿入前造，而提综次数少的一组经纱穿入后造。

意匠图应结合装造来绘制。在采用普通装造时，每一纵格代表一根经线。在采用前后造（单把吊）时，意匠图纵格数等于一造（大造）的纹针数。如在双造织制时，意匠图上一个纵格代表彼此重叠的前造 1 根经纱和后造 1 根经纱；在 2∶1 的大小造时，意匠图上以两个纵格代表前造 2 根经纱和后造 1 根经纱；不论何种装造，意匠图上一个横格总是代表 1 根纬线。意匠图上的间丝距，只须考虑切断经向浮长，即所谓"顾经不顾纬"。

三、重经纹织物 CAD 设计实例——经二重提花家纺面料设计实例

（一）产品规格设计

根据家纺面料的特点，经纱采用精梳棉纱，甲经∶乙经＝1∶1。经二重纹织物在设计时，如甲、乙经选用不同的原料，且各组纱线的原料、织缩率不同，那么就需要设置两个经轴，以分别控制经线的张力，并且装造需采用多造的特殊装置。目前，企业中使用的电子提花机一般均为单造单把吊、单经轴织机，因此，本设计经纱选用同一种原料，可根据不同的组织要求，将经纱即时分为甲、乙经，经纱的排列亦可根据组织的变化而变化，从而实现此面料产品在电子提花机上的织造。

采用色织的生产方式，织造时选用电子提花织机，梭箱针为 8 针。

表 5-6 重经提花家纺面料的主要规格

坯布规格	外幅:282 cm　内幅:280 cm　全幅:8 花 经密:68 根/cm　纬密:48 根/cm
上机规格	筘外幅:302 cm　筘内幅:300 cm 筘号:16　每筘穿 4 入 内经纱数:甲经 9 600 根,乙经 9 600 根,边经:48×2 经组合:甲经 9.7 tex×1 棉纱 乙经 9.7 tex×1 棉纱 纬组合:133dtex×l(1/120 旦)涤纶长丝 6 捻/cm
织造机械	喷气织机+ CX880 型 2 688 针电子提花机

(二) 纹样设计

1. 纹样大小

全幅织 8 个花纹循环,每花的宽度=$\frac{内幅}{花数}=\frac{280}{8}$=35 cm,长度定为 35 cm。

2. 纹样结构

采用花卉变形图案,四方连续纹样便于排料剪裁。部分纹样见图 5-40。

图 5-40 纹样图

(三) 组织设计

1. 地部组织(图 5-40 中 1 号色)

甲经(人造丝)与纬纱交织成 4 枚纬面破斜组织,见图 5-41(a);乙经与纬纱交织成 12 枚变则纬面缎纹,有利于接结点的隐藏;

以甲经∶乙经=1∶1,把图 5-41(1)的组织图与图 5-41(2)的组织图进行组合,形成织物的地部组织,见图 5-41(3)。

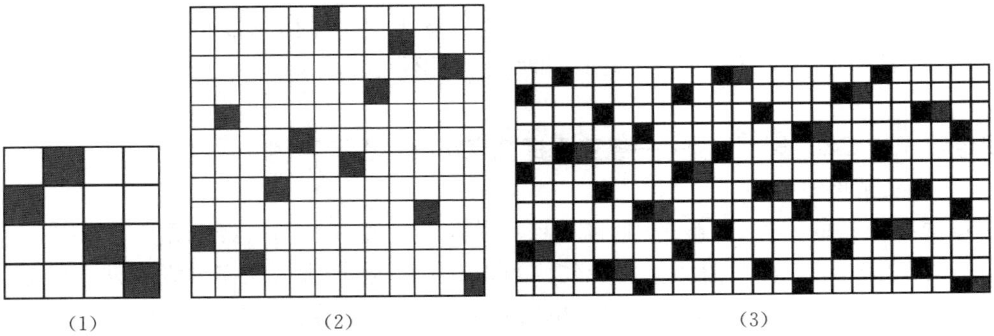

图 5-41 织物地组织图

2. 花部组织

紫色部分(图 5-40 中 5 号色)甲经与纬纱以 5 枚经面缎纹组织在织物表面起主花,背衬乙经的 5 枚纬面缎纹，见图 5-42(1)为经二重的合成组织图。

蓝色部分(图 5-40 中 4 号色)甲乙经进行表里交换：乙经与纬纱以 5 枚经面缎纹组织在织物表面起花，背衬甲经的 5 枚纬面缎纹，见图 5-42(2)为经二重的合成组织图。

黄色部分(图 5-40 中 3 号色)甲经与纬纱以平纹组织在织物表面起主花，背衬乙经的 5 枚纬面缎纹，见图 5-42(3)为经二重的合成组织图。

粉色部分(图 5-40 中 2 号色)甲乙经进行表里交换：乙经与纬纱以 5 枚经面缎纹组织在织物表面起花，背衬甲经平纹组织，见图 5-42(4)为经二重的合成组织图。

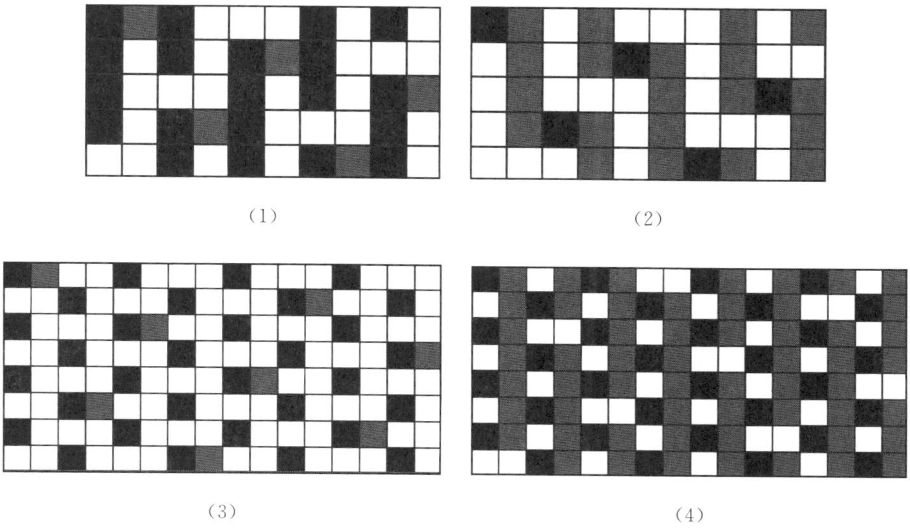

图 5-42　织物花组织图

在上述的花部组织设计过程中，要充分考虑里层组织点的隐藏问题，尽量使里组织的经组织点夹在表组织的经浮长之间。

边组织采用 2/2 的方平组织。

上述的地部组织、花部组织设计好以后，再对组织进行起名，例如图 5-41(3)的组织图名为“jing1”、图 5-42(1)组织图名为“jc1”、图 5-42(2)组织图名为“jc2” 图 5-42(3)组织图名为“jc3”、图 5-42(4)组织图名为“jc4”，起名好以后在存入纹织 CAD 的组织库中。

(三) 装造工艺设计

1. 确定装造类型和正反织

采用单造单把吊。因为地部的组织是纬面组织，所以可以用正织。

2. 纹针数选用与纹板样卡设计

(1) 所需的纹针数＝织物一个花纹循环的经数＝织物的花纹宽度×成品经密＝$\frac{\text{内经纱数}}{\text{花数}}$ ＝$\frac{\text{内幅}\times\text{经密}}{\text{花数}}$＝$\frac{280\times 68}{8}$＝2 380 针，修正为组织循环的倍数，所以取 2 400 针。边针用 96 针。

(2) 纹板样卡设计

CX880 型 2 688 针电子提花机的纹针共有 16 列，168 行，要用的纹针为 2 400 针；边针用 96 针，在纹板样卡上前后平均分布；梭箱针用 8 针。具体的纹板样卡可利用纹织 CAD 进行设计,见图 5-43。

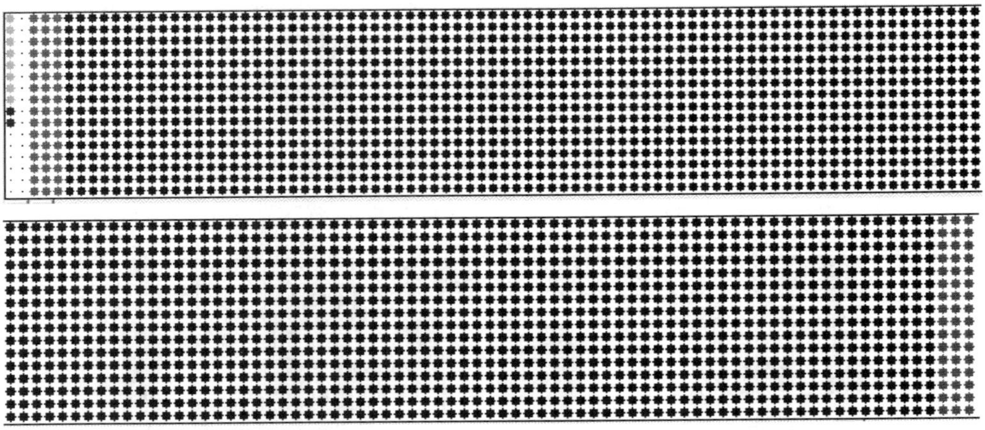

图 5-43　纹板样卡

3. 通丝计算

通丝把数 = 纹针数 = 2 400

每把通丝数 = 花数 = 8 根

一台织机通丝总根数 = 通丝把数 × 每把通丝数 = 2 400 × 8 = 19 200 根

4. 目板规划

$$所用目板的穿幅 = 筘内幅 + 2\ \text{cm} = 300 + 2 = 302$$

$$所用目板列数 = 等于提花机本身所具有的纹针列数 = 16\ 列$$

$$所用目板总行数 = \frac{内经纱数}{选用列数} = \frac{19\ 200}{16} = 1\ 200\ 行$$

$$每花实穿行数 = \frac{目板所用总行数}{花数} = \frac{1\ 200}{8} = 150\ 行$$

$$所用目板行密 = \frac{目板所用总行数}{目板穿幅} = \frac{1\ 200}{302} = 3.97\ 行/\text{cm}$$

目板分 8 个花区,在每个花区内通丝穿目板采用横向一顺穿,从目板的左后角穿到右前角。

5. 意匠设计

(1) 规格参数的输入

$$织物的表经密 = \frac{68}{2} = 34\ 根/\text{cm},织物的纬密 = 48\ 根/\text{cm}$$

$$一造的经纱数 = 1\ 200\ 根$$

一花内的纬纱数=纹样长×纬密=35×48=1 680 根,已为花、地组织循环数的倍数,不用修正。

这些数据输入纹织 CAD 系统,纹织 CAD 会自动形成意匠图:

意匠图的纵格数=一造的经纱数=1 200 格,每个纵格代表两根经纱(表经、里经各 1 根)。

意匠图的横格数 = 一花内的纬纱数 = 1 680 格。

把这些数据输入纹织 CAD 系统的“意匠设置”对话框，见图 5-44。

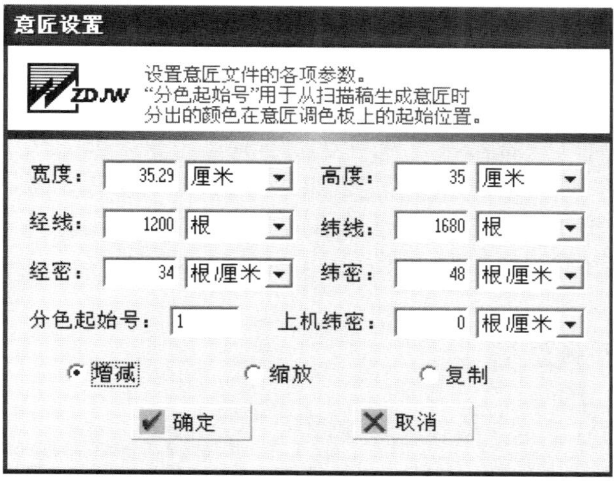

图 5-44　意匠设置对话框

（2）意匠设色

该织物共有 5 种组织，所以意匠用 5 种颜色表示 5 种组织。

（3）意匠勾边

该织物经二重织物，采用单造单把吊，对意匠图进行接回头、去杂、勾边等处理，意匠图在设色、勾边和轮廓修改时横向不展开，意匠图的 1 纵格代表 2 根经纱，所以可采用自由勾边。

（4）在意匠图在设色、勾边和修改好以后，进入纹织 CAD 系统的“重设意匠”功能，将意匠图的纵格进行一扩二，形成双针勾边效果。意匠图扩展并保存好后，再进行纹织 CAD 投梭设置。即将小样参数中的经密改为 68，纬密不变，经纱数改为 2 400，纬纱数不变。改好小样参数之后将原意匠图缩放（见图 5-45 重设意匠参数对话框），此时织物中的每一纵格只表示一根经纱。

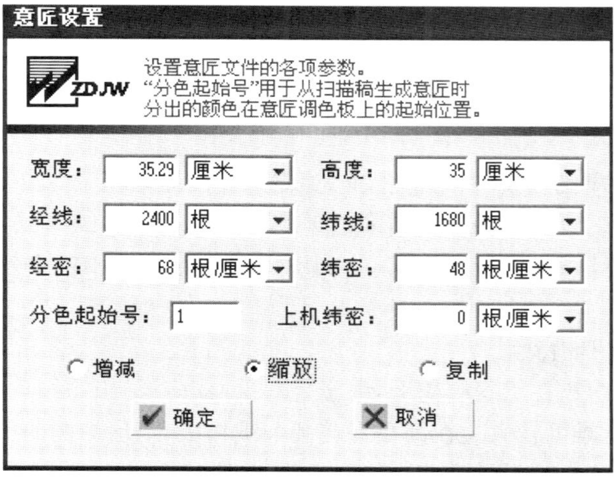

图 5-45　重设意匠参数对话框

(5) 生成、保存投梭

生成该织物的投梭文件。由于该织物只有一纬，所以纹织 CAD 系统中只需要生成一梭从头至尾长织就可以了，保存投梭时也只需要选择保存一梭就可以了。

(6) 组织表设置

根据织物的组织将前面步骤中所做的每一种组织分别填入组织表中，由于只有一纬，所以只需要在五种颜色对应的组织表中填人一纬就可以了。本例意匠图中的 1 号色所代表组织库的“jc1”组织，5 号色代表组织库的“jc4”组织，3 号色代表为组织库的“jc3”组织，4 号色代表组织库的“jing1”组织，5 号色代表组织库的“jc2”组织。最后的组织表见图 5-46。

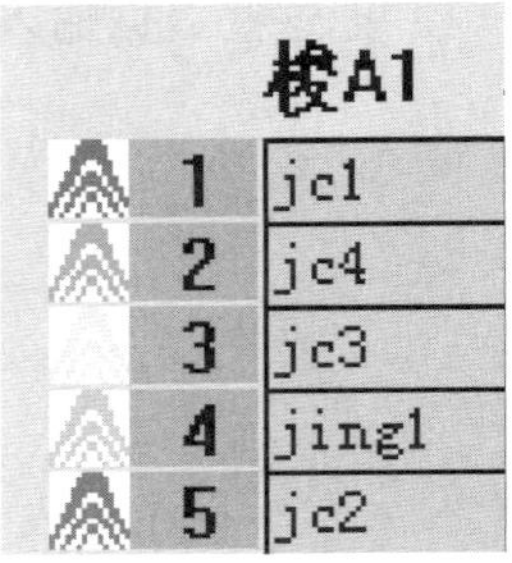

图 5-46　组织表

组织表设置好以后再存入意匠。

(7) 建纹板样卡

纹板样卡按图 5-43 的形式做好之后，将其起名后存入纹织 CAD 中，以方便以后调用。如果电脑中已有该样卡的话则不用做此步。

(9) 填辅助组织表

建立好样卡之后，再在纹织 CAD 系统中打开样卡文件，点击“辅助针”功能，设置辅助针表，本例主要设置边针组织。

(10) 产生纹板文件

进纹织 CAD 系统的生成纹板功能，点击“生成纹板”后，系统自动形成纹板。

(11) 织物模拟

打开装饰布模拟对话框，进行纱线设置并模拟，模拟效果如图 5-47 所示。

图 5-47　模拟效果图

第四节　双层纹织物 CAD 设计

大提花织物中，由两组经纱和两组纬纱交织在织物结构上形成表、里两个层面双层结构的织物称为双层纹织物。也有一些织物用多组经线和纬线相互交织呈二层或三层以上的结构，我们通常称之为多层纹织物，如三层、四层纹织物，但多层纹织物应用较少。

一、双层(或多层)纹织物特点

双层(或多层)纹织物在组织结构上，由于是双层(或多层)组织结构，经纬纱的交织方法复杂，所以在产品设计上难度较大。在高档提花装饰织物中，双层结构的设计常采用表里换层和表里自身接结的组织结构，组织结构较紧密，组织种类不多，以各种经纬纱依次组合来形成织物的表面效果，这样，织物的经纬纱组数越多，织物的表面效果越丰富。

与重经重纬纹织物相比，双层或多层纹织物增加了纱线的组数，因此在经纬纱的原料和配色上的选择余地增加。双层或多层纹织物的经纬纱除用单一原料织制外，常采用多种原料交织。使织物从外观上显示出更为丰富的色彩效果和独特的结构搭配。同时厚度增加，立体感增强。

首先提高了色彩表达能力，如多色经多色纬提花装饰布的经纱可有绿、红、白、黄等多组，纬纱有黑、白、绿等多组，利用不同的组织搭配可以表现出各种色彩，从而使此类装饰布的颜色极为丰富，能够将彩色像景、油画、装饰画的复杂色彩表现出来。

其次，利用双层组织本身表层和里层相对独立的特性，能设计出一些特殊效果的提花织物。如利用表里层材料的属性差异或表里组织紧密程度的不同，织物在下机或通过一定的后处理手段后，表里层收缩的不同可产生富有肌理和凹凸效应的外观，如高花丝织物冠乐绉、香岛绉等。还可以利用织物正、反面的表层和里层上图案的相对独立性，设计具有双面效应的特色织物，如双面织锦画、双面商标等。

二、双层(或多层)纹织物设计要点

1. 纹样和组织结构

双层纹织物的纹样设计以平面装饰图案为主，常用的题材有花草、动物的变形图案和抽象的几何纹理图案，织物经纬密大则织纹精致，织物的经纬密小则织纹效果粗犷。双层纹织物纹样表现一般有三种类型，它们和组织结构密切相关。

织物表面显现多种色彩的满地花纹；

织物表面起小型的均匀的花朵，凸出于织物表面；

织物花纹由表里换层来显现。

利用双层(或多层)组织结构特点，能设计出不同的提花织物。

(1) 空心袋结构双层纹织物

是由两组经，两组纬交织而成，两组经纬纱以一定比例关系分别形成织物表里两层，织物上下层分离，形成空心袋结构。空心袋结构往往可以获得高花、凹凸等效应。

(2) 表里换层双层纹织物

是通过表里经纬沿花纹轮廓换层，变换表层色彩或原料；当表里组织无接结时也可用表里换层的方法实现连接，以使织物表面变化丰富。

(3) 自身接结双层纹织物和双层附加线纹织物

双层纹织物可以用自身的经纬纱实现表里层的连接，而有些双层纹织物的结构增加了一组经或纬，而增加一组经或纬的目的之一是达到连接上下两层起接结作用，一般用较细的纱线，如库锦；另一种目的是起到填芯作用，增加织物厚度和凹凸花纹的效果，一般用较粗的棉纱、羊毛等，如锦云绸、金星葛等。

多层织物表面的颜色效果主要由表经、表纬及其交织规律来决定的。显色经、纬纱作表经、表纬，其余不显色的经纬线作里经、里纬；表经、表纬的颜色排列组合不同，则织物表面的显色效果就不同。表经、表纬交织规律即表组织不同，织物表面的显色效果也不同，采用不同浮长线的表组织，可产生深浅不同的显色效果；若采用不同颜色经线并置作为表经，可产生混和的显色效果。因而构成表面的经纬线原料、颜色不同，表面组织不同，会形成不同的表面显色效果。

2. 双层(或多层)纹织物装造与意匠特点

双层(或多层)纹织物的装造基本上和重经纹织物相同。在传统提花机上一般都采用前后造上机,意匠图上一纵格代表前后造重叠的数根经纱;电子提花机上一般采用普通装造,特殊情况下也有多造织制。双层(或多层)纹织物纬向处理同重纬织物,意匠图上的一横格代表重叠的数根纬纱。

双层(或多层)纹织物经向有两组及以上的经纱,上机装造和生产前的扦经、穿结经工艺较复杂,另外纬向也有两组及以上的纬纱,增加了纬纱的上机准备工作的工作量和复杂性,加上织物纬密偏大,这样就降低了产品的生产效率。

三、双层纹织物CAD设计实例——双层提花装饰织物

双层的提花织物,由于采用两个系统经纱和两个系统纬纱按照花纹要求重叠,如再配置适当工艺,织物表面呈现出更加丰富多彩的花型,很具有装饰效果。这种织物广泛用在沙发面料、床品和窗帘上。下面介绍一种双层提花装饰织物的设计过程。

(一) 产品规格设计

产品规格设计见表5-7。

表5-7 产品规格表

品名	双层提花装饰织物
坯布规格	外幅:301.5 cm 内幅:300 cm 经密:480根/10 cm 纬密:280根/10 cm 基本组织:平纹
织造规格	筘外幅:311.5 cm 筘内幅:310 cm 筘号:23 每筘穿人:2穿入 全幅花数:6 总经纱数:14 400+48×2,其中甲经7 200根,乙经7 200根
织造机械	CX880 2 688针

(二) 原料选用

1. 经纱:一个系统经纱(甲经)采用83 dtex(75 D)涤纶有光丝,捻度为8捻/cm;另外一个系统经纱(乙经)采用83 dtex(75 D)黏胶丝,捻度为12捻/cm。甲经∶乙经=1∶1。

2. 纬纱:一个系统纬纱(甲纬)采用135 dex(120 D)黏胶有光人造丝;另一个系统纬纱(乙纬)采用83 dtex(75 D)涤纶有光丝8捻/cm。甲纬∶乙纬=1∶1。

(三) 纹样设计

纹样选择花草变形图案,花部的块面不宜过大,花纹形态尽量凸出饱满,有层次感,由表里换层组织来显现花纹效果。纹样见图5-48。

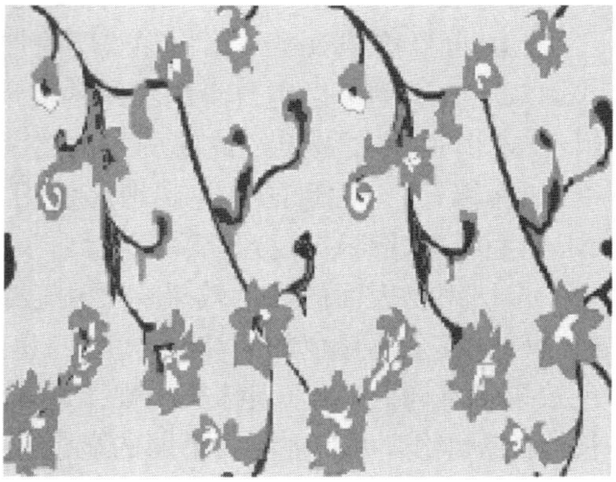

图5-48 纹样

每花的宽度$=\frac{内幅}{花数}=\frac{300}{6}=50$ cm，长度定为 40 cm。

（四）组织设计

织物的地部组织和花部组织均采用以平纹组织作为表、里组织，形成表里换层的双层组织。见图 5-49，其中图 5-49(1)地部组织，图 5-49(2)、图 5-49(3)、图 5-49(4)分别是三种花部组织，图 5-49(5)经重平是包边组织。

边组织为 2/2 的经重平。

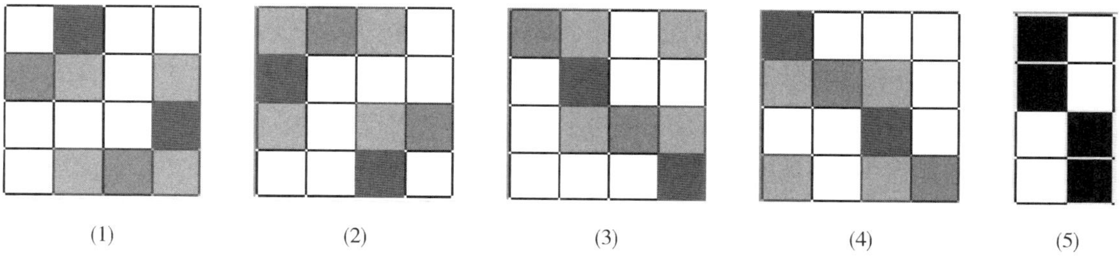

图 5-49　花、地部组织图

（五）装造工艺设计

1. 纹针数计算

双层纹织物有两个系统经纱，在电子提花机上，可不用双造来织，采用单造单把吊。

总纹针数$=\frac{内经经纱}{花数\times 造数}=\frac{14\ 400}{6}=2\ 400$ 针，是各组织的倍数，不需要修正。

边针为 48×2 针。

2. 通丝数计算和通丝穿目板

每把通丝数 = 花数 = 6 根，通丝把数 = 纹针数 = 2 400 把，总通丝数 = 14 400 根。

所用目板的穿幅 = 筘内幅 + 2 cm = 310 + 2 = 312 *cm*；

所用目板列数 = 等于提花机本身所具有的纹针列数 = 16 列；

所用目板总行数 $=\frac{内经纱数}{选用列数}=\frac{14\ 400}{16}=900$ 行；

每花实穿行数 $=\frac{目板所用总行数}{花数}=\frac{900}{6}=150$ 行；

所用目板行密 $=\frac{目板所用总行数}{目板穿幅}=\frac{900}{312}=2.88$ 行 /cm。

目板分 6 个花区，在每个花区内通丝穿目板采用横向一顺穿，从目板的左后角穿到右前角。

3. 穿经、穿筘

织物采用两个系统经纱，甲乙经纱排列比为 1∶1，则甲经穿前造综丝（前区），乙经穿后造（区）综丝，每综 1 根，按前 1、后 1 根顺序穿综。

穿筘：每个筘齿穿入 2 根，按甲 1 乙 1 穿入一个筘齿。

边经穿法：边为 2/2 经重平。每 2 根一综，每 2 综一筘。

(六) 意匠设计

1. 规格参数输入

表经密=24 根/cm，表纬纬密=14 根/cm；

意匠纵格数=一造纹针数=1 200 格，一纵格代表甲、乙两根经纱；

意匠横格数 = 纹样长×纬密 / 重纬数 = $\frac{40 \times 28}{2}$ = 560 格，一横格代表甲、乙两根纬纱。

把这些数据输入纹织 CAD 系统的“意匠设置”对话框，见图 5-50。

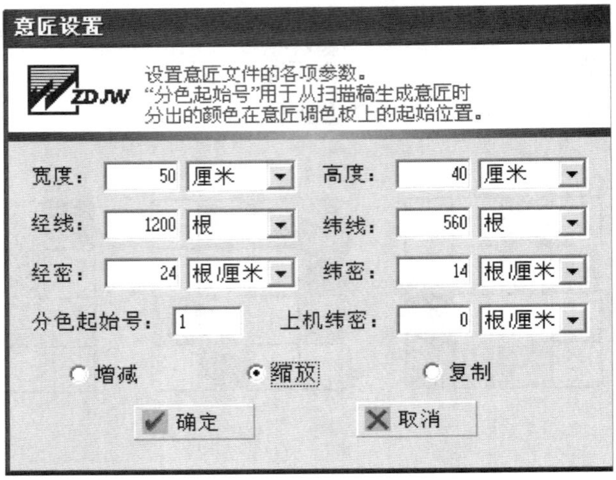

图 5-50 意匠设置对话框

2. 意匠设色与勾边

该织物有五种组织，意匠图设五种颜色，例如用 5 号色表示地部组织，1 号、2 号、3 号色分别表示三种花组织，4 号色表示花纹包边组织。并对意匠图进行接回头、去杂、勾边等处理，在意匠图不展开时，可采用自由勾边。

3. 重设意匠

对于双层纹织物，当意匠图设色、勾边和意匠修改好以后，最好把意匠图的纵向、横向进行扩展，这样方便纹板文件的形成。该织物的两个系统经纱和纬纱排列表里均为 1∶1，所以通过重设意匠参数，把意匠图的纵向和横向进行一扩二，意匠形成双针双梭勾边效果。即将小样参数中的经密改为 48，纬密改为 28，经纱数改为 2 400，纬纱数改为 1 120。改好小样参数之后将原意匠图缩放（见图 5-51 重设意匠参数对话框），此时织物中的每一纵格只表示一根经纱，每一横格则只表示一根纬纱了。

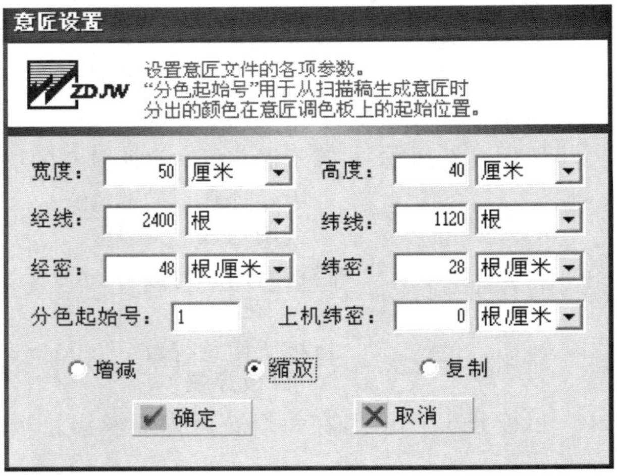

图 5-51 重设意匠参数对话框

重设意匠意匠以后，再保存意匠，图 5-52 意匠扩展后的意匠图（局部）。

4. 生成的投梭

按照纬二重织物的意匠图扩展开的形式进行投梭，投两梭。

5. 组织与组织表设置

该织物有 5 种组织，见图 5-49。为了把这 5 种组织存入纹织 CAD 的组织库中，对 5 种组织进行起名：例如图 5-49(1)地部组织起名为“shuang4”，图 5-49(2)的花部组织起名为“shuang1”，图 5-49(3)的花部组织起名为“shuang2”，图 5-49(4)的花部组织起名为“shuang3”，图 5-49(5)的组织起名为“58”，起名好以后存入组织库。

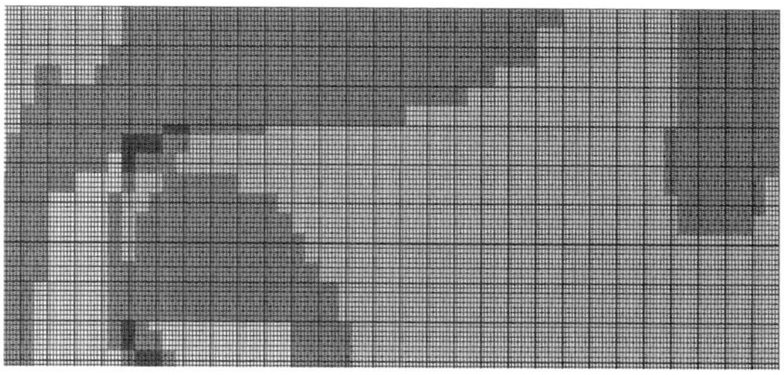

图 5-52　意匠扩展后的意匠图(局部)

再根据意匠图上的颜色所代表的组织和组织代号(组织名),可以进行组织表设置,见图 5-53。组织表设置好以后,再把它存入意匠。

	梭A1	梭A2
1	shuang3	shuang3
2	shuang2	shuang2
3	shuang1	shuang1
4	58	58
5	shuang4	shuang4

图 5-53　组织表设置

6. 纹板样卡设计

CX880 型 2 688 针电子提花机的纹针共有 16 列,168 行,要用的纹针为 2 400 针;边针用 96 针,在纹板样卡上前后平均分布;梭箱针用 8 针。具体的纹板样卡可利用纹织 CAD 进行设计,见图 5-54。

7. 纹板样卡

建立好样卡之后,再在纹织 CAD 系统中打开样卡文件,点击"辅助针"功能,设置辅助针表,本例主要设置边针组织,梭箱针针组织。

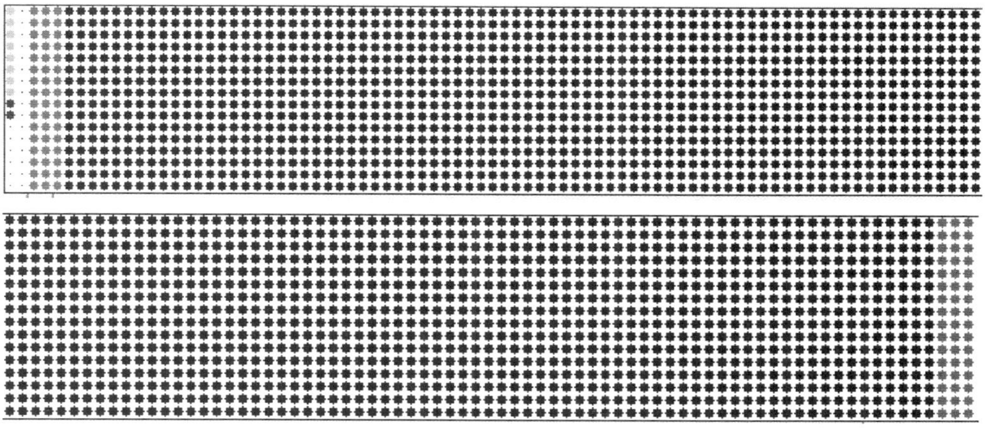

图 5-54　2 400 针纹板样卡

8. 生产纹板

进纹织 CAD 系统的生成纹板功能,点击"生成纹板"后,系统自动形成纹板文件。

9. 织物模拟

打开装饰布模拟对话框,如图 5-55(1),进行纱线设置并模拟,模拟效果如图 5-55(2)所示。

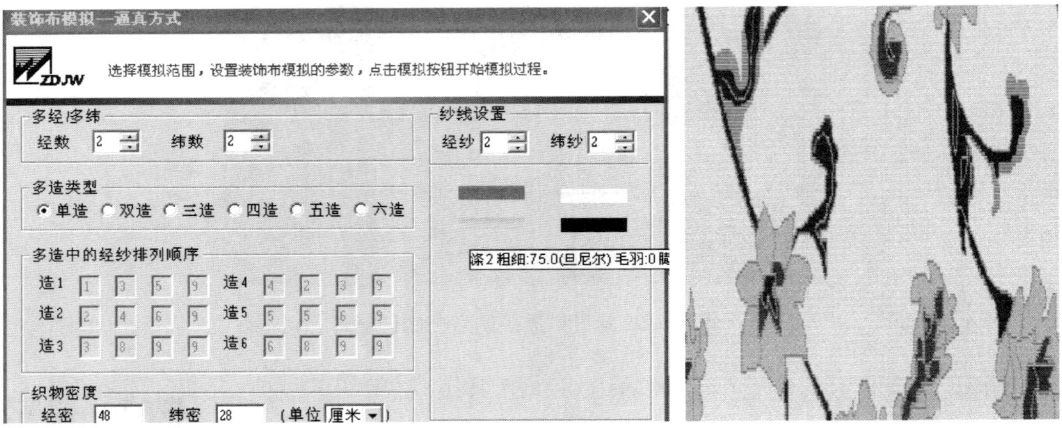

(1) (2)

图 5-55 模拟效果图

四、多层纹织物CAD设计实例——传统四色经三色纬的提花沙发面料设计

色织多层纹织物采用多种原料和配色组合的经纬线交织，在同一块织物表面，能显现出非常丰富多彩的颜色效果，可达几十种，甚至上百；可比较逼真地显现图像的花纹色彩效果。色织提花沙发面料按经纬色线的组数，可分为六色经三色纬、四色经三色纬、三色经三色纬等品种，其组织结构的本质是双层组织及双层接结组织。四色经三色纬的提花沙发布是一个色织提花沙发布的传统特色品种，这种沙发布的织物组织结构独特，织物厚实，色彩变化特别丰富，纹样层次分明，装饰感强。

(一) 四色经三色纬的提花沙发面料经纬的原料与排列

产品规格设计如表 5-8。

表 5-8 四色经三色纬的提花沙发面料的主要规格

成品规格	外幅：150 cm　　内幅：148 cm　花数 3.7 经密：60 根/cm　　纬密：28 根/cm
织造规格	筘外幅：155 cm　　筘内幅：152 cm 筘号：14.6　　每筘穿 4 入 内经纱数：8 880 根，边经：48 根×2 经组合：300D 涤纶网络丝(绿∶红∶白∶黄=1∶1∶1∶1) 纬组合：黑色棉股线 58.3tex×2 白色棉股线 58.3tex×2 150D 涤纶网络丝
织造机械	喷气织机+CX880 型 2 688 针电子提花机普通装造：储纬器 3

1. 经纱

经纱原料采用涤纶网络丝，经纱有四种颜色，四种颜色的经纱粗细一样，排列比为：绿∶红∶白∶黄=1∶1∶1∶1。

2. 纬纱

纬纱原料采用棉纱、涤纶丝，纬纱有三种颜色，排列比为：黑∶白∶绿=1∶1∶1，其中黑、白两纬比较粗，而绿纬比较细，通常称其为“细纬”或“压纬”。

（二）组织结构设计

四色经三色纬的提花沙发布的提花沙发布织物通过经纱、纬纱的表里变换，可以形成很多种组织，使得织物表面的色彩变化极其丰富。这些不同的组织在构成时有一定的规律：就是不同组织的基本结构常用的只有 6 种。

1. 六大基本组织结构

（1）“长”结构：在 6 根纬纱组成循环中，经纱连续浮在 5 根纬纱之上（有连续五个经组织点），只与细纬交织一次，其经浮长最长，故称为长结构。

在 6 根纬纱循环中，有 2 根细纬，故“长”结构有两种可能，任选一种都将在织物表面显示花部的主色。如图 5-56(1)所示。

（2）“短”结构：在 6 根纬纱组成循环中，经纱在黑纬、白纬之上，细纬之下，经浮长较短，故称为“短”结构。它只有一种可能，如图 5-56(2)所示。

（3）“中”结构：在 6 根纬纱组成循环中，经纱连续浮在 3 根纬纱之上，其经浮长介于“长”、“短”结构之间，相邻两经纱呈经重平配置，称“中”结构。“中”结构有三种可能，如图 5-56(3)所示。

（4）“压”结构：在 6 根纬纱组成循环中，经纱压在细纬之上。此外，经纱除了压在细纬之上以外，还可能浮在黑纬或白纬之上，如图 5-56(4)所示，共有五种可能性。压结构除在织物表面显纬色外，还起到接结表、里组织的作用。

（5）“加”结构：在 6 根纬纱组成循环中，原来在下层或中间（均在细纬之下）的经纱，到需要时浮到表层的纬纱之上，这时增加一经组织点使其显现到织物表面上来，称之为“加”结构。其所加的经组织点可加在黑、白纬上，也可加在细纬之上。但加点后，整个结构性质不变，纱线仍在下层或中间，如图 5-56(5)所示。

（6）背衬平纹：在 6 根纬纱组成循环中，经纱与黑纬或白纬在织物背面衬作平纹组织，均在细纬之下，有两种可能，如图 5-56(6)所示。

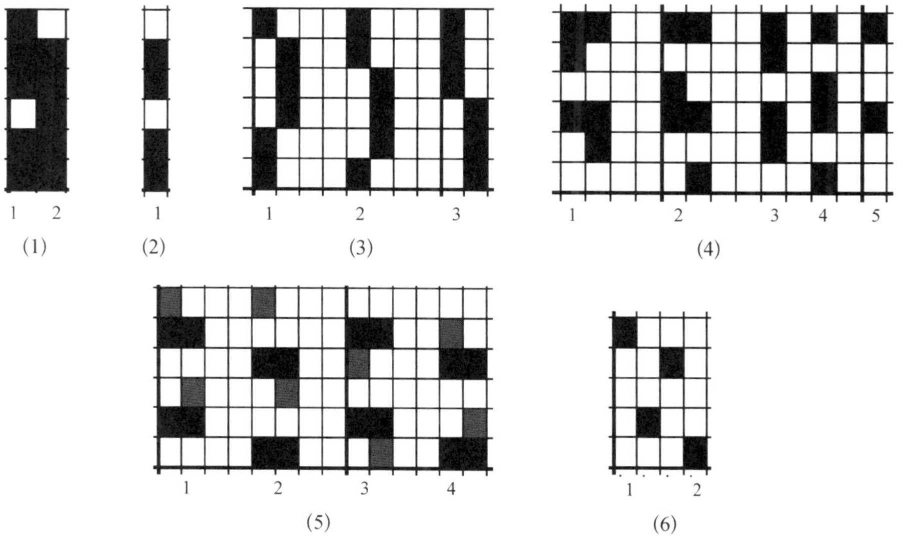

图 5-56 六大基本组织结构

以上的六种基本组织结构，只根据经、纬纱的不同交织规律来区分，没有考虑经、纬纱的色彩，如果考虑纱线颜色，则配合就更加丰富了。

（三）组织设计举例

沙发布典型组织结构的意匠展开图如图5-57所示。其纵行代表经纱，排列顺序为黄、白、红、绿；横行代表纬纱，排列顺序为黑、白、绿（细）。

图5-57中(1)组织是：白经为“压”结构、绿经为“短”结构。黄经在中间，表面不显露，红经与黑纬形成背衬平纹沉于织物背面，白、绿（细）纬上经组织点较少，故织物表面可显现白、绿纬色彩，因绿纬为细纱，因此地组织表面呈现浅绿色。

图5-57中(2)组织是：它与(1)组织相似，为白“压”、绿“短”、黄“加”结构，即黄经在白纬上加了一个平纹组织，织物呈带鹅黄的绿色。

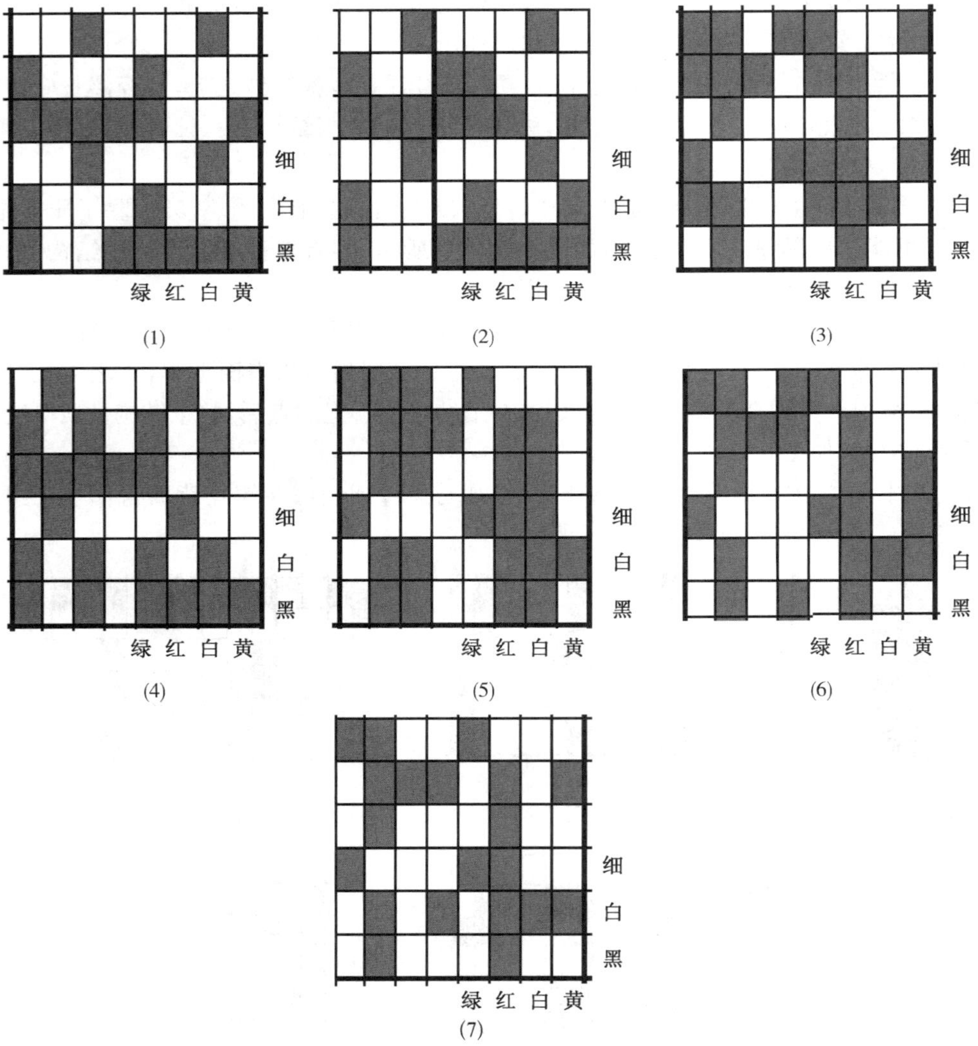

图5-57 组织设计示例

图 5-57 中(3)组织为:绿“压”、红“长”结构。白经白纬形成背衬平纹沉在织物最下层,黄经在中间。从图中可以看出红经和黑纬在织物表面显露最多。绿经“压”结构其经浮点虽然不少,但“压”结构与“长”结构配合时,其经浮点被“长”结构的经浮点盖住,很少在织物表面显露,因此(3)组织使织物表面显出深红。

图 5-57 中(4)组织为:白、绿经“短”结构。黄经与黑纬交织形成背衬平纹,红经为“压”结构,由于“短”结构遮盖不住细纬,故织物表面为浅绿,细看有短小的红经浮点。

图 5-57 中(5)组织为:白、红经“长”混色结构。黄经、白纬成背衬平纹在织物最下层,绿经浮在压纬上,因有白、红经“长”结构遮盖,它只起接结表、里组织的作用。

图 5-57 中(6)组织为:黄“中”红“长”结构。织物表面由红、黄经纱显色,红主黄次。在这里要说明的是,“中”结构在 6 纬循环中只有 3 个经浮点,而“短”结构在 6 纬循环中有 4 个经浮点,因为“短”结构中的 4 个经浮点是二、二断续的,而“中”结构的 3 个经浮点是连续的,“中”结构在表面的显色程度要比“短”结构大。“中”结构通常与“长”结构配合使用。

图 5-57 中(7)组织为:红“长”绿“压”结构。白经、白纬形成背衬平纹沉在织物背面,黄经在中间,织物表面不显露,绿经在细纬之上,黑纬上经组织点较少,主要显色为红经、黑纬,细看尚有绿经、绿纬的细小经纬浮点。

思考与练习

1. 单层纹织物有什么特点?

2. 简述单层纹织物设计的一般步骤。

3. 重经纹织物的组织结构有哪些类型? 各有什么特点?

4. 设计一个经二重的纹织物的产品,试设计该产品的装造和意匠工艺。

5. 重纬纹织物及其组织有什么特点? 简述重纬纹织物的分类。

6. 设计一个纬二重的提花装饰纹织物,采取单造单把吊的装造,试设计该产品的装造和意匠工艺。

7. 双层纹织物有什么特点?

8. 双层纹织物的组织结构有哪些类型? 各有什么特点?

9. 双层纹织物生产的装造和意匠有什么特点?

10. 设计一个双层纹织物的产品,采取双造单把吊的装造,试设计该产品的装造和意匠工艺。

11. 利用纹织 CAD 的工艺功能进行单层、双层、提花沙发的纹板文件制作。

主要参考文献

[1] 翁越飞. 提花织物的设计与工艺[M]. 北京：中国纺织出版社，2003.
[2] 丁一芳，诸葛振荣. 纹织 CAD 应用实例及织物模拟[M]. 上海：东华大学出版社，2007.
[3] 田琳. 纹织物设计[M]. 北京：中国纺织出版社，2009.
[4] 包振华. 提花工艺与纹织 CAD[M]. 北京：中国纺织出版社，2009.
[5] 姜淑媛. 家用大提花织物设计与市场开发[M]. 北京：中国纺织出版社，2009.
[6] 罗炳金. 纹织工艺与设计[M]. 上海：东华大学出版社，2008.
[7] 蔡陛霞. 织物结构与设计[M]. 北京：中国纺织出版社，1979.
[8] 沈干. 纺织品设计实用技术[M]. 上海：东华大学出版社，2009.
[9] 李志祥. 电子提花技术与产品开发[M]. 北京：中国纺织出版社，2001.
[10] 杜群. 家用纺织品织物设计与应用[M]. 北京：中国纺织出版社，2009.
[11] 徐百佳. 纺织品图案设计[M]. 北京：中国纺织出版社，2009.
[12] 王露芳，何潇湘. 纹样与纹织物设计[M]. 上海：东华大学出版社，2011.
[13] 罗素（英）著，程悦杰，高琪译. 纺织品印花图案设计[M]. 北京：中国纺织出版社，2015.
[14] 陈纯，陈进勇. 纹织 CAD 应用手册[M]. 北京：中国纺织出版社，2001.
[15]《纺织 CAD 应用手册》编委会. 纹织 CAD 应用手册[M]. 长春：吉林音像出版社，2003.
[16] 盛明善. 织物样品分析与设计[M]. 北京：中国纺织出版社，2003.